The Pragmatic Programmer: your journey to mastery,
20th Anniversary Edition

達人プログラマー 第2版
熟達に向けたあなたの旅

David Thomas・Andrew Hunt 共著
村上雅章 訳

The
Pragmatic
Programmer

your journey to mastery

Ohmsha

達人プログラマー第2版への賛辞

Andy と Dave は**達人プログラマー**という書籍で奇跡を起こしたと評されている。そして、このような奇跡を再び業界にもたらすような書籍はすぐには出てこないだろうとも言われていた。しかし、奇跡が2度訪れることもある。本書がその証明だ。今回の改訂によって、本書が向こう20年にわたって「ソフトウェア開発における究極の書籍」という座を維持し続けるのは間違いない。

▶ VM（Vicky）Brasseur
　オープンソース戦略担当責任者、Juniper Networks

ソフトウェアの近代化と保守性の向上をもたらすための近道は、手元に**達人プログラマー**を置いておくことだ。この書籍には、技術的な観点とプロフェッショナルな観点からの実践的なアドバイスが詰まっているため、あなた自身とあなたのプロジェクトで長期にわたって活用できるはずだ。

▶ Andrea Goulet
　Corgibytes の最高経営責任者／ LegacyCode.Rocks の創設者

達人プログラマーは、私の今までのソフトウェア関連の経歴を大きく変え、成功をもたらしてくれた書籍だ。この書籍を読むことで、組織の単なる歯車ではなく、達人へと至る道が切り拓かれた。私の人生で最も重要な書籍だ。

▶ Obie Fernandez
　The Rails Way の著者

初めて本書に触れる人は、ソフトウェア開発における近代的なプラクティスが作り出す世界に心奪われることだろう。こういった世界を形作るうえで、本書の第 1 版は重要な役割を果たしたのだ。また第 1 版からの読者は本書を読むことで、第 1 版を名著たらしめた洞察と実践的な知識が、多くの新たな知見と、高い専門性によって磨き上げられ、更新されている事実を発見するはずだ。

▶ David A. Black
The Well-Grounded Rubyist の著者

私の書棚には、第 1 版の**達人プログラマー**が収められている。この書籍を何度も読み返したことで、私のプログラマーとしての仕事の取り組み方が一変した。第 2 版ではすべてが新しくなっているものの、その核心は微塵も変わっていない：今では iPad を使って読み進めることもでき、コード例は近代的なプログラミング言語で記述されている一方、その奥底を流れるコンセプトやアイデア、考え方は時の流れを超越しており、普遍性を有しているのだ。本書は 20 年後も光を放っているはずだ。かつての私が Andy と Dave の奥深い洞察から得た学びの機会が、現代の、そして未来の開発者にももたらされるのは素晴らしいことだ。

▶ Sandy Mamoli
アジャイルコーチであり、*How Self-Selection Lets People Excel* の著者

20 年前、**達人プログラマー**の第 1 版によって私の経歴は一変した。この新版によってあなたの経歴も一変するはずだ。

▶ Mike Cohn
Succeeding with Agile、*Agile Estimating and Planning*、*User Stories Applied* の著者

ジュリエットとエリーに、
ザカリーとエリザベスに、
ヘンリーとスチュアートに

序文

Foreword

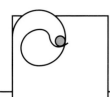

私は、Dave と Andy が本書の新しい版について Twitter でつぶやいた時のことを憶えています。これはビッグニュースでした。プログラミングコミュニティーは大いに盛り上がり、私のフィードは喜びの声であふれかえりました。20 年経った今でも『達人プログラマー』は当時と同じ輝きを有していたのです。

これほど歴史のある書籍が、このような熱狂を持って迎えられたという事実がすべてを物語っています。私はこの序文を書き上げるために、出版前の原稿に目を通すという機会に恵まれました。その結果、なぜこれほどまでの騒ぎになっているのかを実感できました。これは技術書ではありますが、技術書と呼ぶのは適切ではありません。技術書はしばしば威圧的なものであり、大袈裟な言葉や、人を煙に巻くような専門用語、複雑な例が詰め込まれている結果、その目的とは裏腹に読者は打ちのめされた気分になってしまいます。そうなってしまう理由は、 著者の経験が豊富であればあるほど、新たな概念を学ぶのはどういうことかや、初心者の気持ちに立つということができなくなってしまいがちになるところにあります。

Dave と Andy は数十年に及ぶプログラミング経験を有しているにもかかわらず、新たな概念を学んだばかりの人たちが感じる興奮を紙面で表現するという難題を見事に成し遂げています。彼らの文章は威圧的なものではありません。また、専門家に向けて書くような文章を綴っているわけでもありません。さらに、第 1 版を事前に読んでおくようなことも求めていません。彼らは、よりよいプログラマーを目指している人々に向けて、その人の立場に立って書いているのです。そして、彼らは本書のページを通じて、順を追いながら次の一歩を教えてくれるのです。

実際のところ、彼らは第 1 版でこの偉業を成し遂げています。第 1 版には、あなたのプログラミング力を強化し、現代にも通用するプログラミングの筋力と脳力を強化する具体的な例、新たなアイデア、実践的なティップスが満ちあふれていました。しかし、この第 2 版（20 周年記念版）には 2 つの強化点があります。

1 つ目は明確です。第 2 版では、時代に合わなくなった参照や例を削除し、新しく、現代的な内容に置き換えている点です。ループ不変表明（ループ不変条件とも）やローカルのビルドマシンの構築といった例は見つかりません。Dave と Andy は、古い例に惑わされないようにしつつ、強力なコンテンツを今でも通用する教訓に変えてくれています。DRY（Don't Repeat Yourself）といった、少し色あせたコンセプトを新たなペンキで塗り直し、輝いたものにしているのです。

そして 2 つ目の強化点こそが本当に素晴らしいものです。第 1 版が出版された後、彼らには自らが伝えたかった内容や、読者に得て欲しかったこと、読者がどのように捉えたのかをふりかえる機会が生まれました。そういった教訓に対するフィードバックを得たのです。彼らは、どこが分かりにくいのか、洗練するべきところ、誤解されやすいところを洗い出しました。本書は過去 20 年間で、世界中のプログラマーの目に触れ、その心をつかんできました。Dave と Andy は読者の反応から学んだことを新たなアイデアや新たなコンセプトとしてまとめ上げたのです。

彼らは主体性が重要であることを学び、開発者という職種はその他のプロフェッショナルよりも主体性を必要としていると見抜きました。そして、「あなたの人生はあなたのものだ」という簡潔かつ奥深いメッセージを本書の出発点にしたのです。これは我々のコードベースや、仕事、キャリアに自らのパワーが宿るということを思い起こさせます。これによって、本書はコードの例が詰まった単なる技術書以上の存在であることが、あらゆる部分から垣間見えてくるはずです。

数ある技術書と比べて突出している点は、プログラマーになるとはどういうことかを本書が理解しているところにあります。プログラミングとは、未来をより苦痛の少ないものにしようとすることです。チームメイトの仕事を楽にするということです。誤った行動をとれば、しっぺ返しが返ってくるということです。よい習慣を身に付けるということです。自らのツールセットを理解するということです。プログラミングはプログラマーの世界の一部でしかありません。本書はその世界を探求しているのです。

私はプログラミングというスキルについて、ずっと考えていました。私は大人になるまでプログラミングをしたことがなく、学校で学んだこともありません。学生時代はテクノロジーとは無縁の生活をしていたのです。プログラミングの世界に入ったのは 20 代半ばの頃であり、その時にプログラマーになるということの意味を学ばなければなりませんでした。そのコミュニティーは、私が今までに過ごしてきたコミュニティーとは随分違っていたのです。このため、学習と実践には、新鮮ではあるものの恐ろしくも感じられる特殊な努力が必要でした。

私にとっては、まったく新しい世界に足を踏み入れたように感じられたのです。少なくとも、新しい町に引っ越したようでした。このため、近所の人と知り合いになり、食料品店を選び、お気に入りの喫茶店を見つける必要がありました。土地勘を得て、最も効率のよい道順を見つけ、渋滞の起こる道を避け、いつ渋滞が起こるのかを知るまでに、結構な時間がかかりました。気候も異なっており、新しい洋服ダンスも必要になりました。

最初の数週間から数カ月間、新しい町はとても恐ろしく感じられるはずです。そんな時に、長い間その土地に住んでいる、気さくで知識の豊富な隣人がいたとしたら素晴らしいのではないでしょうか。そして、その人が色々な場所に連れて行ってくれ、喫茶店も教えてくれるとしたらどうでしょうか？ 古くから住んでいるため、その土地のしきたりに詳しく、町の持つリズムを理解している人なので、あなたはアットホームに感じられるだけでなく、その町に溶けこんでいけるようにもなります。 Dave と Andy はそういった隣人なのです。

この世界に入って比較的間もない人は、プログラミングという行為ではなく、プログラマーになるというプロセスに簡単に圧倒されます。プログラマーになるには、その心構え、習慣や振る舞い、期待を完全に変える必要があるのです。よりよいプログラマーになるというプロセスは、プログラミングの方法を知っているだけでは、すぐには生み出されません。よりよいプログラマーになるという意図のもと、着実に実践していく必要があるのです。本書は、そういったよりよいプログラマーになるためのガイドと言えます。

しかし、気を付けて頂きたい点が 1 つあります。それは、本書がプログラミングの在り方を教えてくれる書籍ではないということです。また、哲学的な内容や断定的な内容が書かれているわけでもありません。そうではなく本書は、達人プログラマーとはどういった人であるか、すなわちどのように仕事に取り組み、どのようにプログラムに取り組むのかを単純明快に教えてくれるのです。そして、達人プログラマーになりたいかどうかは、あなた自身の決断に委ねられています。それがあなたの肌に合っていないと感じられるのであれば、彼らはその判断を尊重してくれます。しかし、達人プログラマーになりたいというのであれば、彼らは気さくな隣人となり、道を示してくれるはずです。

▶ Saron Yitbarek
CodeNewbie の創業者兼最高経営責任者、
Command Line Heroes のホスト

目次

Contents

まえがき—第2版に向けて

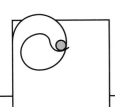

Preface to the Second Edition

我々は1990年代に、問題を抱えたプロジェクトを遂行していたさまざまな企業と仕事をしてきました。そこで毎回同じことを言っていると気付いたのです。本番稼働の前にテストしておくべきだったんじゃないだろうか？ なぜ、このコードはメアリーのマシンでしかビルドできないんだろうか？ どうして誰もユーザーに聞かなかったんだろうか？

新たな顧客とのやり取りの時間を減らすために、我々はこういったことをメモに書き留めるようになりました。そういったメモを書き溜めていった結果、『達人プログラマー』という書籍が生まれたのです。嬉しいことに、この書籍は人々の琴線に触れ、過去20年間、親しまれ続けてきました。

しかし20年というと、ソフトウェアの世界では何世代もの時間の流れに相当します。1999年の開発者を現代にタイムスリップさせ、開発チームに参加させた場合、その開発者は新しい、奇妙な世界で苦闘するはずです。逆に、今日の開発者にとっても1990年代の世界は奇妙なものに映るはずです。第1版で解説していたCORBAや、CASEツール、インデックス付きループなどは、せいぜい奇妙な考え方でしかなく、混乱を招きかねないものと言えるでしょう。

その一方で、20年の時の流れにあっても、常識というものは何ら変わっていません。テクノロジーは変わっても、人は変わっていないのです。優れたプラクティスとアプローチは、今でも優れたプラクティスとアプローチとなっています。そういった点で、本書は熟成されていると言えるでしょう。

このため、本書の「第2版（20周年記念版）」を上梓するにあたって、我々はある決断を迫られました。案のひとつは、第1版で扱っていたテクノロジーをすべて見直して刷新するというものです。そして次の案は、この20年で得られた知見に従って、我々が推奨してきたプラクティスの背後にある前提を見直すというものです。

最終的に、我々はその双方を選択しました。

その結果、本書は「テセウスの船[*1]」とでも言うべきものになりました。本書のほぼ 3 分の 1 はまったく新たな書き下ろしとなっています。そして残りの大半も、部分的に書き直したり、新たに書き起こしたりしています。その目的は、意図を明確にするとともに、より適切にし、願わくば時を超えた存在にしたいというものです。

我々は難しい意思決定に迫られました。その結果、「参考文献」という付属物を割愛することにしました。その理由は、時の流れによる陳腐化を避けることはできないという点と、今では必要な情報を容易に検索できるという点にあります。また、現時点で並列ハードウェアが豊富にあり、それに対処する優れた方法が不足しているという点から、並行性に関する話題を再編成し、書き直しました。さらに、我々もその立ち上げに参加したアジャイル運動から、受け入れられつつある関数型プログラミングのイディオム、プライバシーやセキュリティに対して高まりつつあるニーズに至るまでの意識や環境の変化を反映した内容を追加しました。

しかし興味深いことに、新版の内容を検討する際には、初版の時ほどの議論が起こりませんでした。我々両名は、重要だと考えられた内容の洗い出しがずっと簡単だと感じました。

いずれにせよ、その集大成が本書となっています。楽しんでください。そして新たなプラクティスを採用するのもよいでしょう。また、我々の提案のいずれかが間違っていると判断するのもよいでしょう。あなたの技芸に反映させてください。そして、フィードバックを返して頂ければ幸いです。

しかし最も重要なのは、楽しむことです。それを忘れないでください。

本書の構成について

本書は短いセクションを集めたかたちで構成されています。各セクションはそれぞれで完結しており、特定の話題に特化しています。また多くのクロスリファレンスによって、それぞれの話題の理解を深められるようにもなっています。このため、どのような順でセクションを読んでいっても構いません――本

*1　ある船が老朽化とともに、その構成部材を交換していったとします。長い年月が経ち、すべての部材が交換された後でも、その船は同じ船と言えるのでしょうか？

書を前から順に読み進める必要はまったくないのです。

要所要所で「Tip *nn*」という見出しの付いた箱書きを目にするはずです（例えば「**Tip 1 自らの技術に関心を持つこと** (xxi ページ)」)。これは本書において強調すべき重要な点であるとともに、生きた言葉でもあります——この言葉は日々、我々とともにあるのです。これらすべてのティップスをまとめたサマリーを、裏表紙の内側にカードとして添付しています*2。

また適宜、演習問題とチャレンジを設けています。演習問題は比較的単純な答えを出せるものであるのに対し、チャレンジは幅広い答えが考えられるものとなっています。我々の考えを少しでも有効に伝えることができるよう、付録には演習問題の答えを収録しています。しかし「正しい答え」が 1 つしかないものはほとんどありません。チャレンジはグループ討議の議題として、またはより進んだプログラミングコースの自由回答問題とすることもできるものとなっています。

さらに、本文中で明示的に参照した書籍や記事に関する、短い参考文献も掲載しています。

名前が表す意味とは？

「おれがある言葉を使うと」とハンプティ・ダンプティはいくらかせせら笑うような調子でいいました、「おれが持たせたいと思う意味をぴったり表すのだ——それ以上でも、それ以下でもない」

▶ルイス・キャロル、『鏡の国のアリス』（岡村忠軒訳）

本書中のあちこちには、さまざまな専門用語がちりばめられています。そのうちのいくつかは技術色を排除した一般的な言葉であり、またあるものはコンピュータ科学者によって息を吹き込まれた、言語に対する挑戦とも取れるような身の毛もよだつ造語です。こういった専門用語は、最初に定義を行うか、少なくともその意味についてのヒントを与えた上で使用しています。しかし、どこかで漏らしてしまったものがあるかもしれません。また、「オブジェクト」や「リレーショナルデータベース」のように定義するまでもなく十分一般化し

*2　［訳注］原著では巻末折込のカードになっていたものを、本書では巻末に Tip 一覧として掲載しています。

ているという理由で説明を割愛しているものもあります。もし今までに見たことがない用語に遭遇した場合、それを読み飛ばしてしまわないようにしてください。時間をかけて調べれば、Web 上やコンピュータ科学の教科書中に説明を見つけることができるはずです。また、我々に e-mail を送っていただければ、次の版でその用語の定義を追加することもできると思います。

我々はこういったことすべてを考慮した上で、コンピュータ科学者に対して挑戦することにしました。概念を表す、完璧に定義された専門用語であっても、意図的に使用していないものがあるのです。なぜでしょうか？ そういった用語はたいていの場合、特定の問題領域や特定の開発フェーズに意味が限定されてしまっているからです。しかし、本書の基本的哲学のひとつに、推奨する技法のほとんどを普遍的なものにするというものがあります。例を挙げると、「モジュール化」は、コードや設計、ドキュメント、チーム編成といったものすべてに適用できる言葉です。このため幅広い文脈中で昔からある専門用語を使用すると、元の用語に付随した余計な概念によって混乱を招く場合が出てきます。そういった場合には、やむなく新たな用語を作り出しています。

ソースコードとその他のリソース

本書中に記載されているソースコードのほとんどは、本書のウェブサイト*3から、コンパイル可能なソースファイルの一部として入手することができます。

また、このウェブサイトでは我々が有益だと感じるリソースへのリンクとともに、本書の正誤表や、Pragmatic Programmer に関するその他のニュースも公開しています。

フィードバックをお待ちしています

読者の方からのコメント、ご意見などをお待ちしております。E-mail アドレスは ppbook@pragprog.com です。

*3 https://pragprog.com/titles/tpp20

第 2 版における謝辞

我々は過去 20 年にわたって、カンファレンスの場や、講習会の場、さらには飛行機の機内で、プログラミングに関する、文字通り数千にも及ぶ興味深い対話を楽しむことができました。これらの対話によって得られた開発プロセスに関する深い洞察が、この新版に取り込まれています。このような機会を与えてくれた（そして我々の過ちを指摘してくれた）方々全員に感謝します。

本書のベータ版をレビューして頂いた方々にも感謝します。そこで出た質問やコメントが本書の説明を分かりやすくする上で役立ちました。

また、ベータ段階に移行する前に、数名の方々に本書を読んで頂きました。詳細なコメントを頂いた VM（Vicky）Brasseur 氏、Jeff Langr 氏、Kim Shrier 氏に、そして技術的なレビューを実施して頂いた José Valim 氏、Nick Cuthbert 氏に感謝いたします。

数独の例を提供してくれた Ron Jeffries 氏に感謝いたします。

我々のやり方で本書の組版作業を進めていくことを認めてくれた Pearson の担当者らにも感謝いたします。

我々の作業を順調なものにするために尽力して頂いた Janet Furlow 氏には特に感謝いたします。

最後に、この 20 年間、万人のためにプログラミングを向上させ続けてきた、世の中の達人プログラマー全員に感謝したいと思います。次の 20 年を祝して乾杯！

第1版のまえがきより

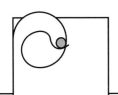

From the Preface to the First Edition

本書はあなたがより良いプログラマーになるためのお手伝いをするものです。

あなたが一匹狼のプログラマーであるか、大規模プロジェクトチームの一員であるか、多くの顧客とともに働くコンサルタントであるかは関係ありません。本書はあなたという個人がより良い仕事を行えるよう、お手伝いするためのものです。本書では、理論を説くようなことはしていません——あなた自身の経験を活かして見識ある判断をできるよう、実践的な話題を具体的なかたちで取り扱っています。本書タイトルの「達人」（pragmatic）という言葉はラテン語の *pragmaticus*、つまり「実務上の熟達した」という単語、それ自体はギリシャ語の「行うに適していること」を表すπραγματικόςから来ています。

本書は「行うこと」についてのものです。

プログラミングとは技芸です。その最も純粋な部分では、あなた（あるいはあなたのユーザー）がやりたいことをコンピュータに伝えるための作業と言えます。そして、プログラマーであるあなたは、聞き手、アドバイザー、翻訳者、独裁者と自らの役割を演じ分けるのです。とらえどころのない要求をつかみ、その表現手段を模索することで、単なる機械が素晴らしい力を発揮できるようになります。あなたが仕事を文書化することで、周囲の人たちはその仕事を理解できるようになります。また、あなたが仕事を巧みに組み立てることで、他の人たちはさらなる上を目指せるようになるのです。さらに、プロジェクトの容赦ないスケジュールと戦いながら、これらすべてをあなた自身で行うのです。つまり、あなたは毎日小さな奇跡を起こしながら仕事を進めていくというわけです。

これは大変な仕事です。

多くの人々があなたに助けを申し出てくるでしょう。ツールベンダーは、自分たちの製品なら奇跡を起こせると吹聴します。方法論のグル達も、自分たちの技法なら結果を保証できると約束します。皆、口々に自分たちのプログラミング言語が最良であると主張し、自分たちのオペレーティングシステムによって考えられるすべての問題が解決されると喧伝します。

もちろん、どれも本当ではありません。簡単な答えなんてないのです。つまり、こういったツール、言語、オペレーティングシステムだけでは「最適な解決策」に到達できないのです。あるのは特定の状況に応じた、より適切なシステムだけです。

このため、プラグマティズムというものが必要になってきます。何らかの特別な技術に対する執着ではなく、十分に幅広いバックグラウンドと経験が基盤にあってこそ、特定の状況に応じた優れた解決策を選択できるのです。つまり、コンピュータ科学の基本的原理を理解することによるバックグラウンドと、幅広い分野における実践的なプロジェクト経験が大事であるというわけです。そして、理論と実践を組み合わせれば、強力な武器を手にできるのです。

また、現在の状況や環境に合わせたアプローチの調整も必要です。プロジェクトに影響を与えるものすべての要素の相対的な重要性を判定し、経験に基づき適切な解決策を生み出すのです。そして、こういったことを作業の進捗とともに継続的に行っていきます。達人プログラマーはこのように仕事をし、そしてうまくやり遂げるのです。

誰が本書を読むべきなのか？

本書はより効率的、そしてより生産的なプログラマーになりたいと願う方々のためのものです。このような願いの背景には、自分自身の潜在的な力を発揮できていないという不満があるのかもしれません。また、仲間がツールを駆使して高い生産性を達成している様子を見てのことかもしれません。あるいは、現在の仕事が古い技術を使用しており、あなたの仕事に新技術がどのように適用できるのかを知りたいということかもしれません。

我々はすべて（あるいはほとんど）の答えを知っているとか、すべての状況に我々のアイデアが適用可能だと主張するつもりは毛頭ありません。ただこのアプローチに従えば、経験を積む速度が飛躍的に向上し、生産性が高まり、開発プロセス全体のより良い理解も得られるようになるはずです。そして、結果的により良いソフトウェアを構築することができるようになるのです。

達人プログラマーになるためには？

各開発者には、それぞれ異なった長所と短所、好き嫌いがあります。個人の環境というものは、時とともに築き上げられていきます。こういった環境は、プログラマーの趣味、衣服、髪型といった個性を必然的に反映したものとなります。しかし、もしあなたが達人プログラマーなのであれば、以下の性格の多くを併せ持つはずです。

アーリーアドプター／新しい物好き

あなたは技術や技法に対する才覚を備えており、それを試すことに生き甲斐を感じています。新しいものを見つけると、あなたはすぐにそれを理解し、既に得ている知識に即座に取り込むことができます。そして、その経験から自信を育んでいきます。

研究好き

あなたは疑問を感じやすい傾向にあります。「こりゃいいや――どういうふうになってるんですか？」「そのライブラリで何か問題が発生したことはある？」「小耳に挟んだ量子コンピューティングって何だろう？」「シンボリックリンクってどうやって実現されているんだろう？」あなたは、ちょっとしたことの収集魔でもあり、そうやって収集したことを何年か先の意志決定の糧にするのです。

批判的

あなたは、事実がはっきりするまで物事を額面どおりに受け取りません。仲間が「今までもそうやってきているから」と言った場合や、ベンダーがすべての問題を解決すると約束してきた場合、あなたは問題の臭いを嗅ぎ取ります。

現実的

あなたは直面している各問題に潜んでいる本質を理解しようと努めます。こういった現実主義的なものの考え方により、ものごとがいかに難しいか、そしてどれだけの時間がかかるのか、といったことに対する鋭敏な感覚を養っているのです。また、あるプロセスが難しいはずだとか、完遂するには時間がかかるはずだということも理解できるため、それに対処するスタミナを保ち続けることもできます。

何でも屋

あなたは幅広い分野の技術と環境に慣れ親しもうと常に努力しながら、それと並行して新たな開発を行い続けます。そして、現在の仕事でスペシャリストになることを要求された場合、あなたはすぐにその新しい分野に挑戦することができます。

これ以外にも、最も基本的な性格があります。それはすべての達人プログラマーが持っている性格であり、ティップスとして挙げておく価値のあるものです。

Tip 1 自らの技術に関心を持つこと

あなたが自ら使っている技術に関心を持たない限り、ソフトウェア開発には何の意味もないと我々は感じています。

Tip 2 あなたの仕事について考えること！

達人プログラマーになるためには、自分自身がいま何をやっているのか、常に考え続ける必要があります。これは、どこかのタイミングで一度だけ作業を振り返るという話ではありません——日々の意志決定、あるいは各プロジェクトにおけるすべての意志決定に対して継続的かつ批判的な評価が必要です。絶対に漫然と仕事を進めてはいけません。絶え間なく考え続け、リアルタイムで自らの作業を批判的に見るのです。IBM が古くから企業モットーとして掲げている「THINK!」（考えろ！）は達人プログラマーの唱えるべきマントラ（真言）と言えます。

これを難しいと感じたあなたは、現実的なものの考え方をする方です。確かにこういったことは貴重な時間を必要とします——時間は既に大きなプレッシャーとなって、あなたにのしかかっているのかもしれません。しかしその見返りとして、愛する仕事に対するより深い充足感、広い分野にわたる支配感、継続的な向上を感じることへの喜びが待ち受けているのです。時間への投資を長い目で見た場合、あなた自身とあなたのチームの効率化を促進し、保守しやすいコードの生産を可能にし、会議時間を削減するといった効果となって返ってくるのです。

達人と大規模チーム

大規模チーム、あるいは複雑なプロジェクトでは、個人の入り込む余地などないと感じている人がいるかもしれません。「ソフトウェアの構築は工学的原則に従うべきで、チームメンバー個人が意志決定を行うと破綻をきたしてしまう」という考え方です。

これには強く反対します。

確かにソフトウェアの開発は工学的であるべきです。しかしそれによって個人の技芸は排除されません。中世のヨーロッパで建築された巨大な聖堂を考えてみましょう。こういったものを建築するには何十年にもわたる数千人年の労力が必要であったはずです。そこで得られた貴重な体験は次の世代の建築家に受け継がれていき、完成した建築工学へと昇華していったのです。しかし大工、石切工、彫刻家、ガラス細工家といった人たちはすべて職人であり、工学的要求を自ら解釈することにより、建築物の単なる構造的側面を超越した全体美を生み出していったのです。個人の貢献がプロジェクトを支えている、つまり「単なる石を切り出すのが我々の仕事であったとしても、常に心に聖堂を思い描かなければならない」という彼らの信念がこういったことを可能にしたのです。

プロジェクトの全体構造の中には常に個性と技芸の入り込む余地がありま

す。これはソフトウェア工学の現状を考えると、特に正しいと言えます。今から 100 年後、我々の工学は現代の建築技師の目から見た中世聖堂建築家の技法のように廃れているかもしれません。しかし、我々の技芸は賞賛され続けているはずです。

継続は力なり

> イギリスのイートンカレッジを訪れた観光客が、どのようにしたらこのように完璧な芝生を育てられるのか庭師に尋ねました。
> 「簡単でさぁ、」と庭師は言いました。
> 「毎朝芝生の露をふき取ってやって、1 日おきに芝を刈って、週にいっぺんローラーをかけてやるだけでさぁ」
> 「それだけなんですか？」と観光客は尋ねました。
> 「あぁ、」と庭師は返します。
> 「それを 500 年ほど続ければ、あんたん所も同じような芝生になりますさぁ」

素晴らしい芝生を育てるには、毎日少しずつの世話が必要なのです。偉大なプログラマーについても同じことが言えます。経営コンサルタントは会話の中によく「カイゼン」という言葉を挟みます。「カイゼン」とは「改善」、すなわち「数多くの小さな進歩を継続して積み重ねていく」という概念を表す日本の言葉です。この言葉は、日本の工業製品の生産性と品質を劇的に向上させた主な理由として考えられ、今や世界中に広まっています。カイゼンは個人にも当てはまります。持っているスキルを日々磨き、新たなツールのレパートリーを増やしていくのです。イートンカレッジの芝生とは異なり、成果は数日で目に見え始めるはずです。何年かすれば、経験の蓄積、スキルの成長にあなた自身が驚かれることでしょう。

1 達人の哲学

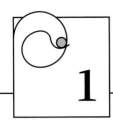

A Pragmatic Philosophy

これはあなたに関する書籍です。

ただ、誤解しないでください。本書で扱っているのは「あなたの経歴」であり、そしてさらに重要な「1 あなたの人生（2 ページ）」なのです。それはあなた自身のものです。あなたがこの書籍を手に取っているのは、自らがよりよい開発者になれる、そして他者をよりよい開発者にするための手を差し伸べられると分かっているためです。あなたは「達人プログラマー」になれるのです。

常人と達人プログラマーとの違いは何でしょうか？　それは、問題に対するアプローチとその解決手段についての考え方、スタイル、哲学であると言っていいでしょう。達人プログラマーは、眼の前の問題を考えるだけでなく、常にその問題をより大きなコンテキストで捉え、常にものごとの大局を見据えようとするのです。要するに、大きなコンテキストを捉えることなしに、達人たり得る方法はありませんし、知的な解決、見識のある決定を行う方法もあり得ないのです。

成功に向かう次の鍵は、「2 猫がソースコードを食べちゃった（4 ページ）」で考察しているように、行うことすべてについての責任を全うすることです。達人プログラマーが責任を負うことによって、怠慢によるプロジェクトの崩壊を防げるようになるのです。「3 ソフトウェアのエントロピー（7 ページ）」では、プロジェクト開始時点での整合性を維持していくための方法について解説しています。

変革というものは多くの人々にとって受け入れにくいものであり、何かの理由をつけたり単純な過去の慣習を理由にしてそれを拒絶しようとします。「4 石のスープとゆでガエル（11 ページ）」では変革を呼び起こすための戦略と、（その逆の立場に置かれた話として）緩やかな変革を無視してしまった両生類の末路を訓話として紹介しています。

作業のコンテキストを理解することによって、作成中のソフトウェアがどの程度優れていなければいけないのかを判断しやすくなります。また、ソフトウェアがほぼ満点でなければならないといった場合もあるでしょうが、通常の場合にはトレードオフというものが存在するはずです。これについては「**5 十分によいソフトウェア** (14 ページ)」で解説しています。

こういったことを実現するにはもちろん、幅広い基礎知識と経験が必要です。学習とは継続を積み重ねていくことです。「**6 あなたの知識ポートフォリオ** (17 ページ)」ではこういった勢いを衰えさせないための戦略について考察しています。

最後に、我々はひとりぼっちで作業を行うのではありません。我々は他人とのやり取りに時間の多くを割いているのです。「**7 伝達しよう！** (26 ページ)」では、これを行うためのより良い方法について解説しています。

実践的なプログラミングは、達人的な思考哲学から生まれてきます。この章ではそういった哲学の基本を定めています。

1 あなたの人生

私がこの世界にいるのはあなたの期待に応えるためではないし、あなたがこの世界にいるのも私の期待に応えるためではない。
▶ブルース・リー

あなたは自分自身の人生を生きています。その人生はあなたのものであり、自らで生き抜き、自らで作り出しているのです。

我々が話をした多くの開発者は不満を感じています。彼らの懸念はさまざまです。ある人は自らの仕事に停滞感を感じており、またある人はテクノロジーに追随できていないと感じています。また、評価されていない人々、給与が低い人々、チームの雰囲気が悪いと感じている人々。これらのなかには、アジアやヨーロッパで仕事をしたいと考えていたり、在宅勤務をしたいと考えている人もいるでしょう。

そういった人々に対する我々からの答えはいつも同じです。

「変化に向けて足を踏み出せないのはなぜでしょうか？」

ソフトウェア開発という職種は、自らで統制できる経歴として上位に挙げられるもののはずです。そのスキルには需要があり、知識は国境を越えて通用し、遠隔地からでも作業できます。給料も悪くないため、自らが望めば何だってできるはずです。

しかし、何らかの理由で開発者は変化に抗おうとします。彼らは立ち止まって、事態が改善することを祈ります。また、自らのスキルが陳腐化するのを黙って見過ごし、会社が訓練の機会を提供してくれないと不平を述べます。そして、バスの車内で異国情緒あふれる国々の広告を横目に見ながらバスを降り、小雨降る中、重い足取りで職場に向かっていくのです。

本書で最も重要なティップスがこれです。

Tip 3 あなたには現状を打破する力がある

職場環境が悪いって？ 仕事が退屈極まりないって？ 何とか改善しようと努力してください。しかし、いつまでもずるずると改善努力を続けようとしてはいけません。Martin Fowler 氏も次のように述べています*1。

「あなたは組織を変えることができる、あるいは組織を変わることもできる」

テクノロジーに追随できてないようであれば、（個人的な）時間をとって面白そうな新しいものごとを学習してください。それはあなた自身への投資なのですから、勤務時間外に行うのが妥当でしょう。

遠隔地での仕事が望みでしょうか？ 会社に頼んでみましたか？ ノーという答えが返ってきたのであれば、イエスと言ってくれる誰かを探してください。

この業界は驚くほど多くの機会が横たわっています。積極的な行動に出て、機会をつかみ取ってください。

関連セクション

- 4 石のスープとゆでガエル（11 ページ）
- 6 あなたの知識ポートフォリオ（17 ページ）

*1 http://wiki.c2.com/?ChangeYourOrganization

2 猫がソースコードを食べちゃった

すべての弱点で最も重要なものは弱みを見せることに対する恐れである。
▶J.B. ボシュエ、『聖書の政治学』（1709 年）

達人の哲学の根底には、キャリアの強化と、学習や教育、プロジェクト、日々の作業といった観点から、自分自身および自らの行動に対して責任をとるという考え方が流れています。達人プログラマーは自分自身の経歴を管理し、無知や誤りを認めることを恐れません。無知やエラーはプログラミングの観点からは好ましいことではありません。しかし、最良のプロジェクトであっても間違いは起こり得ます。テストしているにもかかわらず、優れたドキュメントを作成しているにもかかわらず、しっかりとした自動化を実施しているにもかかわらず、ものごとは悪い方向に進んでいきます。そして納品は遅れ、思いがけない技術上の問題が発生するのです。

こういった事象が発生した場合、それに対処するため、プロとして可能な限りの対処を行うべく努力を重ねるはずです。これが、正直かつ単刀直入に対処するということです。自分自身の能力に誇りを持つのは良いことですが、自らの無知や過ちという欠点を素直に認めなければなりません。

チームにおける信頼

何よりもあなたのチームはあなたを信用し、当てにする必要があり、あなたは何の心配もなく、チームメンバーそれぞれを当てにできる必要があります。チーム内の信頼関係が創造性とコラボレーションに欠かせないものだということは、調査[*2]によっても明らかです。信頼によって成り立っている健全な環境では、思ったことを気兼ねなく話せ、自らのアイデアを語り、チームメンバーとの相互信頼を育むことができます。信頼がなければ、どうなってしまうかというと……。

ハイテク装備に身を包んだステルス忍者集団を率いるあなたが、悪者の要塞を壊滅させる任務を請け負ったと考えてください。何カ月にも及ぶ計画と綿密

*2　優れたメタアナリシスとして、例えば *Trust and team performance: A meta-analysis of main effects, moderators, and covariates* があります。http://dx.doi.org/10.1037/apl0000110

な準備により、要塞内への侵入に見事に成功しました。そこで、レーザー照準器付きの銃を構えようとしたところ、仲間が「あっ、悪ぃ……、レーザー、家に置いてきたわ。俺んちの猫がレーザー光の追いかけっこを気に入っちまってなぁ」などと言ったとしたら……。

このようなかたちで信頼が裏切られた場合、もはや修復は不可能と言えるでしょう。

責任を持つこと

責任については前向きに考えるべきです。何らかのことを正しく行う保証をしたとしても、それらは必ずしもすべての観点から直接管理できるとは限りません。このため、あなた自身が個人としてベストを尽くすことに加えて、自らの制御を超えた部分にあるリスク状況の分析を行わなければなりません。あなたには対処不能となる状況や大きすぎるリスク、倫理的にあまりにもあいまいなものに対する責任を「負わない」権利があります。そしてあなたの道徳観や判断基準に基づいて、決断を下す必要があるのです。

あなたが結果に対する責任を「負う」場合、それについて実際に責任を取れることが求められます。あなたが（我々同様）過ちや判断ミスを犯した場合、そのことを正直に認め、採り得る選択肢の提案を試みてください。

他人や他の何かを非難したり言い訳をしたりしてはいけません。すべての問題をベンダー、プログラミング言語、管理、同僚のせいにしてはいけません。彼らの一部あるいはすべてがそういった問題に一役買っているのかもしれませんが、言い訳するのではなく、ソリューションを提供するのは他ならぬ「あなた」の役割なのです。

もしベンダーがあなたの要求に応えてくれないというリスクがあるのであれば、代替計画を立てておくべきです。すべてのソースコードが入ったディスクがクラッシュした際に、バックアップを取っていなかったのであれば、それはあなたのミスです。上司に「猫がソースコードを食べちゃった」と報告するのはやめるべきでしょう。

Tip 4　いい加減な言い訳よりも対策を用意すること

完了できない、納期に間に合わない、壊れているといったことを誰かに報告する前に、いったん立ち止まって自分自身の言い分に耳を傾けてください。机の上に置かれているゴム製のアヒルちゃんでも猫でも構わないので、まず話しかけてみてください。あなたの弁解は筋が通っているでしょうか？ あるいはばかげたことを主張しているのでしょうか？ あなたの上司にはどのように聞こえるでしょうか？

あなた自身の心と対話してみてください。他の人ならどのようなことを言うでしょうか？ 彼らの「これは試してみたのかい？」とか「こんなことは考えなかったのかい？」といった問いにどのように答えられるでしょうか。悪いニュースを報告しに行く前に、何かできることはないでしょうか？ 彼らが何を言うか予想できる場合もあるはずです。彼らの手間を省いてあげてください。

弁解の代わりに対策を提案しましょう。それはできない、などとは言わず、問題を収拾するために何ができるのかを説明するのです。コードを捨て去らないといけないのでしょうか？ ならば、リファクタリング（「**40 リファクタリング**（268ページ）」を参照）の価値を説いてください。

最善の道を模索するため、プロトタイピングの時間が必要なのでしょうか（「**13 プロトタイプとポストイット**（72ページ）」を参照）？ より良いテスト方法を導入したり（「**41 コードのためのテスト**（274ページ）」を参照）、再発を防ぐための自動化が必要なのでしょうか（「**容赦ない継続的テスト**（352ページ）」を参照）？

こうした作業を完了するには追加のリソースが必要となるでしょう。あるいはユーザーとの打ち合わせ時間を増やす必要があるのでしょうか？ それともあなた自身の問題、つまり何らかのテクニックやテクノロジーを詳細に学ぶ必要があるのでしょうか？ 書籍や講座の受講が役立つでしょうか？ こういった助けが必要であることを認めたり、要求することを恐れてはいけません。

大きな声を上げる前に中途半端な言い訳をなくしてください。もし何か言わないと気が収まらないのであれば、猫にでも言うことです。かわいいにゃんこちゃんは責任を取ってくれないでしょうけど……。

関連セクション

- **49 達人のチーム**（338ページ）

チャレンジ

- もし誰か――例えば銀行の窓口、車の修理工、店員が中途半端な言い訳をしたら、あなたはどうしますか？ あなたは彼らのこと、そして結果的に彼らの会社についてどのように感じるでしょうか？
- 「分からない」という言葉が口をついて出てきた時には、「――でも答えを見つけ出すぞ」と口に出してください。これは、分からないということを認める素晴らしい方法です。そして、その後はプロフェッショナルとしての責任をまっとうしてください。

3 ソフトウェアのエントロピー

ソフトウェア開発はほとんどすべての物理法則を超越できるのですが、エントロピー増大の法則には強く縛られています。エントロピーとは物理学の用語で、ある系における無秩序な度合いを表す指標です。そして悲しいことに熱力学の法則によれば、全宇宙のエントロピーは増加していく、すなわち次第に無秩序になっていくことが証明されているのです。ソフトウェアも同様に、時間とともに無秩序になっていきます。そして、ある限界を超えるまで無秩序さが増大した場合、「腐ったソフトウェア」と呼ばれるようになるのです。人によっては「技術的負債」というおとなしい表現で、いつかは返済しなければならないことをやんわりと表しています。しかし、その負債が返済されることはおそらくありません。

どのような名前にせよ、負債や腐敗は無秩序に広がっていく可能性があります。

ソフトウェアを腐らせる要素はたくさんあります。その中で最も大事なものがプロジェクト活動における心理学、あるいは文化と呼ばれるものです。あなた１人だけのチームだったとしても、プロジェクトにおける心理学というものは、非常にデリケートな問題をはらみます。その結果、計画を練りに練って、最良の要員配置を行ったとしても、プロジェクトは破滅や崩壊へと向かう可能性があるのです。とは言うものの、非常に複雑、かつ何度も逆境にさらされているにもかかわらず、無秩序へと向かう自然の摂理に逆らい、目標に向けて着実に歩を進めているプロジェクトも存在します。

これらの違いは何でしょうか？

たいていのビルは都心では美しく清潔に保たれていますが、場末では朽ち果てつつある残骸となっています。なぜでしょうか？ 犯罪や都市荒廃の研究家は、清潔で手つかずの住居があっという間にぼろぼろの放置された廃屋へと変貌していく非常に興味深い誘発メカニズムを発見しました*3。

それが「割れ窓理論」です。

1 枚の割れた窓が長期間修理されずに放置されていると、ビルの住人に投げやりな感覚（ビルのことなど気にもかけないようになる感覚）が植えつけられていくのです。そして 2 枚目の窓が割れます。人々はゴミを撒き散らかすようになります。落書きもされるようになります。そして建物に対する深刻な破壊が起こり始めるのです。ビルはオーナーの修理したいという気持ちとは裏腹に、ごく短期間で朽ちていき、投げやりな感覚が現実のものとなるのです。

なぜこういったことが起こるのでしょうか？ 心理学者の研究*4によると、ネガティブな考えには伝染性があることが示されています。インフルエンザウイルスのようなものだと考えればよいでしょう。明らかに問題があるにもかかわらず、その状況を無視することで、問題を解決する方法はおそらく「何もなく」、誰も気にしないという考えが補強され、すべてが破滅に向かうのです。あらゆるネガティブな考え方は、チームメンバーの間に浸透していき、凶悪なスパイラルを生み出すのです。

Tip 5 ■ 割れた窓を放置しておかないこと

「割れた窓」（つまり悪い設計、誤った意思決定、質の低いコード）をそのままにしてはいけません。発見と同時にすべて修復してください。もし正しく修復するだけの時間がないのであれば、分かりやすいところにその旨を明示しておいてください。例えば、目障りなコードをコメント化したり、「実装していません」というメッセージを残したり、ダミーのデータを代わりに設定してお

*3　[WH82] を参照。
*4　[Joi94] を参照。

けるはずです。ダメージが広がるのを防ぎ、あなたが状況を認識していることを明確にするため、「何らかの」アクションをとってください。

我々も過去に、窓が割れただけで、クリーンで機能的なシステムがあっという間に崩壊していくさまを目の当たりにしたことがあります。これ以外の要因でソフトウェアが腐っていく場合も確かにあり、そのうちのいくつかは他のセクションでも解説していますが、放置は他のどのような要因よりも腐敗を「加速」させるのです。

プロジェクトの割れたガラスをすべて修復できるだけの暇な人間などいないと思われるかもしれません。しかしそうであれば、大型のゴミ容器を入手する算段を始めるか、夜逃げの準備をするべきでしょう。エントロピーに負けてはいけません。

とにかく害を及ぼすなかれ

ここで、Andy の知り合いにいた大金持ちの話をしてみましょう。その人の家はとても清潔で、美しく、値段のつけられないようなアンティークや骨董品といったもので満ちあふれていました。ある日、リビングルームの暖炉の上に掛けていたタペストリーが、暖炉に近すぎたせいか燃え出したのです。彼の家の窮地を救うために消防車が駆けつけました。しかし、長くて汚いホースを家の中へと引きずっていく直前、彼らは立ち止まりました。そして激しく燃えさかる火を目の前にしながら、玄関から火元までの間に敷かれていた敷物を丸め始めたのでした。

彼らはカーペットを汚したくなかったのです。

これが極端な例に思えるかもしれません。消防署の人たちの最優先課題は火を消し止めることであるのは間違いないですが、巻き添えで他のものに被害を及ぼしたとあれば、そしりは免れません。彼らは状況を適切に評価し、消火は可能だと判断したうえで、家の中のものに不必要な被害を与えないようにしたのです。こういった考え方をソフトウェア開発でも守るべきです。何らかの危機が訪れているからといって、巻き添え被害を引き起こしてはなりません。1 枚の割れた窓だけで多くの事態が引き起こされるのです。

1 枚の割れた窓――プロジェクトの期間中にチームが向き合わないといけない、汚い設計によるコード、管理上の貧弱な決定等――は、あらゆる崩壊の始まりなのです。もしあなたが作業をしているプロジェクトに割れた窓が何枚かあるのであれば、「残りのすべてのコードも単なるゴミ屑だろうから、同じように適当にやっときゃいいや」という考え方が忍び込みやすくなります。その時点までプロジェクトに問題がなかったかどうかなど、まったく関係ありません。「割れ窓理論」に行き着いた当初の実験では、ビルの前に廃車を 1 週間放置するところから始まりました。しかし、窓をたった 1 枚割っておくだけで、ほんの数時間のうちに車は丸裸にされ、挙げ句の果てにはひっくり返されてしまったのです。

これと同じ理由で、プロジェクトのコードがクリーンで美しいものである場合——つまりきちんと記述され、美しい設計でエレガントなものとなっている場合——あなたは消防隊員と同様に、それを汚さないよう細心の注意を払うはずです。燃えさかる火（納期、本番開始日、展示会のデモ等）を目前にしていても、コードを汚してしまう最初の人間にはなりたくないと思うのではないでしょうか。

自分自身に向かって「割れ窓は作らない」と言い聞かせてください。

関連セクション

- 10 直交性（49 ページ）
- 40 リファクタリング（268 ページ）
- 44 ものの名前（305 ページ）

チャレンジ

- プロジェクトの同僚に対して意識調査を行い、チームの強化を支援してください。「割れた窓」を 2〜3 枚選び、何が問題であるのかと、それを修復するために何ができるのかを議論してください。
- 窓が最初に割られたことを知る術があるでしょうか？　その場合、どういった対処が必要でしょうか？　もしそれが誰かの意思決定や管理者からの指示によるものであった場合、それに対してどういった対応をとれるでしょうか？

4 石のスープとゆでガエル

戦地から家路へと向かう 3 人兵士は飢えていました。しかし、前方に村を見つけ彼らは元気を取り戻しました――きっと村人たちは食料を分け与えてくれるだろう……と。しかし村に到着した彼らを待ち受けていたのは、かたく閉ざされたドアと窓だけでした。戦争が何年も続いたせいで、村人たちの食料も枯渇し、持っているものをすべて蔵の奥深くへとしまい込んでいたのです。

そこで兵士達は深鍋いっぱいの湯を沸かし、その中に注意深く石を 3 つ沈めました。不思議に思った村人たちは、何が起こるのかを見るためにぞろぞろと表に出てきました。

「これは石のスープだ」と兵士達は説明しました。「具はそれだけなんですかい？」と村人が尋ねます。「そのとおり――しかしいくらか人参を入れると味が引き立つと聞いたことがある……」村人は家に戻り、すぐさま蔵の中からかごいっぱいの人参を持って走ってきました。

数分後、村人は再び尋ねました。「これで終わりですかい？」

「あぁ」と兵士は答えます。「イモが数個あると味がどっしりとするな」これを聞くや否や別な村人が走っていきます。

その後 1 時間ほどで、兵士たちはスープを良くするためのより多くの材料――牛肉、ネギ、塩、ハーブを挙げていきました。そのたびに別の村人が各個人の蓄えを取りに走っていきました。

そして、ようやく大鍋いっぱいのほかほかしたスープができ上がりました。兵士たちは石を取り除いた後、村人全員たちとテーブルを囲み、この数カ月間食べたことのなかったような充実した食事をみんなで楽しむことができたのです。

この石のスープの話にはいくつかの教訓があります。兵士たちは村人たちの好奇心を利用して食料を持ってこさせるよう、ひっかけたのです。しかしもっと大事なのは、村人たちが団結して食べ物を出し合い、彼ら個人では成し得なかったこと――相乗効果――を得るために、兵士たちが触媒として作用したという点です。最終的に全員が勝ち組となったのです。

兵士達のように振る舞ってみたいとは思いませんか？

システムにとって必要なものと方法が、はっきりと見えている場合があるはずです。システムの完成目前であれば、それが正しいものであるということも分かっている場合があるでしょう。しかし取り組み前の承認を得る段階で、足止めをくらってあっけにとられることがあります。人々は委員会を組織し、予算の承認が必要となり、事態は複雑化していきます。皆が自らのリソースを守ろうとするのです。これが「疲労の開始」と呼ばれる現象です。

ここが石を取り出す時です。まず道理にかなった要求を考え出しましょう。次にその要求をうまく引き出せるよう、それなりのものを作り上げるのです。実現できたら、それを人々に見せて驚嘆させるのです。そしておもむろに「もちろん、〜〜を追加するともっとうまく行くんだけど……」とさもそれが重要でないことのように言うのです。あとは、もともと必要であった機能追加に関する質問をくつろいで待っていればよいでしょう。人は万事うまくいっていることには簡単に参加できるのです。未来を少し垣間見せるだけで、みんな集まってくるのです[*5]。

Tip 6　変化の触媒たれ

村人たちの側より

石のスープの話は、別な見方をすれば穏やかで緩やかなペテンの話になります。これは集中しすぎることについての警鐘であると解釈することもできます。村人たちは石のことに心を奪われ、他のことを忘れてしまったのです。我々も日々忍び寄ってくるものごとによって、一杯食わされるかもしれません。

症状については見てきたとおりです。プロジェクトはゆっくりと、そして容赦なく、手に負えないものとなっていきます。ソフトウェアにおける惨事のほとんどは、たいていのプロジェクトでは気付かずに通り過ぎてしまうような、気付くには小さすぎるとも思えるものから始まります。そして、機能が追加されるたびに当初の仕様からそれていき、パッチが当てられるたびにコードが追加されていき、最後には原形を留めないようになってしまいます。士気とチームをないがしろにするような、些細なことが積み重なっていく場合もしばしばあります。

Tip 7　大きな構想を忘れないようにすること

＊5　これを行っている間、海軍少将の Dr. Grace Hopper の一節「許可を得るより赦しを乞うほうが簡単である」という名言を思い浮かべてください。

我々は試したことがないのですが（本当です）、「ある人々」によると、熱湯の中にカエルを放り込むと、カエルはびっくりして飛び出してくるそうです。しかし水の入った鍋にカエルを入れて徐々に熱していった場合、カエルはゆっくりとした温度の上がり方に気付かず、調理されるまで鍋の中から飛び出してこないそうです。

カエルの問題は「3 ソフトウェアのエントロピー （7 ページ）」で考察した割れた窓の問題とは違っている点に注意してください。割れ窓の理論では、誰も省みないということを人々が感じ取った結果、エントロピーと闘う意思を失ってしまうという話でした。一方、カエルはただ単に変化を感じ取ることができなかったのです。

カエルのようにはならないでください。常に大きな視点でものを見るのです。あなた個人が行っていることだけを注意するのではなく、常に周囲で何が起こっているのかも注意するようにしてください。

関連セクション

- 1　あなたの人生 （2 ページ）
- 38　偶発的プログラミング （252 ページ）

チャレンジ

- John Lakos 氏は本書の草稿をレビューした際、以下の問題を考え出してくれました。兵士たちは少しずつ村人たちをだましていったわけですが、兵士たちが触媒として作用した変化は全員に対して良い結果をもたらしました。しかし、徐々にカエルをだますことによって、カエルには危害を加える結果になりました。あなたが変化の触媒となるような行動をする際、それが石のスープを作っているのかカエルのスープを作っているのかを判断できるでしょうか？ また、その判断は主観的なものでしょうか、それとも客観的なものでしょうか？
- 上を見上げずに答えてください。天井にはライトがいくつ付いているでしょうか？　オフィスにはいくつ出口があるでしょうか？　何人の人がいるでしょうか？　何か無関係なものや、場違いのものがあるでしょうか？　これは、ボーイ／ガールスカウトから米海軍特殊部隊に至るまでの人たちが実施している「状況の認識」と呼ばれる演習です。定期的に自らの周囲の状況を実際に見渡し、気付きを得るような習慣を作り出してください。そしてその習慣をプロジェクトにも適用するのです。

5 十分によいソフトウェア

ものごとを良くしようと努力することで、しばしば良かったものまで台無しにしてしまう。

▶シェークスピア、『リヤ王』第 1 幕第 4 場

米国の企業が日本企業に向けて 100,000 個の IC を発注しました、という出だしで始まる（やや）古げなジョークがあります。要求仕様にはチップの不良率が 10,000 個に 1 個だと記載されていました。そして数週間後、注文した品が納品されてきました。大きな箱に IC がぎっしりと詰められており、もうひとつの小さな箱には IC がちょうど 10 個詰められています。そして小さな箱には「こちらがご依頼の不良品です」と書かれたラベルが貼られてましたとさ。

こういった品質管理が実際にできれば何も問題は起こりません。しかし現実の世界ではこのように完全なものを、特にバグのないソフトウェアを製造することなどできない相談です。時間、テクノロジー、個体差すべてが我々に対して牙をむいてくるのです。

しかし、これに対してストレスを感じる必要はありません。Ed Yourdon が *IEEE Software* 誌の記事「When good-enough software is best.」[You95] で述べているように、ユーザーにとって、あるいは保守担当者にとって、あるいはあなた自身の気持ちにとって、十分によい（good enough）ソフトウェアを書くようにすればよいのです。これによってあなたはより生産的になり、ユーザーもハッピーになるわけです。その結果、プログラムはより短期間で実際に良いものになっていくのです。

先へと進む前に、我々の言いたいことについて若干補足しておきましょう。「十分によい」という言葉には、コードがいい加減であるとか不完全であるという意味は含んでいません。すべてのシステムはユーザーの要求仕様と完全に合致し、パフォーマンス、プライバシー、セキュリティといった面での基本的要求に合致している必要があります。あなたの作り出したものが「十分によい」かどうかを判断するためのプロセスに、ユーザーを参加させることをお勧

めします。

トレードオフにユーザーを巻き込む

我々は通常の場合、他の人々が使うソフトウェアを開発しているはずです。そしてユーザーの要求を取り込まなければならないということも、たまには[*6]思い出していることでしょう。しかしソフトウェアをどの程度よいものにするのか、という質問を投げかけたことがあるでしょうか？　こういった問いに対する答えが自明の場合もあります。あなたがペースメーカー、自動運転車、広範囲に普及する低レベルライブラリを作成しているのであれば、要求仕様はより厳しく、取り得る選択肢もかなり制限されたものとなるはずです。

しかし、まったく新しい製品を開発しているのであれば、別種のさまざまな制約が待ち受けていることでしょう。営業部隊が顧客に約束した結果、エンドユーザーは調達スケジュールに基づく計画を策定するでしょうし、あなたの企業もキャッシュフロー上の制約を抱えているはずです。そういった中、ユーザーからの要求を無視して、プログラムに新機能を追加したり、コードをさらに磨き上げるというのではプロフェッショナルとは言えません。我々はパニックを起こせと言っているのではありません。不可能なスケジュールを約束したり、納期に間に合わせるために基本的な技術面をおろそかにするのもプロフェッショナルとしてあり得ないのです。

あなたが開発しているシステムのスコープと品質は、システム要求の一部として議論されていなければなりません。

Tip 8　品質要求を明確にすること

トレードオフを余儀なくされる状況にしばしば陥ることがあるはずです。驚くべきことに、多くのユーザーは１年先にしか入手できない豪華な機能を満載したソフトウェアよりも、今日入手できる仕上がりの粗いソフトウェアを選択します（実際のところ、１年後にはまったく違った要求を投げかけてくるのが普通です）。予算繰りの厳しい多くの情報部門も同じ考えでしょう。今日の素

＊6　冗談です！

晴らしいソフトウェアは、明日の完璧なソフトウェアよりも好まれるのです。また、ユーザーに対して成果物を早期に提供できれば、彼らからのフィードバックによってよりよい解決策へと導かれる場合もしばしばあります（「12 曳光弾 (65 ページ)」を参照)。

やめ時を知る

いくつかの点において、プログラミングは絵画とよく似ています。最初にあるのは、真っ白なキャンバスと基本的な素材です。そして目的に応じて、素材に科学、芸術、技芸を組み合わせていくのです。あらゆる形状をスケッチし、それが置かれている周囲の状況を描き出し、詳細を描き込んでいきます。そして定期的に、一歩下がって今までやったことを厳しい目で確認します。場合によっては、キャンバスを破り去って、最初からやり直すこともあります。

しかし芸術家は、やめ時を知らないとすべての作業が台無しになってしまう、ということを熟知しています。ごてごてと塗りを重ね、細部に細部を描き込んでいけば、絵画は絵の具の海の中に沈んでいくのです。

十分によいプログラムを飾り立て、洗練させすぎて台無しにしてはいけません。あるべき状態で作業を中断し、しばらくその状態にしておくのです。それは完璧と言えないものかもしれません。しかし、心配は無用です。完璧なものになんてならないのです（「第 7 章 コーディング段階 (245 ページ)」では不完全な世界におけるコードの開発にまつわる哲学について解説しています)。

関連セクション

- 45 要求の落とし穴 (313 ページ)
- 46 不可能なパズルを解決する (324 ページ)

チャレンジ

- あなたが普段使っているソフトウェアツールやオペレーティングシステムに目を向けてください。それらのベンダーや開発者が、ソフトウェアの不完全さを認識しつつも出荷しているという証拠を見つけられるでしょうか？ あなたは 1 人のユーザーとして、(1) すべてのバグがなくなるのを待つ、(2) 複雑なソフトウェアを受け入れ、いくつかのバグを許容する、(3) 欠点の少ないより簡単なソフトウェアに乗り換えるのいずれを選択するでしょうか？

- ソフトウェアの調達という観点から見たソフトウェアの調達におけるモジュール化の効果について考えてください。品質要求に合致した一枚岩のソフトウェアと、モジュールやマイクロサービスによって緩やかに結合されたシステムを比べると、どちらがより開発に時間がかかるでしょうか？ それぞれのアプローチのメリットとデメリットとは何でしょうか？
- 有名なソフトウェアで機能の膨張に苦しんでいるものを思いつけるでしょうか？　つまり、使いそうにない多くの機能を搭載しているために、バグやセキュリティ脆弱性を潜ませてしまうとともに、必要な機能を見つけづらく、管理しにくくなっているようなソフトウェアです。このような落とし穴にはまる危険を冒していないでしょうか？

6　あなたの知識ポートフォリオ

知識への投資は常に最高の利息がついてくる。
▶ベンジャミン・フランクリン

かのベンジャミン・フランクリンは格言に詰まるようなことがなかったそうです。我々ももし早寝早起きだったらきっと偉大なプログラマーになれていたはずです。だって「早起きした鳥は虫にありつける」という諺がありますから……でも早起きした虫には何が待っていたのでしょうか？

虫の話はさておき、冒頭のベンジャミン・フランクリンの言葉は核心をついています。あなたの知識と経験は、あなたのプロフェッショナルな日々を支える資産の中で最も重要なものなのです。

しかし、そういった資産は残念なことに有効期限付きなのです*7。あなたの知識は新しい技術、言語、環境が登場すると時代遅れのものになっていきます。市場の変化はあなたの経験を陳腐で的はずれなものにするのです。IT 分野の進歩するペースは刻一刻と加速しているため、こういったことはすぐに起こります。

---

*7　有効期限付きの資産とは時とともにその価値が減少していくものです。例えば倉庫いっぱいのバナナとか野球のチケットと同じです。

あなたの知識の価値が低下するのと連動して、あなたの企業やクライアントが評価するあなた自身の価値も低下していきます。こういったことが起こるのを何とかして防がなければなりません。

新しいものごとを学習するというあなたの能力は、最も重要な戦略的資産なのです。しかし、「学習の方法」をどのようにして学べばよいのか、そして「何を学ぶのか」をどのようにして知ればよいのでしょうか？

あなたの知識ポートフォリオ

プログラマーが持っているコンピューティング関連の知識や、仕事の業務知識、あらゆる経験は「知識ポートフォリオ」として考えるのがよいでしょう。知識ポートフォリオの管理は金融ポートフォリオの管理とよく似ています。

1. 真面目な投資家は習慣的に定期的な投資を行います。
2. 分散投資は長期的な成功の鍵です。
3. 頭の良い投資家は、堅実な投資と、ハイリスクでハイリターンな投資でポートフォリオのバランスをとっています。
4. 投資家は利益を最大にするべく、安く買い、高く売ろうとします。
5. ポートフォリオは定期的に見直して再配分するべきです。

あなたの経歴を輝かしいものにするため、金融ポートフォリオの管理と同様のガイドラインに従ってあなた自身の知識ポートフォリオを管理する必要があるのです。

幸いなことに、この種の投資の管理は、他の分野の投資管理と同様に学習できるスキルなのです。そのコツは、まずは自分でやってみて、習慣にすることです。あなたの脳に刻み込まれるまで、作業をルーチン化してください。それができるようになれば、自動的に新しい知識を吸収できるようになっているはずです。

あなたのポートフォリオを作成する

定期的に投資する。

金融商品への投資と同様に、あなたは知識ポートフォリオに定期的に投資する必要があります。それが小さなものであっても、継続することによって大きなものとなるため、割り込みが発生しないようにして、定期的に時間と場所を確保するよう計画してください。次のセクションで、いくつかの目標となる例を挙げています。

多様化する。

ひと味違ったことを知れば、より付加価値が出てきます。基本として、まずあなたが現在作業で使っている特定技術のすべての詳細を知る必要があります。ただ、そこで立ち止まってはいけません。コンピューティングの世界はどんどん変化しています。つまり今日の最新技術は明日には使い物にならない（またはお呼びでない）ものになっているかもしれないのです。より多くの技術に親しむうちに、よりうまく変化に適応できるようになっていくことでしょう。また、必要とされているものの、テクノロジーとは関係のない分野でのあらゆるスキルについても忘れないでください。

リスクを管理する。

技術というものは、ハイリスク・ハイリターンなものからローリスク・ローリターンのものまで多岐にわたっています。すべてのお金をハイリスクの株に投資するのは突然暴落した際に危険ですし、逆にすべてのお金を堅実なものに投資するのは機会を逸するという意味でよい考えとは言えません。技術という卵をすべて１つのかごの中に入れてはいけないのです。

安値で買い、高値で売る。

将来注目される技術を、それが普及する前に学んでおくというのは、高騰前の株を探すのと同じくらい難しいことですが、その報酬は期待できます。その昔、Java が最初に発表されたばかりの無名の時に学習するというのはリスクの高い投資でしたが、その後、業界標準となった時にアーリーアドプターは多大な恩恵を受けたのです。

見直しと再配分をする。

この業界はとてもダイナミックです。先月投資を始めたばかりのホットなテクノロジーが、今日はもう冷えきっている場合もあります。また、しばらく使っていなかったデータベース技術に磨きをかける必要に迫られるかもしれません。あるいは他の言語を試していたのであれば、新たな就職口でもっとよいポジションに就けたかもしれません……。

これらのガイドラインすべてに共通する最も大切なことは簡単に実行できます。

> **Tip 9** あなたの知識ポートフォリオに対して定期的な投資を行うこと

ゴール

ここまでであなたの知識ポートフォリオに、いつ、何を追加すればよいかという指針が見えてきたはずです。では次に、ポートフォリオを充実させる知的資源獲得に向けた方法を見ていくことにしましょう。これには、いくつかの提案があります。

毎年少なくとも言語を 1 つ学習する。

言語が異なると、同じ問題でも違った解決方法が採用されます。いくつかの異なったアプローチを学習すれば、思考に幅が生まれ、ぬかるみにはまる事態を避けられるようになります。さらに、今では無償で利用できるソフトウェアが豊富にあるため、多くの言語を学習することも簡単になっています。

月に 1 冊のペースで技術書を読む。

インターネット上には、星の数ほど多くの短いエッセイと、数は少ないものの信頼性のある情報を見かけることができますが、ものごとを深く理解するにはそれなりの分量がある書籍を読む必要があります。あなたが現在取り組んでいるプロジェクトに関する興味深い話題を扱っている技術書を書店や出版社のサイトで探してみてください[*8]。こういった習慣が身につけば、月に 1 冊のペースで読書をしてください。現在使っている技術をマスターできたのであれば、プロジェクトと関係のない分野の学習にまで手を広げてみましょう。

技術書以外の書籍を読む。

コンピュータは人によって使われるということを常に意識してください（つまり、あなたは人のニーズを満足させようとしているのです）。あなたは人と一緒に仕事をしており、人間に雇われ、対人関係を意識することになります。あらゆるところに登場する人間のことを忘れないでください。これにはまったく異なる種類のスキルセット（皮肉なことにこういったスキルは「ソフトスキル」と呼ばれていますが、身に付けるのは極めてハードなのです）が必要なのです。

講習を受講する。

近所のコミュニティカレッジや大学、あるいは次に開催されるトレードショーやカンファレンスから興味深い講習を探してみましょう。

近場のユーザーグループに参加する。

孤立はあなたの経歴にとって避けるべきことです。社外の人たちがどういった仕事をしているのかを知るようにしてください。ユーザーグループに足を運んで漫然と話を聞くだけではなく、活発に参加しましょう。

＊8　手前味噌ですが、https://pragprog.com には素晴らしい書籍がそろっています。

異なった環境に慣れ親しんでみる。

Windows 環境でのみ作業してきたのであれば、Linux 環境に親しむ時間を取ってください。「makefile」とエディターしか使ったことがないのであれば、最新機能を搭載した、洗練された統合開発環境（IDE）を使ってみましょう。逆のケースも同様です。

最先端にとどまり続ける。

現在のプロジェクトが扱っているものとは異なるテクノロジーに関するニュースやオンライン投稿に目を通しましょう。これは、他の人々がどういったことを経験しているのか、どういった専門用語を使っているのかといったことを知る素晴らしい方法です。

投資を継続し続けることが肝要です。新しい言語や技術に慣れたのであれば、そこで立ち止まらずに、また別のものにトライしましょう。

こういった技術がプロジェクトに適用できるのか、またそれを履歴書に書けるのかは関係ありません。学習の過程であなたの思考に幅ができ、ものごとを実現する新たな可能性と新たな方法があなたの眼前に広がるのです。また、アイデアの相互交流は大事なことです。このため、あなたが学んだことを現在のプロジェクトに適用してみましょう。あなたのプロジェクトがそういった技術を利用していない場合であっても、何らかのアイデアを借用できるはずです。例えば、オブジェクト指向に慣れ親しむことで、手続き型のプログラムでも違った書き方ができるようになります。関数プログラミングパラダイムを理解すれば、オブジェクト指向コードを違ったかたちで記述できるようになるといったことが可能になるのです。

学習の機会

どん欲に読書を続けると、（簡単ではありませんが）その分野の最新情報の頂点に立つことができます。そうなれば皆があなたにさまざまな質問をしてくるようになります。この時、質問によってはぼんやりとした大まかな答えしか出せないものがあるかもしれません。

しかしここで止まってはいけません。それをチャレンジと受け止めて答えを探すのです。手当たり次第に調べて回ってください。ウェブを検索するのもよいでしょう。一般の人々向けのリソースではなく、学術的なリソースにも目を向けるのです。

もし答えを見つけ出すことができなければ、答えられる人間を探しましょう。放っておいても答えは出てきません。いろんな人に話しかけ、個人ネットワークの輪を広げることにより、他の問題やこの先起こるであろう関係のない問題の解決策を見つけ出せるようになるのです。このようにして、あなたのポートフォリオは充実していくのです……。

こういった読書や調査にはすべてそれなりの時間がかかります。そして時間は常に限られた資源です。このため前もって計画を立てておかなければなりません。そしていつでも読書ができるよう準備しておかないと、無駄な時間を過ごす羽目になります。医者の診察待ちや歯科医の診察待ち時間は、こういった読書のための素晴らしい機会です。このため電子書籍リーダーを持っていくようにしてください。さもないと、ページがよれよれになった1973年版のパプアニューギニアに関する旅行記事を拾い読みする羽目になってしまいますよ。

批判的な考え方

重要な点の最後は、あなたが見聞きするものごとについての批判的な考え方です。ポートフォリオ中の知識が正確なものであり、ベンダーやメディアの偏見が入っていないことをあなたは保証しなければなりません。自らのドグマを強要し、それ以外では真の答えが得られないと主張する人たちに注意してください（そのような答えはあなたやあなたのプロジェクトに適用できるかもしれませんし、適用できないかもしれません）。

商業主義を甘く見てはいけません。インターネットの検索エンジンが真っ先に返してきたものが、最適な選択であると思わないことです。広告料さえ支払えば、目立つ場所に表示されるようになるのです。ある書籍が書店の特設棚に置かれているからと言って、それが良書やベストセラー書籍であるとは限りません。そこに置けるだけのお金を多く支払っているという事実があるだけなのです。

Tip 10 見聞きしたものごとを批判的な目で分析すること

批判的な考え方というものは、それ自体が独立した学問分野として確立されているため、できる限り関連書籍を読んだり学習することをお勧めします。ここでは、そういった規律が身につくまでの間に意識しておくべきことを挙げておきます。

「5 つのなぜ」を問う

これは何かを尋ねられた時のお気に入りのティップスです。少なくとも5 回は「なぜ？」と問いを投げかけてください。質問をすれば、答えが返ってきます。そこで「なぜ？」と問うことで、問題を深く掘り下げられるようになります。4 才の子どもになった気持ちになるのです（とは言うものの不躾にならないように）。そうすることで、根本的な問題に近づいていけるようになります。

誰にメリットがあるのか？

ひねくれた質問に聞こえますが、「利益の流れを追う」というのは何かを分析するうえで非常に有効です。他の人や他の組織に対するメリットは、あなた自身のメリットと共存できるかもしれませんし、できないかもしれないのです。

コンテキストは何か？

あらゆるものごとは特定のコンテキスト内で発生します。このため「万能の解決策」などというものは存在しません。「ベストプラクティス」と銘打たれた記事や書籍を考えてみてください。ここで考えるべき質問は「誰にとってベストなのか？」です。前提条件は何で、短期的な結果と長期的な結果は何でしょうか？

それはいつ、どこで有効になるか？

どういった状況で有効になるのでしょうか？　有効になるのは遅すぎる、あるいは早すぎないでしょうか？　一次思考（first-order thinking：次に何が起こるか）で立ち止まらず、二次思考（second-order thinking：その後で何が起こるか）を考えるようにしてください。

なぜこれが問題なのか？

その下に横たわっているモデルがあるのでしょうか？ そのモデルはどのように機能するのでしょうか？

残念ながら、こういった問題に対する簡単な答えはあまりありません。しかし、あなたの膨大なポートフォリオをもってすれば、また大量の技術記事を批判的に読みながら分析することで、複雑な答えを理解できるはずです。

関連セクション

- 1 あなたの人生 (2 ページ)
- 22 エンジニアリング日誌 (128 ページ)

チャレンジ

- 今週から新たな言語を学び始めてください。いつも使い慣れた言語を使ってプログラミングしているのでしょうか？ それでは、Clojure や Elixir、Elm、F#、Go、Haskell、Python、R、ReasonML、Ruby、Rust、Scala、Swift、TypeScript など、興味を引かれた、あるいは興味を引きそうな言語を試してください*9。
- 新たな書籍を読み始めましょう（でも本書を先に読み終えてくださいね）。もしあなたが非常に細かい実装やコーディングを行っているのであれば、設計やアーキテクチャの書籍を読みましょう。もし抽象度の高い設計を行っているのであれば、コーディングテクニックの書籍を読みましょう。
- 外に出て現在のプロジェクト以外や社外の人間と技術的な話をしましょう。社内のカフェテリアで人脈を広げたり、ローカルユーザーグループの会合で仲間を探しましょう。

---

*9 どれも聞いたことがない言語ですって？ 知識は賞味期限のある資産であり、ポピュラーな言語も同じです。ここで挙げた、できたてほやほやの言語や実験的な言語は、本書の初版で挙げたものと大きく異なっており、あなたが本書を手に取る時にも変わっているはずです。そのことを考えても、学習し続ける必要のあることが分かるはずです。

7 伝達しよう！

目をつぶられることよりも目を通されることのほうがよいと思ってるのよ。
▶メイ・ウェスト、「罪ぢゃないわよ」（1934 年）

おそらく我々はウェスト嬢から何かを学べるのではないでしょうか。それはあなたが有しているものだけでなく、それらをパッケージ化する方法も大切だということです。素晴らしいアイデア、洗練されたコード、達人的な思考ができても他人に伝達することができなければ、それは究極の不毛と言えるでしょう。よいアイデアも効果的な意思疎通がなければ、単なるアイデアで終わってしまうのです。

我々は開発者として、さまざまなレベルで伝達を行います。例えば、会議、ヒアリング、討論に何時間も費やしたり、エンドユーザーとともに時間を過ごして彼らのニーズの理解に努めます。また、コンピューターに実行させたい仕事を伝達するためコードを記述し、次の世代の開発者に考え方を伝達するためドキュメントを記述します。さらに、リソースの要求とその理由の説明や、現状報告、新たなアプローチの提案に向けた提案書や社内文書を作成します。そしてチーム内では、アイデアを提唱したり、既存のプラクティスに手を加えたり、新たなプラクティスを提案するために、日常的に伝達を行っています。このように、一日のうちの大部分は伝達作業に充てられているため、それを円滑に進める必要性があるのは言うまでもありません。

日本語（あるいはあなたの母国語）をもうひとつのプログラミング言語として考えてください。コードを記述するように日本語を記述するとともに、DRY 原則や ETC、自動化などを守るのです（DRY 原則や ETC という設計原則は次の章で解説しています）。

Tip 11 日本語をもうひとつのプログラミング言語として考えること

以下は有効だと考えられるアイデアです。

聞き手のことを知る

あなたの情報がうまく聞き手に伝わった場合にのみ伝達は成就されます。つまり、単に語っているだけでは不十分です。このためには、聞き手のニーズや興味、能力を理解しておく必要があります。あなたも関係者全員が出席している会議の場で、ギークな開発者が難解な技術のメリットについて長ったらしい口上をまくしたて、マーケティング部門の責任者の目から精気を奪い去ってしまっているのを見たことがあるはずです。これは伝達ではなく、単に喋っているだけであり、迷惑[*10]なだけなのです。

あらゆる種類のコミュニケーションに言えることですが、重要なのはフィードバックです。ただ質問を待ち受けているようではいけません。こちらから質問してください。ボディーランゲージと表情に注意を振り向けるのです。神経言語プログラミング（NLP）が置いている前提のひとつに、「あなたのコミュニケーションが持つ意味は、あなたの元に返ってくる応答だ」というものがあります。コミュニケーションを取りながら聞き手に関する知識を継続的に得るようにしてください。

言いたいことを知る

仕事におけるコミュニケーションのうちで最も難しいのが、言いたいことを明確にするという作業です。小説家は執筆に先立って本の構想を詳細に書き出すのですが、技術ドキュメントを書く人たちはしばしばキーボードの前に座っておもむろにキーボードを叩き始めます。

1. はじめに

そして、頭をよぎっていく内容を書き連ねてしまうのです。

まず、言いたいことを練り上げてください。そしてその概要を書き出すのです。その後、「これで言いたいことの意味が聞き手にうまく伝わるだろうか？」と自分自身に問いかけます。この作業を何度も繰り返し、磨きをかけていくわけです。

このアプローチはドキュメントを書く時以外にも有効です。大事なミー

---

*10　迷惑（annoy）の語源は古期フランス語の enui（訳注：近代フランス語では ennui——日本語ではアンニュイ）つまり「退屈」を意味しています。

ティングや主要顧客との電話で話す際にも、伝達したいアイデアをまず書き留めて、意図を理解してもらえるような戦略をいくつか練っておくのです。

聞き手の要求が分かったのであれば、それを伝えることにしましょう。

タイミングを選ぶ

今が金曜日の午後 6 時で、来週から監査のスケジュールが入っているとします。そして、あなたの上司の末っ子は入院中で、外は叩きつけるような雨が降っています。家までの道のりは悪夢のようなものになるに違いありません。こんな時にノート PC のメモリ増設を承認してもらうのはあまりよい考えとは言えません。

聞き手が聞きたいことを理解するという作業には、聞き手の優先順位を理解する必要があります。ソースコードを誤って消去してしまい、上司から叱責されたばかりのマネージャーをつかまえることができれば、そのマネージャーはソースコードリポジトリの新たなアイデアについてこれ以上ないくらい理解してくれる聞き手になってくれるはずです。内容と同様、タイミングにあった適切な表現をしてください。時々「この話をするうえで適切なタイミングかどうか？」ということを自問するのです。

スタイルを選ぶ

聞き手に合った伝え方をするのも大事なことです。ある人は簡潔な「事実のみ」の形式を好みます。また、ある人は本題に入る前に、さまざまな話題を細かく聞きたいと思っています。その分野に対する聞き手のスキルレベルや経験はどの程度なのでしょうか？　彼らはエキスパートでしょうか？　入門者レベルでしょうか？　詳細な説明が必要なタイプなのか、長い話は聞かないタイプなのでしょうか？　判断できない場合は聞いてみるのが一番です。

しかし、コミュニケーションという 2 者（あるいはそれ以上）のやり取りにおいて、あなたはその 1 つの側でしかないという事実を忘れないようにしてください。もし誰かから簡潔な説明を要求されたものの、詳細な説明でなければ語れないというのであれば、その旨を伝えてください。こういったフィードバックもコミュニケーションであることをお忘れなく。

見栄えを良くする

アイデアは重要です。そしてそれを聞き手に伝えるために、見栄えの良い伝達手段を選ぶことも重要です。

ドキュメントを作成する際、その内容にのみ全精力を傾ける開発者（そしてそのマネージャー）が数多くいます。しかし、それは誤りだと言えます。何時間もキッチンにこもって調理したとしても、料理の見栄えが悪ければその努力が水の泡となることは、どんなシェフ（あるいはフード・ネットワークの番組視聴者）でも知っています。

今や見栄えの悪いドキュメントを作成しても、弁解する余地のない時代なのです。近代的なソフトウェアであれば、Markdown 記法を使っていようがワープロを使っていようが素晴らしい見栄えのドキュメントを作成できます。ほんのいくつかの基本コマンドを憶えるだけです。あなたの使っているワードプロセッサにスタイルシート機能が搭載されているのであれば、それを使ってみてください（あなたの会社では既に、専用のスタイルシートを使っているかもしれません）。そして、ページヘッダやフッタの設定方法を学んでください。どういったスタイルやレイアウトを作成できるのかについては、パッケージに付いてくるサンプルドキュメントを見てください。スペルチェックは自動的に実行されるようにしておき、最後は必ず自分の目で確認してください。菜に白、スペルチェッカーに係ら名井スペルの待ち害だって或のですから。

聞き手を巻き込む

重要なドキュメントを作成していたはずが、完成時点ではさほど重要なものではなくなってしまう場合がしばしばあります。このため、できるならばそのドキュメントの草稿段階からユーザーを巻き込むようにしてください。彼らからのフィードバックを受け付け、知恵を借りるのです。その過程で良好な関係を築くこともでき、よりよいドキュメントを作成できるはずです。

聞き手になる

人に対してよい聞き手になってもらいたいのであれば、あなた自身も聞き手にならなければなりません。これはあなたがすべての情報を握っている場合や、公式の会議で数十人のスーツを着た参加者を前にしている場合でも同じです――もしあなたが彼らの言うことに耳を貸さなかったならば、彼らもあなたの言うことに耳を貸さないでしょう。

そして、こちらから質問を行ったり、説明した内容を要約してもらうなどして発言を促してください。会議の場を対話の場にすることで、要点をより効果的に伝えられるようになります。また、あなたも何らかのことを学び取れるはずです。

相手の立場になる

あなたが誰かに質問をしたと考えてください。この時、答えが返ってこなければ無礼だと感じるでしょう。しかし逆に、誰かから情報や何らかの行動を要求するような e-mail やメモが来た場合、今まで返事をしなかったことがどれくらいあったか考えてみてください。あわただしい毎日では、こういったことは簡単に忘れ去られてしまいます。e-mail やボイスメールの場合、「後で連絡します」という答えでもいいので、常に返答するよう心がけてください。聞き手に状況を知らせておくということは、たまたま返事を忘れた場合に寛大な対応をとってもらえる点、彼らのことを忘れていないのだということを感じてもらえるという点でとても有益なのです。

Tip 12　伝えることがらと、伝える方法は車の両輪だと考えること

宇宙空間でひとりぼっちの作業をしているのでない限り、あなたにはものごとの伝達能力が必要となります。より効率的に伝達できるということは、より大きな影響力を持つということなのです。

ドキュメントとコードをまとめる

最後に、ドキュメントによるコミュニケーションについて述べておきます。通常の場合、開発者はドキュメントにあまり注意を払いません。ドキュメントはせいぜい、不幸にも要求されてしまった成果物、あるいはプロジェクトの終わりまでに管理者側が忘れ去ってくれることを願う程度の優先順位の低い成果物となっています。

達人プログラマーは、ドキュメントを開発プロセス全体とは切っても切り離せない重要なパーツだと考えています。ドキュメントの作成は、労力の二重化

や時間の無駄を避けるとともに、手元に置いておく、つまりコード自体に記述することで、もっと簡単になるはずです。実際のところ、コードに対して適用する実践的原則は「すべて」ドキュメントにも適用するべきなのです。

Tip 13　ドキュメントは付け足すものではなく、作り上げるものである

ソースコード中のコメントから見栄えのよいドキュメントを作成するのは簡単です。また、モジュールにコメントを追加しておけば、その機能を使用することになる他の開発者の助けになります。

ただ、これは「すべての」関数やデータ構造、型宣言などに対してそれぞれコメントを付けるべきだという意見に同意しているわけではありません。この種の機械的なコメント記述によって、コードは保守しにくいものになってしまうのです。つまり、変更を加える際に、2種類の情報を更新しなければならなくなるわけです。このため、APIを開発している場合を除き、コメントは「なぜこれが必要なのか」、すなわちその目的とゴールの記述にとどめておくべきでしょう。「どのようにして実行しているのか」はコード自体に記されているため、冗長な情報であり、DRY原則に違反しているのです。

ソースコードへのコメントによって、工学上のトレードオフや、この意思決定に至った理由、棄却した代替案といった、どこにも残すことができないプロジェクトの理解しにくい側面を文書化するまたとない機会が与えられます。

サマリー

- 聞き手のことを知る
- 言いたいことを知る
- タイミングを選ぶ
- スタイルを選ぶ
- 見栄えを良くする
- 聞き手を巻き込む
- 聞き手になる
- 相手の立場になる
- ドキュメントとコードをまとめる

関連セクション

- 15 見積もり（84 ページ）
- 18 パワーエディット（103 ページ）
- 45 要求の落とし穴（313 ページ）
- 49 達人のチーム（338 ページ）

オンラインでのコミュニケーション

文書によるコミュニケーションについてここで述べてきたことはすべて、電子メールや、ソーシャルメディアへの投稿、ブログなどにも通用します。企業において、特に電子メールは契約条件のすり合わせや紛争の解決、裁判時の証拠資料といった、企業のコミュニケーションを支える柱となるまでに普及しています。しかしどういうわけか、紙ベースではみすぼらしい文書など絶対に作成しない人がどうしようもない電子メールを世界中にまき散らしたりしています。

ここでのティップスは簡単なものです。

- ［送信］ボタンを押す前に精読してください。
- スペルチェッカーにかけるとともに、自動修正機能によっておかしな修正がなされていないかチェックしてください。
- フォーマットは簡潔で明確なものにしてください。
- 引用は最小限に抑えてください。100 行くらいある自分自身のメールを引用されて、最後に「賛成です。」と 1 行だけ書かれたメールを返信されて喜ぶ人はいません。
- 他人の電子メールを引用する場合には、許可を得た上で（ファイルの添付ではなく）本文中に引用するようにしてください。ソーシャルメディアプラットフォームでの引用も同じです。
- 人を非難したり、煽ったりするのは、後々、自分に返ってくるのでやめましょう。面と向かって言わないようなことを、オンラインで表現してはいけません。
- 送信前に宛先一覧を確認しましょう。部門全体に送達する電子メールの中に上司の悪口を書いてしまったものの、同報リストにその上司も入っていたというケースが日常茶飯事となっています。電子メールで上司の悪口を書かないようにしましょう。

数え切れないほどの企業や政治家らは、電子メールや、ソーシャルメディアへ

> の投稿が永遠に残ることを身をもって体験しています。メモやレポートを書く時と同様の注意と配慮を、電子メールを書く時にも行ってください。

チャレンジ

- 『*The Mythical Man-Month*』[Bro96] や『*Peopleware*』[DL13] といった、チーム内でのコミュニケーションに関して言及している良書がいくつかあります。向こう 18 カ月以内に読んでみることをお勧めします。さらに『*Dinosaur Brains*』[BR89] では、職場における情緒的な問題を考察しています。
- 次にプレゼンテーションを実施する、あるいは何らかの意見を主張するメモを記述する場合、作業を始める前にこのセクションのアドバイスを実行してみてください。聞き手とともに、伝える必要のあるものごとを明確にするのです。また可能であれば、その後で聞き手から話を聞き、彼らのニーズに対する評価がどれだけ正確だったかを確認してください。

2 達人のアプローチ

A Pragmatic Approach

ソフトウェア開発のあらゆる局面で適用できるティップスや裏ワザ、事実上何にでも使えるプロセス、ほとんど公理とも言うべきアイデアが存在しています。ただこの種のアプローチは、設計やプロジェクト管理、コーディングの議論中に中途半端なかたちで文書化されることはあっても、体系化したかたちでドキュメント化されることはあまりありませんでした。この章ではそういったアイデアやプロセスをまとめて扱っています。

ソフトウェア開発の核心に到達する上で、最初かつ最も重要な話題は「8 よい設計の本質 (35 ページ)」です。すべてはこの話題に基づいて展開されます。

次の 2 つのセクション、「9 DRY 原則 — 二重化の過ち (38 ページ)」と「10 直交性 (49 ページ)」は密接に関連し合っています。最初のセクションではまずシステム全体を通して知識を二重化すること、また次のセクションでは 1 つの知識を複数のシステムコンポーネントに分割することに対する警鐘を鳴らしています。

変化のペースが増大するとともに、アプリケーションを適切なかたちにとどめておくことがどんどん難しくなっていきます。「11 可逆性 (60 ページ)」では、プロジェクトを環境の変化から隔離するために役立つ技法をいくつか紹介します。

次の 2 つのセクションも密接に関連し合っています。「12 曳光弾 (65 ページ)」では要求仕様、テスト設計、コードの実装を同時に行うことができる開発形態を解説しています。これは、現代の生活ペースに見合う唯一の方法です。

「13 プロトタイプとポストイット (72 ページ)」では、プロトタイピングの技法を用いることによって、アーキテクチャやアルゴリズム、インターフェース、アイデアを検証する方法を解説しています。現代では、アイデアに全身全霊をかけて打ち込む前に、そのテストを実施し、フィードバックを得ることが不可欠となっています。

コンピュータ科学はゆっくりと成熟してきたため、その過程でさまざまな高水準言語が生み出されてきました。しかし「こんな感じで動作する」といった曖昧な指示を受け付けるコンパイラは依然として開発されていません。「14 専用の言語 (77ページ)」ではあなた自身で実装できる、より穏やかな提案を行っています。

最後に、我々は皆、時間やリソースの制約を抱えて仕事をしているはずです。作業がどれくらいかかるかをうまくはじき出せれば、そのような制約を乗り越えられる（そしてあなたの上司や顧客をハッピーにできる）のです。こういったことを「15 見積もり (84ページ)」で取り上げています。

こういった基本的原則を開発時に意識しておけば、あなたはより上手に、より迅速に、より堅牢なコードを記述することができるようになります。またこういったことを簡単にできるようにも仕向けられるのです。

8　よい設計の本質

この世界には数多くのグルや専門家がおり、その人たちすべては、ソフトウェアの設計方法に関する得がたい智恵を伝授しようと切望しています。これにはアルファベット数文字の頭字語や、箇条書き（なぜか5つに絞ることが多いようです）、パターン、図、動画、講演のほか、おそらくはデメテルの法則をダンスになぞらえるなどして説明する（インターネットならではの）クールなシリーズもあります。

そして、我々のような紳士的な著者もこの点については有罪です。しかし、我々は現代において極めて有効であると確認できたものだけを説明し、お詫びのしるしにしたいと思います。まずは、一般原則から紹介しましょう。

Tip 14　よい設計は悪い設計よりも変更しやすい

ものごとは、それを使う人に適応できる場合にうまく設計されていると言えます。コードの場合、それは変化に対応できなければならないことを意味しています。このため、我々はETC原則を信じています──「Easier To Change」(変更をしやすくする)。これがETC原則です。

我々が知る限り、この世の中のあらゆる設計原則は ETC 原則を特殊化したものとなっています。

結合を最小化するのが望ましいのはなぜでしょうか？　それは懸念を隔離することで、変更をしやすくする、つまりは ETC 原則です。

責務を単一化するという原則はなぜ有益なのでしょうか？　それは要求の変更が単一のモジュールに対応づけられる、つまりは ETC 原則です。

名前の付け方がなぜ重要なのでしょうか？　それは優れた名前はコードの可読性を向上させ、変更時にはその名前を手がかりにする、つまりは ETC 原則です！

ETC はルールではなく価値である

価値とは意思決定を助けてくれるものです。あれをすべきか、これをすべきか？　ソフトウェアについて考える場合、ETC はガイドとなり、進むべき道を選択する上で手を貸してくれます。その他すべての価値と同様に、ETC はあなたの意識的な思考を影ながらお助けし、正しい方向に向けて背中を押してくれるはずです。

しかし、そういう状態にするにはどうすればいいのでしょうか？　我々の経験では、最初にある程度の意識改革が必要になります。1 週間かそこら、自分自身に「私が実行したものごとで、システムは変更しやすくなったのか、それとも変更しにくくなったのか？」ということを意識的に自問する必要があるでしょう。ファイルを保存した時にこれを実行してください。テストを記述している時にこれを実行してください。バグを修正している時にこれを実行してください。

ETC には暗黙の前提が存在します。その前提とは、人間は多くの選択肢のうち、どれが将来的に変更しやすくなるのかを知ることができるというものです。たいていの場合、常識が通用し、経験に基づく直感というものも使いものになります。

しかし場合によっては、手がかりのないこともあります。それはそれで構いません。その際には 2 つのことができると考えています。

まず、どういった形に変更するか分からない場合、常に「簡単に変更できる」という究極の選択肢を採用するようにします。記述するコードを交換可能なものにしようとしてください。こうすることで、将来何が起こったとしても、そのコードは障害になりません。これは極端に聞こえるかもしれませんが、実際のところ常にそうすべきなのです。これは本当のところ、コードを分離し、凝集度を上げるということなのです。

次に、こういったことを直感を養うための手段として考えてください。状況をエンジニアリング日誌に書き込み、選択肢と変更時の前提を残しておきましょう。ソースにタグを残しましょう。その後、このコードを変更する必要が生じた場合、見直すことができ、フィードバックにすることができるはずです。これは次回に似たような分かれ道に遭遇した時に役立つかもしれません。

この章の残りのセクションでは、設計時における具体的なアイデアについて解説していますが、すべてはこの原則によって導き出されるものとなっています。

関連セクション

- 9 DRY原則 — 二重化の過ち（38ページ）
- 10 直交性（49ページ）
- 11 可逆性（60ページ）
- 14 専用の言語（77ページ）
- 28 分離（164ページ）
- 30 変換のプログラミング（186ページ）
- 31 インヘリタンス（相続）税（202ページ）

チャレンジ

- あなたが日常的に使用している設計原則について考えてください。それは変更をしやすくすることを意図しているでしょうか？
- また、プログラミング言語やプログラミングパラダイム（オブジェクト指向や関数型プログラミング、リアクティブプログラミングなど）についても考えてください。こういったものはETC原則に従ったコードを記述する上で、ポジティブな面が大きいか、ネガティブな面が大きいか、その双方なのでしょうか？

  コーディングの際に、ポジティブな面を強調し、ネガティブな面をなくす*1にはどういった手を打てるでしょうか？

- 多くのエディターは、ファイルの保存時に（組み込みかアドオンの形式で）コマンドを実行する機能をサポートしています。その機能を利用し、ファイルを保存するたびに*2「ETC?」というメッセージを表示するようにし、今入力したコードが変更しやすいものになっているかを考えられるようにしてください。

9 DRY 原則 — 二重化の過ち

反乱を起こした人工知能の機能を停止させるために、2 つの矛盾した情報をコンピュータに与える……というのはジェームズ・T・カーク船長の得意技でした。残念なことにあなたの記述しているコードにも同じ原則が適用されます。

我々プログラマーは知識の収集、組織化、維持、利用に努めています。我々は仕様書に知識をドキュメント化し、実行可能なコードへと変換し、テスト期間中はそのコードを使って必要な検証を行います。

しかし残念なことに知識は不変のものではありません。知識は――しばしば急速に――変化していくものなのです。要求仕様に対するあなたの理解は、顧客を交えた次回の打ち合わせでひっくり返されてしまうかもしれません。また法律が変わると、いくつかのビジネスロジックが時代遅れのものになってしまうかもしれません。テスト段階になって初めて、特定のアルゴリズムが使いものにならないと発覚するかもしれません。こういったすべての不安定要素により、ほとんどの時間をメンテナンスモード、すなわちシステム内で表現された知識の再編成や再表現に割かなければならないという実態が生み出されるのです。

多くの人たちは、メンテナンスとはバグの修正と機能拡張であり、アプリケーションがリリースされた時から始まるものだと考えています。この考えは間違っています。プログラマーは常にメンテナンスモードにあるのです。我々

*1　この表現は、Johnny Mercer 作詞、Harold Arlen 作曲の楽曲「Ac-Cent-Tchu-Ate the Positive」（ポジティブな面を強調しよう）から採ってきたものです。
*2　毎回だと気が変になるというのであれば、10 回に 1 回でもよいでしょう。

の理解は日々変わっていきます。設計やコーディングの最中であっても、新たな要求が発生し、既存の要求は常に進化していきます。場合によっては環境すら変わることもあります。結局のところ、メンテナンスとは独立したアクティビティーではなく、開発工程を通じて行う日常業務なのです。

我々がメンテナンスを行う際、まずどの部分を修正するか——こういった知識はカプセル化されてアプリケーション中に埋め込まれているはずです——を見つけなければなりません。ここでの問題は、開発中の仕様書やプロセス、プログラムの中で知識を二重化してしまいやすいという点です。こういった二重化によって、アプリケーションの完成前から悪夢のようなメンテナンスが始まってしまうのです。

このため、信頼性の高いソフトウェアを開発するとともに、開発自体の理解とメンテナンスを容易にする唯一の方法は、**DRY 原則**に従うことになります。

「すべての知識はシステム内において、単一、かつ明確な、そして信頼できる表現になっていなければならない」

なぜこれが DRY 原則と呼ばれているのでしょうか？

Tip 15 DRY—Don't Repeat Yourself（繰り返しを避けること）

DRY 原則を破るということは、同じ知識を 2 箇所以上に記述することです。この場合、片方を変更するのであれば、もう片方も変更しなければなりません。さもなければ異星人のコンピューターのようにプログラムは矛盾につまずくことになるのです。これはそのことを憶えていられるかどうかという問題ではありません。いつ忘れてしまうかという問題なのです。

この DRY 原則は本書を通じて何度も繰り返して出てきますし、コーディングと何の関係もないコンテキストでもしばしば登場します。我々はこれが達人プログラマーの道具箱の中に入れておく道具のうちで最も重要なものの 1 つであると考えています。

このセクションでは二重化することから来る問題を浮き彫りにし、これに対する一般的な戦略を示唆しています。

DRY 原則はコード以外にも適用される

まず最初に述べておきたいことがあります。本書の初版では、「DRY 原則」が意味することについて書き足りない部分がありました。多くの人々はこれがコードの話だと受け取ってしまったのです。つまり、DRY を「ソースコードのコピー&ペーストをしてはいけない」と解釈してしまったのです。

これも DRY 原則の一部ですが、ほんの些細な一部でしかありません。

DRY 原則は「知識」や「意図」の二重化についての原則です。つまり、異なった場所（おそらくはまったく異なった場所）に同じことを表現するという問題を避けるための原則です。

検査は次のようにします。コードの一部を変更する際に、複数の場所を変更しようとしている、また複数の異なるフォーマットを変更しようとしているでしょうか？ コードとドキュメント、あるいはデータベースのスキーマとそれを保持する構造を変更しなければならないのでしょうか……それとも？ そうであれば、あなたのコードは DRY 原則に違反していることになります。

では、二重化の典型的な例をいくつか見てみることにしましょう。

コードの二重化

これは些細な話かもしれませんが、コードの二重化はあまりにもよく見かけられます。以下はその例です。

```
def print_balance(account)
  printf "Debits:  %10.2f\n", account.debits
  printf "Credits: %10.2f\n", account.credits
  if account.fees < 0
    printf "Fees:    %10.2f-\n", -account.fees
  else
    printf "Fees:    %10.2f\n", account.fees
  end
  printf "          ——— -\n"
  if account.balance < 0
    printf "Balance: %10.2f-\n", -account.balance
  else
    printf "Balance: %10.2f\n", account.balance
  end
end
```

とりあえず、金額類（account.dibits、account.credits、account.fees、

account.balance）を浮動小数点型で扱っているという初心者にありがちな間違いについては置いておいて、このコードにおける二重化の問題を探してください（我々は少なくとも 3 つはあると考えています）。

見つかったでしょうか？ 以下は、我々が考えている二重化です。

まず、負の数を処理する際のコードが手数料（account.fees）と残高（account.balance）の処理で繰り返されています。これについては別の関数を定義することで修正できます。

```
def format_amount(value)
  result = sprintf("%10.2f", value.abs)
  if value < 0
    result + "-"
  else
    result + " "
  end
end

def print_balance(account)
  printf "Debits:  %10.2f\n", account.debits
  printf "Credits: %10.2f\n", account.credits
  printf "Fees:    %s\n",     format_amount(account.fees)
  printf "         ——— -\n"
  printf "Balance: %s\n",     format_amount(account.balance)
end
```

もう 1 つの二重化は、すべての printf 呼び出し内でのフィールド幅指定の繰り返しです。これは定数を 1 つ導入し、それぞれの呼び出しで引き渡すことでも修正できますが、先ほど作成した関数のフォーマット機能を使用すればよいでしょう。

```
def format_amount(value)
  result = sprintf("%10.2f", value.abs)
  if value < 0
    result + "-"
  else
    result + " "
  end
end

def print_balance(account)
```

```
  printf "Debits:  %s\n", format_amount(account.debits)
  printf "Credits: %s\n", format_amount(account.credits)
  printf "Fees:    %s\n", format_amount(account.fees)
  printf "         ——— -\n"
  printf "Balance: %s\n", format_amount(account.balance)
end
```

この他にはないでしょうか？　例えば、クライアントが見出しと金額の間にもう少し空白を追加してくれと言ってきたらどうでしょうか？　その場合、修正箇所は 5 箇所になります。こういった二重化を除去してみましょう。

```
def format_amount(value)
  result = sprintf("%10.2f", value.abs)
  if value < 0
    result + "-"
  else
    result + " "
  end
end

def print_line(label, value)
  printf "%-9s%s\n", label, value
end

def report_line(label, amount)
  print_line(label + ":", format_amount(amount))
end

def print_balance(account)
  report_line("Debits",  account.debits)
  report_line("Credits", account.credits)
  report_line("Fees",    account.fees)
  print_line("",         "——— -")
  report_line("Balance", account.balance)
end
```

フォーマットの幅を変更しなければならない場合、format_amount 関数を変更することになります。また、ラベルのフォーマットを変更する場合、report_line 関数を変更することになります。

しかしまだ、DRY 原則に違反している部分があります。内訳と合計を隔てているハイフンのみの行はフィールドの幅に依存しています。しかし、これは完全に合致させるものではありません。現時点で 1 文字足りていないため、最後にマイナス符号が付加されています。これは、実際の金額に対するフォーマットとは違ったものにしたいという顧客の意向を反映したものです。

コードの二重化すべてが知識の二重化というわけではない

ワインの注文アプリで、顧客の年齢を認証し、注文本数を受け付けるモジュールを開発していると考えてください。

```
def validate_age(value):
    validate_type(value, :integer)
    validate_min_integer(value, 0)

def validate_quantity(value):
    validate_type(value, :integer)
    validate_min_integer(value, 0)
```

コードレビューの際に、これら 2 つの関数のコードは同じであるため、DRY 原則に違反しているという声が上がりました。しかしその意見は間違っています。コードは同じですが、これらコードが表現している知識は異なっているのです。これら 2 つの関数は、異なる 2 つのものごとが同じ規則を有しているということを示しているだけです。それは偶然であり二重化ではありません。

ドキュメントの二重化

どういった経緯からか、すべての関数にコメントを付けるべきだという俗説が語られています。この俗説を信じている人は以下のような成果物を作成しがちです。

```
# 口座（a）の手数料を計算する
#
# * 戻ってきた小切手それぞれの価格は20ドル
# * この口座が4日以上貸し越し状態になっている場合、
#   毎日10ドルずつ追徴する。
# * この口座の平均残高が2000ドルを超えている場合、
#   手数料を50%割り引く。

def fees(a)
  f = 0
  if a.returned_check_count > 0
    f += 20 * a.returned_check_count
```

```
  end
  if a.overdraft_days > 3
    f += 10*a.overdraft_days
  end
  if a.average_balance > 2_000
    f /= 2
  end
  f
end
```

この関数の意図は 2 度繰り返されています。1 度目はコメントの中、そして 2 度目はコード内です。顧客が手数料を変更した場合、修正は 2 箇所に及びます。時とともに、コメントとコードが乖離していくのは避けられないでしょう。

コードにどのようなコメントを付けるのか自問してください。この場合、変数名とレイアウトを修正するだけで二重化は解決できるはずです。以下のようなコードではどうでしょうか？

```
def calculate_account_fees(account)
  fees  = 20 * account.returned_check_count
  fees += 10 * account.overdraft_days  if account.overdraft_days > 3
  fees /= 2                            if account.average_balance > 2_000
  fees
end
```

名前は行うことを表します。このため、詳細が必要であったとしても、それはソース中に記されていることになるのです。DRY 原則を守りましょう！

データにおける DRY 原則の違反

我々の作成するデータ構造は知識を表現するため、DRY 原則の対象になります。以下のクラス表現を見てください。

```
class Line {
  Point  start;
  Point  end;
  double length;
};
```

この直線を表すクラスは一見すると適切なものに見えます。直線には明らかな始点と終点があり、長さも（0 の場合を含めて）常に存在しています。しかし、ここにも二重化があります。始点と終点があれば長さは定義できるはずです。始点か終点のいずれかを変更すると、その長さも変わります。このため、長さは演算メソッドにしたほうがよいでしょう。

```
class Line {
  Point  start;
  Point  end;
  double length() { return start.distanceTo(end); }
};
```

開発プロセスの後半に入ると、パフォーマンス上の観点から意図的に DRY 原則を破るという選択肢を採る場合もあります。こういった DRY 原則崩しは、高価な計算の繰り返しを避けるために、データをキャッシュするといった場合にたびたび発生します。しかし、影響範囲の局所化は可能です。原則崩しはそのクラス内のメソッドのみがしっかりと把握、管理していれば良く、外の世界には一切影響を与えないようにできるのです。

```
class Line {
  private double length;
  private Point  start;
  private Point  end;

  public Line(Point start, Point end) {
    this.start = start;
    this.end   = end;
    calculateLength();
  }

  // public
  void setStart(Point p) { this.start = p; calculateLength(); }
  void setEnd(Point p)   { this.end   = p; calculateLength(); }

  Point getStart()       { return start; }
  Point getEnd()         { return end;   }

  double getLength()     { return length; }

  private void calculateLength() {
```

```
    this.length  = start.distanceTo(end);
  }
};
```

この例には重要な示唆も含まれています。あるモジュールがデータ構造を露出させる時には、そのデータ構造を使用するすべてのコードが該当モジュールの実装と結合します。このため、オブジェクトの属性を読み書きする際には、可能な限りアクセッサー関数を使用するようにしてください。そうすれば、将来的に機能追加も簡単になります。

このアクセッサー関数の使用は、『*Object-Oriented Software Construction*』[Mey97] で解説されている Meyer の統一アクセス原則と関連しています。この原則は以下のように説明されています。

> モジュールが提供するあらゆるサービスは、それがストレージを通じて実装されているか、演算操作を通じて実装されているかにかかわらず、統一的な表記を通じて利用できるようになっているべきである。

表現上の二重化

あなたの記述するコードは、API を経由した他のライブラリーや、リモートコールを経由した他のサービス、外部ソース中のデータなど、外の世界にあるものにつながる「橋」になります。このため、何かをするたびに、あなたのコード中に外の世界の「ものごと」にも存在している知識を記述することになるため、DRY 原則に違反する可能性が生み出されます。つまり、API やスキーマ、エラーコードの意味などを知る必要があるわけです。ここでの二重化は、2 つのものごと（あなたのコードと外の世界のものごと）がそのインターフェースという表現上の知識を持たなければならないというものです。一方を変更すれば、もう一方との整合性がなくなってしまうのです。

この種の二重化は不可避ですが、緩和は可能です。以下はその戦略です。

内部 API の間での二重化

内部 API の場合、何らかの中立的な形式で API を記述できるようにしてくれるツールを探すことになります。こういったツールは通常の場合、ドキュメントや疑似 API、機能テスト、さまざまな言語で記述された API クライアントを生成するようになっています。またこういったツールによって、あなたの使っている API すべてが、チーム間で共有できるようセントラルリポジトリーに格納されるのが理想です。

外部 API の間での二重化

興味深いことに、公開 API は OpenAPI[*3]のようなものを用いて形式的に文書化されています。これによって、ローカル環境の API ツールにその API 仕様をインポートし、同サービスとの信頼性ある統合を実現できます。

こういった仕様を見つけることができない場合、同様のものを作成し、公開するようにしてください。そうすれば他の人にとって有効になるだけでなく、保守する際に手助けが得られるかもしれません。

データソースの二重化

多くのデータソースでは、データスキーマのイントロスペクションが可能です。これはデータスキーマとコードの間に存在する二重化の多くを除去するために利用できます。手作業でこういったデータを格納するコードを記述するのではなく、スキーマから直接コンテナを生成できるのです。多くの永続的フレームワークは、あなたに代わってこの重労働を実行してくれます。

お気に入りの選択肢がもう 1 つあります。固定された構造（例えば struct や class のインスタンス）に外部データを格納するコードを記述するのではなく、キー／バリュー型のデータ構造を使用するのです（言語によってはマップやハッシュ、ディクショナリー、さらにはオブジェクトと呼んでいるかもしれません）。

このこと自体はリスクを伴います。作業しているデータがどのようなものかを知ることで、セキュリティ上の問題が出てくることになります。このため、こういったソリューションを採用する場合、あなたが作り出すものに必要なデータだけ必要な形式で保持されているかどうかを検証するようなデータ駆動型の検証手段を、2 つ目のレイヤーとして追加するようにしてください。API ドキュメントツールによって、こういったレイヤーを作成するようにしておくのもよいでしょう。

---

*3 https://github.com/OAI/OpenAPI-Specification

開発者間の二重化

一方、最も検出および取り扱いが難しい二重化の部類に入るのが、プロジェクト内のさまざまな開発者間で発生する二重化でしょう。機能全体がうっかり二重化され、それが何年もの間検出されず、後々のメンテナンス時に問題を引き起こしてしまうのです。合衆国政府のコンピューターシステムが西暦 2000 年に対応できているかどうかを監査した時の話です。この監査を行ってみて初めて、10,000 本以上のプログラムが社会保障番号（SSN）をチェックする機能をそれぞれ独自に実装していたことが判明したのです。

風通しが良く、強力かつ緊密なチームを作り出すことで、高所から問題を俯瞰し、対処するようにしてください。

とは言うものの、この問題はモジュールレベルにおいて油断ならないものとなります。さまざまなところで必要となり、明確に責務を分類できない機能やデータは、何度も実装されてしまう場合があるのです。

この問題に取り組む上での最も効果的な方法は、開発者間での活発かつ頻繁なコミュニケーションの奨励だと感じています。

毎朝、スクラムのスタンドアップミーティングを実施するのもよいでしょう。また、（Slack のチャンネルのような）フォーラムを立ち上げて、共通の問題を議論しましょう。これによって押し付けがましくないやり方で、そして複数の拠点をまたがっていても、コミュニケーションを実施でき、その記録も残せるようになります。

まず、知識の交換を促進するために、プロジェクトのライブラリアンを任命してください。次に、ソース階層中にユーティリティールーチンやスクリプトを保管しておくための場所を作ります。また、略式の場で、あるいはコードレビューの場で、仲間のソースコードやドキュメントに目を通せる環境を作ってください。仲間のソースコードを盗み見するのではなく、学習するのです。そして、こういったことはすべてお互いに行いあうということを忘れず、他人の意見（茶々？）に対しても真摯に耳を傾けるようにしてください。

Tip 16　再利用しやすいようにしておくこと

あなたが行うべきことは、既にあるものを簡単に見つけ出して再利用できるようにして、同じものを何度も作成しないような環境を構築することです。簡単に見つけ出せないのであれば、見つけ出そうとは思いません。そして再利用できなければ、知識の二重化というリスクを犯すことになるのです。

関連セクション

- 8 よい設計の本質（35 ページ）
- 28 分離（164 ページ）
- 32 設定（212 ページ）
- 38 偶発的プログラミング（252 ページ）
- 40 リファクタリング（268 ページ）

10 直交性

直交性とは、設計やビルド、テスト、拡張の容易なシステムを構築する場合の重要な概念です。しかし、直交性という概念が今までに直接議論されることは、滅多にありませんでした。どちらかというと、さまざまな方法論や手法の一部として暗黙のうちに取り込まれていたのです。ただ、それではだめなのです。このため、本セクションで直交性という概念を独立したかたちで解説することにしました。この直交性原則を直接適用する方法を学習すれば、あなたが開発しているシステムの品質はすぐにでも向上するはずです。

直交性とは？

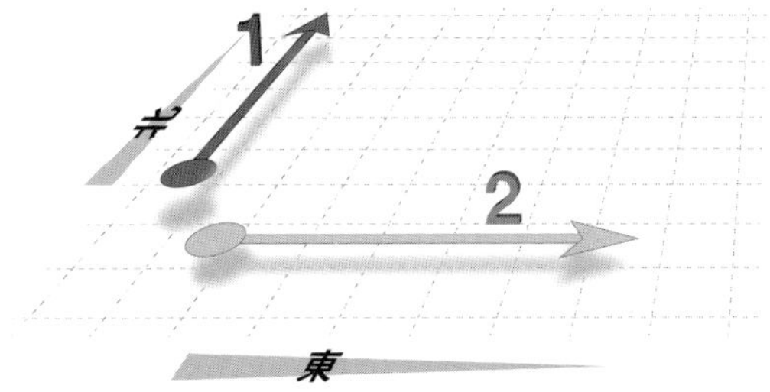

「直交性」とは幾何学の分野から拝借してきた用語です。平面座標の座標軸のように、直角に交わる 2 つの線分は直交しています。こういった 2 つの線分はベクトルの分野では「独立している」とも呼ばれています。図の 1 の点を北に向けてどれだけ動かしていっても西や東にずれることはありません。また 2 の点を東に動かしても、北や南にはずれません。

この用語はコンピューティングの分野では、ある種の独立性、あるいは結合度の低さを表しています。2 つ以上のものごとで、片方を変更しても他方に影響を与えない場合、それらを直交していると呼ぶわけです。うまく設計されたシステムでは、データベースのコードはユーザーインターフェースと直交しています。つまりデータベースに影響を与えることなくインターフェースを変更したり、インターフェースを変更することなくデータベースを交換できたりするのです。

直交システムの利点を見ていく前に、まず直交していないシステムを見てみることにしましょう。

直交していないシステム

あなたはグランドキャニオンのヘリコプターツアーに参加しています。ところが、突然パイロットがうめき声を上げて失神しました。昼間食べた魚が腐っていたのでしょうか？ 幸いなことにヘリコプターは地上 30 メートルのところでホバリングしていました。

幸いなことに、あなたは昨晩、Wikipedia でヘリコプターの項を読んでいました。このため、ヘリコプターの 4 つの基本操作機構のことを知っていました。「サイクリック」は右手で握るスティック状の操縦桿です。これを動かすとヘリコプターは対応した方向に動きます。左手は「コレクティブピッチレバー」を握ります。これを引き上げると、ローターのピッチが増大して浮き上がることになります。ピッチレバーの端には「スロットル」が付いています。さらに足下には 2 つの「フットペダル」があり、これにより尾部ローターの推力を変化させてヘリコプターの向きを変えることができるのです。

「簡単だ！ゆっくりとコレクティブピッチレバーを押し下げ、地上まで徐々に降下していけば俺はヒーローになれる」と思うかもしれません。しかし、この操作をすると、話はもっとややこしいことに気付くはずです。この操作によってヘリコプターの先端が下を向き、左に向かって旋回を始めるのです。この時になって初めて、操縦しているシステムのすべての制御機構には二次的な作用があるということを、身をもって理解するわけです。つまり、左手のレバーを押し下げると同時に、右手のスティックを動かして後方への動きを補正し、右足のペダルを踏みながら姿勢を補正していかなければならないのです。しかし、それぞれの操作自身がまたしてもお互いに影響を及ぼし合います。こうしてあなたはそれぞれの操作がその他の入力機構すべてに影響を与えるという信じられないくらい複雑なシステムと格闘していることを思い知らされるわけです。あなたは、常に手足を動かしながら影響し合うすべての力のバランスを取らなければなりません。この負担は並大抵のものではないはずです。

ヘリコプターの操縦は明らかに直交したものとなっていません。

直交することの利点

ヘリコプターの例が示すように、直交していないシステムは本質的に変更や制御が難しくなります。つまりシステムコンポーネント間の依存度が高い場合、局所的な修正で済む作業なんてあり得ないわけです。

Tip 17　関係のないもの同士の影響を排除すること

自己完結したコンポーネント、つまり独立し、単機能の、目的にうまく適合したコンポーネント（Yourdon と Constantine が『*Structured Design*』[YC79]で「凝集度」（cohesion）の高いコンポーネントと呼んでいるもの））を設計するべきです。コンポーネントが互いに独立していると、他の部分を気にせずに変更することができます。またコンポーネントの外部インターフェースを変えてしまわない限り、システム全体に影響を与える問題を引き起こすことはなくなるのです。

直交性の高いシステムを構築すれば、生産性の向上とリスクの低減という2つの大きなメリットを享受することができるわけです。

生産性の向上

- 変更が局所化されるため、開発期間とテスト期間が短縮されます。自己完結した比較的小さなコンポーネントを記述するのは、大きなコードの固まりを記述するよりも簡単です。また、簡潔なコンポーネントは、設計やコーディング、ユニットテストが終われば、それ以降、忘れてしまうことができます――新たな機能は新たなコードの追加となり、既存コードを変更しなくても済むのです。

- 直交性を考慮したアプローチによって再利用も促進されます。コンポーネントの機能が特化しており、その責務が明確に切り分けられている場合、当初の開発者が想像もしていなかった新たなコンポーネントと結合できるようになります。また、システム間の結合が疎であればあるほど、再編成や再作製が簡単になるのです。
- 直交しているコンポーネントの組み合わせによって、生産性の向上が見込めます。例えばあるコンポーネントが M 種類の機能を持っており、別のコンポーネントが N 種類の機能を持っていると考えてください。もしもこれらの機能が直交しているのであれば、2 つのコンポーネントを組み合わせることで $M \times N$ 種類の機能を実現できます。しかし 2 つのコンポーネントが直交していなければ、機能の重複があるということになるため、全体の機能数はそれよりも少なくなります。直交しているコンポーネント同士を組み合わせることによって、最小限の努力でより多くの機能を手に入れられるわけです。

リスクの削減

直交的なアプローチは、どのような開発においてもリスクの低減につなげることができます。

- コード中の問題発生部分を隔離できるようになります。また、モジュールに問題が発生しても、システムの残り部分に問題が波及することはありません。さらにその部分を切り離し、問題を取り除いたモジュールと交換するといったことも簡単にできるようになります。
- 成果物となるシステムはより堅牢になります。特定部分に対する変更や修正の作業を小さく抑え、作り込んでしまった問題もその部分に局所化されます。
- 直交しているシステムは、コンポーネント単位の設計やテストが簡単に行えるため、検証しやすくなります。

- 特定のサードパーティーコンポーネントへのインターフェースを全体的な開発部分における小さな部分に隔離できるため、特定のベンダーや製品、プラットフォームと強く結びついてしまうようなことがなくなります。

では、あなたの仕事に直交原則を適用するための方法を見ていくことにしましょう。

設計

ほとんどの開発者は、直交性のあるシステムを設計する必要性について馴染みがあります。ただ、彼らはこういったプロセスを「モジュール化」とか「コンポーネントベース」「レイヤー（階層）化」といった言葉で語ります。システムは、協力し合うモジュールから構成されており、各モジュールは他とは独立した機能を実装しているはずです。こういったコンポーネントは場合によっては、階層化したかたちで組織化され、それぞれは抽象階層を作り出します。このような階層化アプローチは、直交性のあるシステムを設計するパワフルな手段です。各階層では、その下の階層が提供する抽象のみを使用するため、柔軟性が大きく増し、コードに影響を与えることなく基となる実装を変更できるようになります。また階層化によって、モジュール間の依存関係が損なわれるというリスクも低減できます。あなたも階層図での表現を何度も見ることになるはずです。

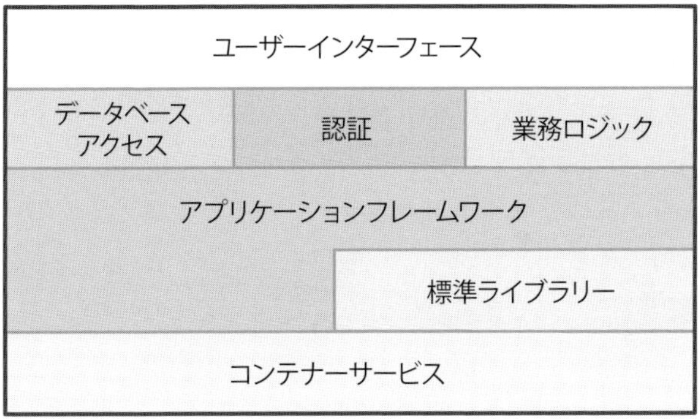

設計に直交性があるかどうかを確認する簡単な方法があります。コンポーネントに機能を割り当てる際に、この特定コンポーネントの要求が大きく変更

になった場合、どれだけ多くのモジュールに影響が及ぶのだろうかという質問を自らに投げかけてください。直交性を有したシステムであれば、その答えは「1 つ」[*4]になります。画面に表示するボタンの位置を変更しただけで、データベースのスキーマ変更が必要になるようではいけません。またコンテキスト依存ヘルプを追加しただけで、支払いサブシステムに変更が発生するようなこともあってはならないのです。

では次に、暖房設備の監視／制御を行う複雑なシステムを考えてみましょう。元々の要求ではグラフィカルユーザーインターフェース（GUI）が求められていたのですが、エンジニアが重要な値を監視できるよう、モバイル機器上にインターフェースを追加したいという要求が出てきました。システム設計が直交していれば、このような要求もユーザーインターフェースに関連づけられたモジュール群のみを変更するだけで済むはずです。元となる設備の制御ロジックには変更が及びません。実際、システムを注意深く構造化すれば、元となるコードはそのままで双方のインターフェースをサポートすることも可能になります。

あなたの行っている設計が、実世界の変更要求に対処できるよう、どのようにコンポーネント化しているのかを自問してください。顧客の識別に電話番号を使っているのでしょうか？ もしそうだとしたら、電話会社が市内局番を変更したら、一体どうなるのでしょうか？ 郵便番号や社会保障番号、政府発行の ID、電子メールアドレス、ドメインといったものすべては、あなたの力が及ばない外部の識別子であり、何らかの理由で突如変更されるかもしれません。

あなたが統制できない属性に頼るのはやめましょう。

ツールキットとライブラリ

サードパーティーのツールキットやライブラリーを導入する場合、システムの直交性が維持できるかどうかという観点を忘れないようにする必要があります。技術の選択時には、できるだけ賢く立ち回ってください。

ツールキットを導入する場合（あるいはチーム内の他のメンバーが開発した

＊4　実際のところ、この答えは現実的ではありません。あなたが並はずれた幸運の持ち主でない限り、実世界からの変更要求の大半はシステム内の複数の機能に対して影響を与えることになるはずです。しかし機能という観点から変更内容を分析すれば、各機能の変更は理論的にたった 1 つのモジュールに対してのみ影響することになるはずです。

ライブラリーを導入する場合でも)、それによって本来あってはならない部分のコードに変更が発生するかどうかを自問してください。オブジェクトの永続性に関する仕組みに透明性がある場合、それは直交性があると言えます。特殊な方法でオブジェクトと作成したりアクセスしたりする必要がある場合、直交性はありません。こういった詳細をコードから隔離しておくことで、将来的にベンダーを変更する時に作業が簡単になるというメリットが出てきます。

Enterprise JavaBeans (EJB) は直交したシステムの興味深い一例となっています。ほとんどのトランザクション指向システムでは、アプリケーションコード自体が各トランザクションの開始と終了を線引きする必要があります。しかし EJB ではこういった情報を、実際の作業を行うメソッドの外で、アノテーションとして宣言的に表現するようになっています。このため同じアプリケーションコードを変更することなく、異なった EJB トランザクション環境下で実行できるのです。

ある意味において EJB は、変更なしに機能を追加できるという点で Decorator パターンの一例と言えます。このようなプログラミングスタイルはあらゆるプログラミング言語で利用することができ、フレームワークやライブラリーを必ずしも必要としません。プログラミング時にちょっとした原則を適用するだけなのです。

コーディング

コードを記述するたびに、アプリケーションの直交性を低下させるリスクが発生します。定期的に、かつアプリケーションのより大局的な観点からやっていることを省み続けなければ、ついつい他のモジュールと重複した機能を実装したり、同じ知識を複数箇所に作り込んでしまう可能性があるのです。

しかし、直交性を維持するために使える技法がいくつかあります。

コードの結合度を最小化する。

恥ずかしがりなコード——不必要な情報は他のモジュールに公開せず、また、他のモジュールの実装を当てにしない記述を心がけましょう。「28 分離（164 ページ）」で解説しているデメテルの法則を試してみてください。オブジェクトの状態を変更する必要があるのであれば、それをオブジェクト自身に行わせましょう。そうすれば、あなたのコードは他のコードの実装から独立し続けることができ、直交性を維持する機会が増すのです。

グローバル変数を避ける。

コード内でグローバル変数にアクセスするたびに、そのコードはデータを共有しているその他のコンポーネントと結びつけられます。グローバル変数は、たとえ参照しかしていない場合であっても問題につながる可能性があります（例えば、急遽コードをマルチスレッド化する必要が出てきた場合など）。一般的に述べると、必要なコンテキストをすべて明示的に引き渡すようにすれば、より簡単に理解、維持できるモジュールを作成することができます。オブジェクト指向アプリケーションではしばしば、オブジェクトの生成時にコンテキストをパラメーターとしてコンストラクタに引き渡します。それ以外のパラダイムでは、コンテキストを保持した構造を生成しておき、その構造への参照を引き渡すこともできます。

『*Design Patterns: Elements of Reusable Object-Oriented Software*』[GHJV95] で定義されている Singleton パターンというデザインパターンは、特定クラスのインスタンスをただ 1 つだけに制限するためのものです。多くの人は Singleton オブジェクトをある種のグローバル変数（特にグローバルといった概念をサポートしていない Java のような言語など）として使用しています。このため Singleton パターンには注意が必要です——これによって不必要なつながりを作り込んでしまう可能性があるのです。

類似機能を避ける。

すべてがよく似た機能群——例えば共通のコードが最初と最後にあり、中心となるアルゴリズムがそれぞれ異なっているようなもの——にしばしば遭遇すると思います。コードの二重化は構造に問題がある証拠です。よりよい実装として、デザインパターンの Strategy パターンを参考にしてください。

常に批判的な目でコードを見る習慣をつけてください。コードの構造と直交性を向上させるため、どんな機会も逃さないように。こういったプロセスのことを「リファクタリング」と呼びます。リファクタリングは非常に重要な話であるため、セクションを改めて解説します（「**40 リファクタリング** (268 ページ)」を参照）。

テスト

直交性を念頭に置いて設計、実装されたシステムは、テストが簡単になります。システムのコンポーネント間の対話が定型化され、制限されるため、システムテストの多くが個別モジュールのレベルで実行できるようになります。モジュールレベル（あるいはユニット）テストは統合テストよりも簡単に規定、実行できるため、開発時の負担が低減されることになるわけです。実際、このようなテストを通常のビルドプロセスの一部として自動的に実行するようにしておくことをお勧めします（「**41 コードのためのテスト** (274 ページ)」を参照）。

ユニットテストの記述自体が、直交性の興味深いテストとなります。ユニットテストの構築と実行には何が必要でしょうか？ テスト対象以外のシステムの大半をインポートする必要があるのでしょうか？ もしそうであれば、そのモジュールはテスト対象以外の部分からうまく分離できていないという証になるわけです。

バグ修正もシステムの直交性を検証するよい機会です。問題に遭遇した時、修正がどの程度局所化されているのかを検証するのです。変更はたった１つのモジュールでしょうか、それともシステム全体に散らばっているのでしょうか？ その変更ですべてが修正されたのでしょうか、それとも他の不可思議な現象が発生したでしょうか？ また、以下のような自動化を検討するよい機会にもなるはずです。バージョンコントロールシステムを使っているのであれば

（そして「19 バージョン管理 (107 ページ)」を読んだ後で）テスト終了後のコードをチェックインする際にバグ修正タグをつけておきましょう。これにより、それぞれのバグ修正によって影響を受けたソースファイル数の傾向を月次報告書で分析することもできるようになります。

ドキュメント

さらに驚くべきことに、直交性という考え方はドキュメントにも適用できるのです。その軸足は記述内容とその表現にあります。本当に直交しているドキュメントでは、記述内容に変更を加えることなく、その見た目を劇的に変更することができるはずです。ワードプロセッサーはスタイルシートやマクロ機能によってそれを支援してくれています。ここでのお勧めは Markdown のようなマークアップシステムです。これにより、執筆時には内容にのみ注力し、表示形態はツールに任せてしまえるのです*5。

直交性とのつきあい方

直交性は先に紹介した DRY 原則 (38 ページ)と密接に関係しています。DRY 原則ではシステム内の二重化を最小限に抑えることを目的としていましたが、直交性ではシステムのコンポーネント間の依存関係を最小限に抑えることを目的としているのです。陳腐なセリフかもしれませんが、直交性の原則と DRY 原則を緊密なかたちで組み合わせることで、あなたの開発しているシステムはより柔軟で、より理解しやすいものとなり、デバッグ、テスト、維持もより容易なものとなるわけです。

もしも死にものぐるいで変更作業と格闘する必要があったり、変更を行うたびにものごとが悪いほうに向かっていくようなプロジェクトに参加させられたのであれば、ヘリコプターの悪夢を思い出してください。そのプロジェクトは直交性の高い設計やコーディングがなされていないはずです。つまりリファクタリングの時が来たのです。

最後に、もしあなたがヘリコプターのパイロットなのであれば、腐った魚は食べないように……。

＊5　実は、本書も Markdown を使って執筆しており、Markdown ファイルから直接組版しています。

関連セクション

- 3 ソフトウェアのエントロピー (7 ページ)
- 8 よい設計の本質 (35 ページ)
- 11 可逆性 (60 ページ)
- 28 分離 (164 ページ)
- 31 インヘリタンス（相続）税 (202 ページ)
- 33 時間的な結合を破壊する (218 ページ)
- 34 共有状態は間違った状態 (223 ページ)
- 36 ホワイトボード (239 ページ)

チャレンジ

- GUI を有するツールと、シェルプロンプト上でコマンドラインユーティリティーを組み合わせて用いるツールの違いを考えてみてください。どちらがより直交しているでしょうか？ そしてその理由は何でしょうか？ 意図された目的に対してはどちらが使いやすいでしょうか？ 新たな問題に対応する他のツールが出てきた時、どちらが組み合わせやすいでしょうか？ また、どちらが学習しやすいでしょうか？
- C++ では多重継承をサポートしており、Java では多重インターフェースを実装したクラスをサポートしています。Ruby は mixin をサポートしています。このような機能の使用は直交性にどのような影響を与えるでしょうか？ 多重継承を使用する場合と多重インターフェースを使用する場合の影響に違いはあるでしょうか？ また委譲を使用する場合と、継承を使用する場合で違いはあるでしょうか？

演習問題

問題 1　1 行ずつファイルを読み込むよう求められました。各行は複数のフィールドに分割する必要があります。擬似コードによる以下のクラス定義のうち、どちらが直交性に優れているでしょうか？

```
class Split1 {
  constructor(fileName)    # 読み込むファイルをオープンする
  def readNextLine()       # 次の行に移動する
  def getField(n)          # 現在行のn番目のフィールドを返す
```

```
}
```

または

```
class Split2 {
  constructor(line)          # 行を分割する
  def getField(n)            # 現在行のn番目のフィールドを返す
}
```

（回答例は 371 ページ）

問題 2　オブジェクト指向言語と関数型言語では直交性にどのような違いがあるでしょうか？ その違いは言語そのものに内在しているのでしょうか、それとも人々の使い方によるものでしょうか？　（回答例は 371 ページ）

11 可逆性

アイデアがたった 1 つしかない時ほど恐ろしいものはない。

▶エミール＝オーギュスト・シャルティエ（アラン）、『信仰上の言葉』（1938 年）

エンジニアは与えられた問題に対して、簡潔なたったひとつの解決策を好みます。フランス革命の原因ともなったさまざまな原因を語る、曖昧かつ眠くなるようなエッセイを読まされるよりも $x = 2$ だと自信を持って答えられる数学のテストのほうが心地よいはずです。おそらくは管理者もエンジニアに同意し、スプレッドシートやプロジェクト計画にうまく収まるような簡潔かつ唯一の解答を好むはずです。

しかし、現実はそんなに甘くありません。残念なことに、今日は 2 だった x が、明日には 5 に、来週には 3 になっているかもしれないのです。永遠に不滅なものなどありません――つまり何らかの事実に深く依存しているということは、裏を返せばそれは変更される運命にあるということをも意味しているのです。

何かを実装する場合、常に方法はいくつもあり、サードパーティー製品を提供しているベンダーも常に複数存在するはずです。もしも「方法はひとつしかない」という近視眼的な思考に冒されてもがいているプロジェクトに参加した場合、面白くない驚きに見舞われるかもしれません。多くのプロジェクトチームは、予想もしなかった展開に大きく目を見開かされることになるのです。

「この前はXYZ社のデータベースを使うと言ったじゃないですか！既にプロジェクトでは85％コーディングが完了しているので、今さら変更なんてできませんよ！」とプログラマーが抵抗します。

「いやすまん、だが我が社はPDQ社のデータベースで標準化すると決定したんだ——すべてのプロジェクトでね。もう私の力じゃどうしようもないんだ。コーディングはやり直すんだ。君たち全員、休日出勤は覚悟してくれたまえ」

変更というものが必ずしもこのように過酷、あるいはこれほど切迫感あるものとなる必要はないはずです。しかし時が過ぎ、プロジェクトが進んでいくと、にっちもさっちもいかない立場に立たされていると気付く場合もあります。重要な決定のたびに、プロジェクトチームは現実の壁に阻まれ、選択肢の少ない、より小さな標的を狙わざるを得なくなるのです。

多くの重大な決定がなされ、標的があまりにも小さくなっていると、その標的が動いたり、風向きが変わったり、地球の裏側で蝶々が羽をひらひらさせるだけで*6、目標を大きく外してしまうのです。そして、多大な労力が無駄になるのです。

ここでの問題は、重大な決定というものが簡単に元に戻せないところにあります。

ベンダーのデータベース、またはアーキテクチャー上のパターン、またはある種の配置モデルを使用すると決定すると、多大な出費を抜きにして「やり直し」が発生できないようになってしまうのです。

可逆性

本書中の話題のほとんどは、柔軟で適合性の高いソフトウェアを生み出すためのものです。これらのお勧め——特にDRY原則(38ページ)や分

*6 非線形、すなわちカオスと呼ばれる系の入力に対して小さな変更を加えると、その変更による影響は増大していき、予測不能な結果を引き起こします。テキサスで蝶々が羽をひらひらさせるだけでさまざまな事象が連鎖し始め、最後には東京で竜巻が発生するかもしれないのです。あなたの知っているプロジェクトに似ていませんか？

離(164 ページ)、**外部設定**(212 ページ)の使用――を貫き通せば、後戻りが許されない多くの重大な意思決定から解放されます。人間いつも最初からベストな決定をするとは限らないため、そのメリットは計りしれないものがあります。ある種の技術を採用した結果、必要なスキルを持った人材が十分に確保できない場合も出てきます。また、特定のサードパーティーベンダーとの取引を決定した直後に、そのベンダーが競合他社に買収されてしまうこともあるでしょう。要求やユーザー、ハードウェアは、ソフトウェアの開発速度よりも早く変化していくのです。

プロジェクトの初期に A というベンダーのリレーショナルデータベースの採用決定を下したと考えてください。ところが、ずっと後のパフォーマンステストの段階になって、そのデータベースが使い物にならないくらい遅く、B というベンダーのオブジェクトデータベースのほうが速いことが判明しました。今までの多くのプロジェクトと同様、運が悪かったのです。実行時間の大半は、サードパーティー製品の呼び出し処理であり、それらはコード中に絡まり合って存在しています。しかしデータベースの主目的である、「永続性を提供する」ということが「本当に」抽象化できていれば、いつでもデータベースを交換できるだけの柔軟性を有しているはずなのです。

同様に、プロジェクトがブラウザーベースのアプリケーション開発として始まった後、開発工程の後半に入ってから、本当に必要だったのはモバイルアプリだったと営業担当者が言ってきたと考えてください。これは、どれくらい大変な作業になるのでしょうか？　理想的な場合、少なくともサーバー側での作業はさほど大きなものにならないはずであり、HTML 描画の部分を取り去って、API で置き換えれば終わるはずです。

すべての決定が石に刻まれたものであると仮定してしまい、不慮の出来事が発生した際の準備を怠るところに過ちがあるのです。決定は石に刻み込まれたものではなく、砂浜の砂に描かれたものであると考えましょう。今すぐにでも大波がやって来て砂ごと持って行かれてしまうかもしれないのです。

Tip 18　最終決定などというものは存在しない

柔軟なアーキテクチャー

多くの人は、「コードの柔軟性」を保ち続けようとしますが、それと同時に、アーキテクチャーやデプロイ、ベンダー統合という切り口からも柔軟性を維持する必要があります。

この文章を書いているのは2019年です。21世紀以降、サーバーサイドのアーキテクチャーにおける「ベストプラクティス」として以下のものが生み出されています。

- 巨大な一枚岩のハードウェア
- 大規模ハードウェアのフェデレーション
- ロードバランシングされたコモディティーハードウェアのクラスター
- クラウドベースの仮想マシン上でのアプリケーション実行
- クラウドベースの仮想マシン上でのサービスの実行
- 上記アーキテクチャーのコンテナー化されたバージョン
- クラウドによってサポートされたサーバーレスアプリケーション
- 一部のタスクを大規模ハードウェアに戻すという必然的な回帰

この他にも最新の、そして大々的に叫ばれている流行をリストに加えても構いません。ただ、その後は畏敬の念を持ってそのリストを見直してください。そのいずれかが成功したのであればそれは奇跡と言えるはずです。

この種のアーキテクチャーの移り変わりの速さに向けて準備しておく方法はあるのでしょうか？　残念ながら、そのような準備はできません。

できることは変更を容易にすることだけです。サードパーティーのAPIをあなた自身の抽象化レイヤーで隠ぺいするのです。コードをすべて、単一の巨大サーバー上に格納する場合であったとしても、コンポーネントに分割しておきましょう。このアプローチは、一枚岩のアプリケーションを、後で小さなものに分割するよりもずっと容易になります（これを示す証拠もあります）。

そして最後のアドバイスとして、可逆性の問題に特化したものではないですが、以下を挙げておきます。

Tip 19　流行を追い求めないようにする

未来がどうなるかを知っている人はいません――特に我々は未来を選べないこともあるのです！ですからロックンロールの精神でコードを作成してください。できる時に揺さぶり（Rock）をかけておいて、必要な時が来たら一気に片付けてしまう（Roll）のです。

関連セクション

- 8　よい設計の本質（35 ページ）
- 10　直交性（49 ページ）
- 19　バージョン管理（107 ページ）
- 28　分離（164 ページ）
- 45　要求の落とし穴（313 ページ）
- 51　達人のスターターキット（351 ページ）

チャレンジ

- 「シュレーディンガーの猫」という量子力学の話をしてみましょう。

  まず、猫と放射性物質を中の見えない 1 つの箱に閉じこめたと考えてください。この放射性物質の原子核はきっちり 50 %の確率で 2 つに分裂します。そしてその分裂が起こった場合、猫は確実に死にます。もし分裂が起こらなければ、猫は生き抜けます。では箱の外の我々にとって、猫は死んでいるのでしょうか、それとも生きているのでしょうか？　物理学者のシュレーディンガー氏によると、正解は（箱のふたが閉まっている限り）「生きている状態と死んでいる状態が重なり合っている」というものになります。原子核内で反応が発生するたびに、双方の可能性が導き出される 2 つの世界が生み出されるのです。片方では分裂が発生し、もう一方では分裂が発生しません。つまり猫は片方の世界では生きており、もう一方の世界では死んでいるのです。そして、あなたが箱を開けた時に初めて、あなたがどちらの世界にいるのかが分かるというわけです。

  未来に向けたコーディングが難しいというのも無理のない話です。しかし、コードの進化を考えるにあたっては、コードの 1 行というものが、シュレーディンガーの猫をいっぱい詰め込んだ箱だと考えるのがよいでしょう。すべての意思決定には、それぞれ異なった未来が待ち受けています。あなたのコードはどれくらい多くの未来をサポートできるでしょうか？　どれがあり得そうな未来でしょうか？　その時が来るまでサポートを行うとしたら、どれくらい大変なのでしょうか？

あなたには箱を開けてみる勇気がありますか？

12 曳光弾

構え！　撃て！　狙え！……

▶原作者（？）不詳

ソフトウェア開発の際には、目標となる標的を狙い撃つという話をよくします。標的と言っても、射撃場に行って鉄砲を撃つわけではありませんが、これは非常に有益で分かりやすいメタファーとなります。特に、複雑かつ動きの激しい世界における標的をいかにして捉えるのかを考えると特に興味深いものとなります。

その答えはもちろん、どういったものを使って狙いを定めているのかによります。多くの人々は、1回しか狙うチャンスのないものを使い、標的に命中したかどうかを確認します。しかし、それよりもよい方法があるのです。

映画やテレビドラマ、ビデオゲームでマシンガンを撃っているシーンを見たことがあると思います。こういったシーンでは、空中を走る明るい光の筋を見ることも多いはずです。この光の筋は、曳光弾の弾道なのです。

曳光弾とは、機関銃のガンベルトに弾丸を装填する際に、数発おきに装填する特殊な弾丸です。曳光弾を発射すると弾底のリンが発火し、銃口から着弾するまでの弾道を花火のような光の筋で描き出すのです。曳光弾が目標に当たれば通常弾も同様に命中するというわけです。兵士は曳光弾を使って自らの照準を調整します。曳光弾は実際の状況下でリアルタイムのフィードバックが得られる実践的なものなのです。

同じ原則がプロジェクトにも適用でき、特に今まで構築したことがなかったものを開発する際に有効となります。我々は、現実の環境下において、動き回る目標に対するフィードバックを即座に得る必要性を明確に描き出すために、これを「曳光弾型開発」と呼んでいます。

あなたは射撃手のように暗闇の目標を狙わなければなりません。元となるシステムがない場合、ユーザーからの要求は曖昧なものとなっています。さらにあなたは、不慣れなアルゴリズム、開発技法、言語、ライブラリーを使って、未知の世界に直面していくことになります。また、プロジェクトの完了まで長い期間がかかるため、作業環境も変化していく可能性が高くなります。

従来手法では、システムを破滅の道へと突き進ませる方法しか教えてくれません。つまり、すべての要求、すべての不明事項、環境の制約を箇条書きにした書類を山のように書き連ね、当て推量で銃を発射することになります。前もって膨大な計算をした後で弾を発射し、あとは神に祈るというわけです。

しかしこういった場合、達人プログラマーは曳光弾を用います。

暗闇で光るコード

曳光弾は本物の弾丸と同じ環境、同じ制約条件下で発射されるため効果的なのです。つまり、すぐに目標を捉えることができるため、射撃手は即座にフィードバックが得られるわけです。そして実用性という観点で見ても、比較的安価な解決策なのです。

同様の効果をシステム開発で実現するには、要求の段階で、システムの最終形態となるイメージを迅速かつ目に見えるかたちで、しかも何度も提示できるものを探し出す必要があります。

システムを定義づけられるような重要な要求を洗い出してください。疑問のある領域とともに、最大のリスクがどこにあるのかを洗い出すのです。次に、そういった領域を最初に開発できるように、優先順位を付けます。

Tip 20　目標を見つけるには曳光弾を使うこと

実際、今日のプロジェクトを取り巻く環境の複雑さや外部との依存関係やツールを考えた場合、曳光弾の重要性はますます高まっています。我々にとっての最初の曳光弾は単に「プロジェクトを作成し、『hello world!』を追加した後、コンパイルと実行を行って確認する」というものです。その後、アプリケーション全体における不確かな領域を探し、それをうまく機能させるために必要な骨格を追加するわけです。

以下の図を見てください。このシステムには 5 つのアーキテクチャーレイヤーが存在しています。しかし、それらをどのように統合するのかという点でいくつかの懸念があるため、それらをまとめて実行できるようなシンプルな機能を探し出すことになります。斜めに走っている直線は、コードを横切る機能のパスを示しています。これを機能させるには、各レイヤーの塗りつぶした部分を実装する必要があります。他のくねくねした塗りつぶし線の作業は後回しにということになります。

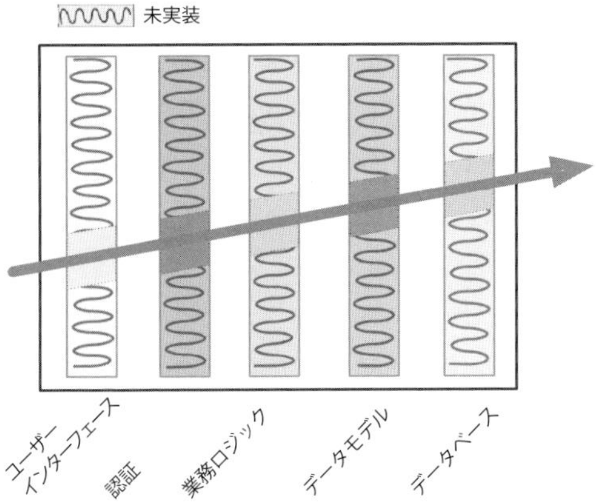

我々は過去に、複雑なクライアントサーバー型のデータベースを使用したマーケティング関係のプロジェクトを引き受けたことがあります。その要求の一部には、非定型な検索を指定／実行できるようにするというものがありました。また、サーバーはリレーショナルデータベースから特殊な専用データベースまでをサポートするよう要求されていました。クライアント側の GUI は当時無名の言語で記述され、別な言語で記述された複数のライブラリーを介してサーバーにアクセスするようになっていました。ユーザーからのクエリーは、Lisp ライクな表記法でいったんサーバー上に格納され、実行直前に最適化された SQL へと変換されます。不明な点が多数あり、環境も各種さまざまであったため、ユーザーインターフェースがどのようなものになるのか、誰にも見当がつきませんでした。

これは曳光弾型の開発を採用するよい機会でした。我々はフロントエンド、クエリーを表現するためのライブラリー、格納されたクエリーをデータベース固有のクエリーへと変換する構造などのフレームワークを開発したのです。その後、それらすべてを組み合わせて、うまく動作するかどうかをチェックしました。最初のビルドでは、テーブル中のすべての行を返すというクエリを投げる部分だけを実装したのですが、それでもユーザーインターフェースがライブラリと連携し、ライブラリがクエリのシリアライズとデシリアライズを行い、サーバーが結果から SQL を生成することを実証できました。その後数カ月にわたって、この基本的な構造に対して徐々に肉付けを行い、並行して曳光弾の各コンポーネントを増強するとともに新機能を追加していきました。ユーザーインターフェースに新たなクエリータイプを追加するたびにライブラリは拡充され、SQL の生成もより洗練されていったのです。

曳光弾は使い捨てではありません——記述したものはそのまま残しておけます。エラーチェック、構造化、ドキュメンテーション、生成コード内の自己チェック機能、すべてを残しておくのです。これらは、完全に動作するものではないかもしれません。しかしシステムコンポーネント間をつないでいき、エンドツーエンドの接続ができれば、必要に応じて軌道修正を実施しながら目標とのずれをチェックできるようになるのです。いったん目標を捉えてしまえば、機能追加は簡単に行えます。

曳光弾を用いた開発は、プロジェクトとは完了することがない作業である——そこには常に変更要求や機能追加がある——というアイデアとも整合性を持っています。要するにこれは、インクリメンタルなアプローチなのです。

従来の重厚長大な工学的アプローチは、これとはまったく逆の手法と言えます。コードをモジュール単位に分割し、そのモジュールを何もない真空の空間内に作り上げていくのです。そして、モジュールが組み合わさせられて部分機能となり、それらが組み合わせられてさらに上位の機能となり……と、こういった作業がアプリケーション完成の日まで続けられていきます。このためユーザーは、完成の日までアプリケーションの全体像を見ることも、テストすることもかなわないのです。

曳光弾による開発というアプローチには、さまざまな利点があります。

早いうちからユーザーにものを提示できる。

あなたがやっていることをうまく伝達できれば（「52 ユーザーを喜ばせる（360ページ）」を参照）、ユーザーからのフィードバックを期待できます。彼らは機能の足りない部分を落胆することなく教えてくれるとともに、システムが完成へと向かう過程をその目で確認できることを歓迎してくれるはずです。そして自分たちの意見がプロジェクトの進歩に貢献したという点で、プロジェクトに対する思い入れも増すはずです。ユーザーはこういった作業の繰り返しの中で、目標にどれだけ近づいてきているのかも教えてくれるはずです。

開発者の活躍できる舞台を生み出せる。

真っ白な書類ほど、やる気をくじくものはありません。アプリケーションのエンドツーエンドのやり取りを考え出して、それをコードに具体化できれば、チームは取っかかりが一切ない状態から解決策をひねり出さなくても済むようになるのです。これによって全員が生産的になり、一貫性を促進できるようにもなります。

テスト用のプラットフォームを入手できる。

システムがエンドツーエンドで接続されたということは、新たにユニットテストの完了したコードを統合できる環境が構築できたという意味を持っています。また、全コンポーネントのユニットテスト終了を待ったうえで、大々的な統合テストを実施するというビッグバン型の開発ではなく、毎日（または１日に何度も）テストを実施できるようになります。さらに新たな変更点の影響範囲も明確になり、変更の相互作用もより限定されるため、デバッグやテストが迅速かつ正確に実施できるようになります。

デモ可能なものを手にできる。

プロジェクトのスポンサーやお偉方は、たいていの場合、都合の悪い時にデモを見たがるという傾向にあります。曳光弾による開発では、常にデモを行える環境があるのです。

進捗が明確になる。

曳光弾による開発では、ユースケース単位で作業に取り組めるようになります。そして、1 つずつ順に作業を進めていけるのです。このため生産性の測定やユーザーへの進捗報告が簡単になります。また、それぞれの開発単位が小さくなるため、何週間も続けて進捗率 95 %と報告されるような巨大な一枚岩のようなコードを作り出さなくても済むようになります。

曳光弾は常に目標を捉えるとは限らない

曳光弾は着弾点を明確に指し示します。しかし、それが常に正しい目標であるとは限りません。このため目標を捉えるまで、何度でも狙いを定め直す必要があります。ここが重要なポイントです。

曳光弾によるコーディングでも同じです。目標が 100 %確かでないようなシチュエーションでこの技法を使った場合、最初の何回かは試みがはずれるでしょう。しかし、そこで落胆してはいけません。「これは要求していたものと違う」とユーザーから指摘を受けるかもしれませんし、必要なデータが必要な時に得られないかもしれません、またパフォーマンス上の問題が出てくるかもしれません。この時、目標により近づけていくために、どのような変更が可能なのかを考え出してください。そして、小さなコンポーネントに分割し、迅速にフィードバックを得る開発手法のメリットを引き出すのです。コードの本体が小さければ、コード自体が持つ慣性も小さくなり、簡単かつ迅速に変更できます。また、アプリケーションからのフィードバックを得た上で、より目標に近い新バージョンを迅速かつより安価に作り出せるようになります。さらに、アプリケーションの主要コンポーネントはすべて曳光弾によってコード化されているため、ユーザーは絵に描かれた餅ではなく現実に基づいたものを見ているという安心感を得るのです。

曳光弾 VS. プロトタイピング

曳光弾というコンセプトは、プロトタイピングに目新しい名前を付けただけではないかと考える人がいるかもしれません。しかし曳光弾とプロトタイピングは違ったものです。プロトタイピングとは、システムの最終形態が持つ特定の側面を探求するためのものです。実際のプロトタイピングでは、コンセプトの確認を終えた後、作成したものをすべて捨て去り、得られた教訓を基にもう一度正しいかたちで再構築します。

例えば、さまざまな大きさの箱を隙間のないようにコンテナに詰め込む手段を導き出す、荷主向けアプリケーションを開発していると考えてください。ここでの大きな問題は、直感的なユーザーインターフェースの難しさと、最適な詰め込み手段を決定するためのアルゴリズムが非常に複雑だというところにあります。

こういった場合、エンドユーザー向けに、GUI ツールを使ったユーザーインターフェースのプロトタイプを作成することになるはずです。そのコードには、ユーザーの操作に反応するインターフェースのみが実装されています。レイアウトについてユーザーからの同意が得られたならば、そのプロトタイプを破棄し、新たなコードとその背後で動作するビジネスロジックを対象言語で開発していくことになります。これと同様に、さまざまな詰め込みアルゴリズムを評価するために、複数のプロトタイプを作成する必要もあるはずです。さらに、Python のような使いやすい高水準言語を使って機能テストのためのコードを作ってみたり、マシンレベルに近いところで低水準言語によるパフォーマンステスト用のコードを開発するかもしれません。いずれにせよ、いったん評価が終わった後は、実世界とのインターフェースを取りながら、最終的な環境に向けてアルゴリズムをコーディングし直さないといけないのです。これが**プロトタイピング**であり、非常に有効な手法と言えます。

曳光弾によるアプローチの目的は、プロトタイピングが解決しようとする目的とは異なっています。その目的とは、アプリケーション全体がどのように連携するのかを知るというものです。また、実際のやり取りがどのようなものになるのかをユーザーに提示するとともに、コードを埋め込むためのアーキテクチャー上の骨格を開発者に提示するという目的もあります。この場合、コンテナに詰め込み処理を実現するちょっとした実装（要求があった順に詰め込んでいく、といった単純なもので構いません）と単純な、しかしちゃんと動作するユーザーインターフェースを実装することになります。そして、いったんアプリケーション中のすべてのコンポーネントがつながれば、ユーザーや開発者に公開できるフレームワークが手に入ったことになります。このフレームワークに、時とともに新たな機能を追加し、仮作成した処理を完全なものに置き換えていきます。しかし、フレームワーク自身はそのままの状態で残り続け、システムは曳光弾によって作成された当初のコードと同じように振る舞い続けるのです。

その違いは繰り返して述べる価値があるくらい重要です。プロトタイピングは使い捨てのコードを生成します。曳光弾によるコードは最小限度のものですが完全なものであり、最終的なシステムの骨格を構成するものです。プロトタイピングとは、曳光弾を発射する前に開始する偵察、諜報活動だと考えてください。

関連セクション

- 13 プロトタイプとポストイット (72 ページ)
- 27 ヘッドライトを追い越そうとしない (159 ページ)
- 40 リファクタリング (268 ページ)
- 49 達人のチーム (338 ページ)
- 50 ココナツでは解決できない (346 ページ)
- 51 達人のスターターキット (351 ページ)
- 52 ユーザーを喜ばせる (360 ページ)

13 プロトタイプとポストイット

プロトタイプは実寸大の製品よりも安価に試作することができるため、特定のアイデアを試す必要のあるさまざまな産業分野で使われています。例えば、自動車メーカーでは数多くの異なったデザインの新車をプロトタイプとして作成しています。それぞれのプロトタイプは、空力抵抗、スタイル、構造的特性など、その車を特定の視点からテストするために設計されます。昔ながらのエンジニアであれば、風洞試験では粘土製のモデルを使い、デザイン部門ではバルサ材とダクトテープを使うかもしれません。その一方で現代のエンジニアは、モデリング作業の多くをコンピュータ化したり、仮想現実を採用してコストの削減などに努めるでしょう。このようにすれば、実際の製品を作成することなく、リスクや不確定要素をテストできるのです。

我々も同じ方法と同じ理由――リスクを分析して浮き彫りにし、コストを劇的に引き下げつつ修正の機会を設けること――でソフトウェアのプロトタイプを作成します。また自動車メーカーのように、プロジェクトの１つあるいはそれ以上の側面をテストするためのプロトタイプを作成することもできます。

我々は、プロトタイプというものをコーディングを中心にして考えがちですが、常にそういうわけでもありません。自動車メーカーのように、プロトタイプは異なった素材で作ることもできます。ワークフローやアプリケーションロジックといった動的なもののプロトタイプには、ポストイット（付箋）が重宝します。ユーザーインターフェースのプロトタイプは、ホワイトボードに絵を描いたり、ペイントプログラムで機能しないモックアップモデルを描いたり、インターフェースビルダーといった開発ツールを使うことができます。

プロトタイプは、特定の質問に答えることだけを目的としてデザインされるものであるため、製品となるアプリケーションよりもかなり安価に、そして早く開発することができます。コードには不必要な詳細（ユーザーにとっては必要不可欠なものかもしれませんが、その時点であなたにとって不必要なもの）を盛り込む必要がありません。例えばユーザーインターフェースのプロトタイプであれば、不正な結果や不正なデータを無視できます。また、計算上やパフォーマンス上の観点から調査しているのであれば、貧弱なGUIあるいはユーザーインターフェースがまったくなくても問題はないはずです。

しかし詳細を無視することができない環境にいる場合は、本当にプロトタイプを作成するべきかどうかを自問してください。こういった場合には曳光弾形式の開発のほうが適切となるはずです（「12 曳光弾（65ページ）」を参照）。

プロトタイプの適用対象

プロトタイプによる調査が適しているのはどのようなケースでしょうか？ まず、リスクを伴うケースが考えられます。そして、過去に試されたことがないケースやシステムの最終形に重大な影響を及ぼすケースにも適用できます。また、実証されていないケースや実験的なケース、疑わしいケースも適用対象です。さらには、何となく気持ちの悪いというケースでも利用できます。そしてプロトタイプで調査できることは以下の通りです。

- アーキテクチャー
- 既存システムに追加する新機能
- 外部データの構造や内容
- サードパーティーのツールやコンポーネント

- パフォーマンスの問題
- ユーザーインターフェースの設計

プロトタイプの核心は学習の経験にあります。その価値は生成されたコードにあるのではなく、学んだ教訓にあるのです。それがプロトタイプの真のポイントです。

Tip 21 プロトタイプの真の目的は学びにある

プロトタイプの使い方

プロトタイプを作成する際、どういった詳細を無視できるのでしょうか？

正確性

問題がなければダミーデータを使用しても構いません。

完全性

プロトタイプは、あらかじめ設定した入力データ 1 件とメニュー項目 1 つだけといったかたちで、機能を極端に限定しても構いません。

堅牢性

エラーチェックは不完全、あるいはまったくなくても構いません。もしあらかじめ定義されていない操作を実行した場合、プロトタイプはクラッシュしてディスプレイ上に豪華絢爛な花火を描き出すかもしれません。しかしそれでも構わないのです。

スタイル

プロトタイプコードにコメントやドキュメントが記述されることはあまりありません（とは言うものの、プロトタイプで得た経験によって大量のドキュメントが生まれることはあります）。

プロトタイプは、詳細を隠ぺいし、検討を行うシステムに関する特定の側面に焦点を当てるものであるため、プロジェクトの他の部分よりも高水準で、使いやすいスクリプティング言語（おそらくはPythonやRubyといった言語）を使用するべきです。その後、プロトタイプで使用した言語を使い続けることも、切り換えることも可能です。いずれにせよ、そのプロトタイプは捨て去ることになるのですから。

ユーザーインターフェースのプロトタイプには、コードやマークアップについて気にすることなく見た目ややり取りに集中できるツールを使ってください。

スクリプティング言語は低水準なパーツを組み合わせて新たなパーツにする「糊」としても機能します。このアプローチを用いることで、既存のコンポーネントを手っ取り早く組み立てて、新たなコンポーネントがどのように動作するのかを迅速に確認できるようになります。

アーキテクチャーのプロトタイピング

多くのプロトタイプは計画中のシステム全体のモデルを構築します。曳光弾とは異なり、プロトタイプシステム中の個々のモジュールはいずれもちゃんと機能する必要がありません。実際、アーキテクチャーのプロトタイピングを行う場合、コーディングの必要さえないのです。ホワイトボードにポストイットやインデックスカードを貼り付ければ、プロトタイピングを実施できます。やるべきことは、詳細の検討を先に延ばしながら、システム全体の連携方法を模索するということなのです。以下は、アーキテクチャーのプロトタイプを検討する際の観点を示したものです。

- 主要コンポーネントの責務がうまく、かつ適切に定義されているかどうか？
- 主要なコンポーネント間の協調はうまく定義されているか？
- 結合度は最小化されているか？
- 二重化の原因になりそうなものを識別できるか？
- インターフェース定義や制約は妥当なものか？
- 各モジュールが実行中に必要とするデータにアクセスする方法があるか？また、そのデータは必要な時にアクセスできるか？

最後の項目からは、最も大きな驚きと最も価値ある成果が引き出されることもよくあります。

プロトタイプの誤った使い方

コーディングによるプロトタイピングを始める前には、関係者全員が使い捨てのコードを記述するという前提を理解しているかどうか、必ず確認してください。プロトタイプという言葉の意味を知らない人にとっては、プロトタイプが外見上魅力的なものに映ってしまうのです。このため、コードは使い捨てであり、不完全で、完全なかたちにはならないという事実を明確にしておく必要があります。

そのことが正しく伝えられていないと、プロトタイプの見た目の派手さに目を奪われたプロジェクトのスポンサーや管理者が、プロトタイプ（すなわちその成果物）を元にしてプロジェクトを進めていくよう強要するかもしれません。バルサ材とダクトテープでかっこいい新車のプロトタイプを作ることはできますが、それがラッシュアワーの交通渋滞の真ん中で運転できる代物ではないという点に気付いてもらわないといけないのです！

もしもプロトタイプコードの目的が誤解されてしまうような匂いをプロジェクトの環境や文化から感じ取れたのであれば、曳光弾によるアプローチのほうが優れているかもしれません。曳光弾であれば、将来の開発に向けた基礎となる確固たるフレームワークを完成できるはずです。

プロトタイプを正しく使用した場合、潜在的な問題を開発サイクル初期の段階（つまり、過ちを修正するコストや労力が少ない段階）で洗い出して修正できるため、多くの時間とコストを節約し、労力を減らすことになります。

関連セクション

- 12 曳光弾 (65ページ)
- 14 専用の言語 (77ページ)
- 17 貝殻（シェル）遊び (99ページ)
- 27 ヘッドライトを追い越そうとしない (159ページ)
- 37 爬虫類脳からの声に耳を傾ける (247ページ)
- 45 要求の落とし穴 (313ページ)
- 52 ユーザーを喜ばせる (360ページ)

演習問題

問題 3　マーケティング部門はウェブページのデザインについて、あなたとのブレインストーミングを希望しています。彼らはクリッカブルマップを使ったページ遷移を考えています。しかし彼らは画像の内容（自動車や電話、家など）を決めかねているようです。手元にはリンク先ページの一覧とそのコンテンツがあり、彼らはプロトタイプを見てみたいと要求してきました。おっと、ところであなたには 15 分しか与えられていません。どのようなツールを使えばいいでしょうか？

（回答例は 372 ページ）

14 専用の言語

言語の制約はそれを使う人の世界を制限する。
ルートウィッヒ・ヴィトゲンシュタイン

コンピュータ言語は、あなたの問題に対する考え方やコミュニケーションに対する考え方に影響を及ぼします。それぞれの言語はさまざまな特徴（例えば型付けが静的／動的であるか、バインドが早期／遅延形態であるか、パラダイムが関数型／オブジェクト指向であるか、継承モデル、mixin、マクロといった専門用語で解説されるもの）を持っており、これらの特徴はすべて特定の問題に対する解決策を示唆にしたり、また場合によっては不明確にします。このため C++ を用いたソリューションを念頭に置いて設計する場合、Haskell スタイルの考え方に基づいたソリューションとは違った結果が生み出されますし、逆の場合も同じです。このことを突き詰めれば、問題領域の言葉によってプログラミング上のソリューションを示唆するという点がより重要になると我々は考えています。

常にアプリケーション領域のボキャブラリーを使ったコードの記述を試みてください（「用語集を管理する (322 ページ)」を参照）。ある種のケースでは、この考え方をさらに推し進め、アプリケーション領域のボキャブラリーやシンタックス、セマンティックスを用いたドメイン言語を作成し、実際にプログラムを作っていくことも可能です。

Tip 22　問題領域に近いところでプログラミングを行うこと

現実世界のドメイン言語

いくつかの実例を見てみることにしましょう。

RSpec

RSpec は Ruby のテスト用ライブラリーです。これは他の近代的言語からインスピレーションを得たライブラリーです。RSpec は、コードに期待される振る舞いを反映したテストを行うというものです。

```
describe BowlingScore do      #ボーリングのスコア
  it "totals 12 if you score 3 four times" do      # 3点を4回出すと合計12になる
    score = BowlingScore.new
    4.times { score.add_pins(3) }
    expect(score.total).to eq(12)
  end
end
```

Cucumber

Cucumber を使えば、プログラミング言語に依存しない方法でテストを記述できます。テストの実行時には利用している言語にあった Cucumber を使用することになります。自然言語のようなシンタックスをサポートするために、テストのためのフレーズを認識するとともにパラメーターを抽出するマッチャーを記述する必要もあります。

```
Feature: Scoring

Background:
  Given an empty scorecard

Scenario: bowling a lot of 3s
  Given I throw a 3
  And I throw a 3
  And I throw a 3
  And I throw a 3
  Then the score should be 12
```

Cucumberによるテストでは、ソフトウェアのユーザーがこの記述を読むことを意図しています（現実的にそういった運用がなされることはまれですが、その理由については以下の囲み記事で考察しています）。

業務ユーザーがCucumberのテスト仕様を読みたがらない理由

従来からある「要求定義→設計→コーディング→出荷」というアプローチがうまく機能しない理由の1つに、我々が要求を理解しているという前提に立ってしまっている点を挙げることができます。しかし、要求を理解できるのは稀なことだと言ってよいでしょう。業務ユーザーは、実現してほしいことについてぼんやりとした考えしか有しておらず、詳細など知らず、気にもかけたくないと考えています。我々の価値はここにもあります—それは意図を直感的に見抜き、コードに変えていくというものです。

このため、業務ユーザーに要求を記述したドキュメントの確認を求めたり、Cucumberに記述した内容一式のチェックを依頼するという作業は、楔形文字で記述されたエッセイのスペルチェックを頼むことと同義なのです。彼らは面目を保つために適当な変更を指示して、ボールを投げ返した後、すべてを任せてオフィスを後にするのです。

彼らには、実際に使ってみることのできるプログラムを提供するようにしてください。本当の要求が出てくるのは、そこからなのです。

Phoenix

多くのウェブフレームワークは、コード中からのルーティングや、到来したHTTPリクエストをハンドラー関数にマッピングする機能を提供しています。以下はPhoenixを用いた例です。

```
scope "/", HelloPhoenix do
  pipe_through :browser # Use the default browser stack

  get "/", PageController, :index
  resources "/users", UserController
end
```

これは「/」から始まるリクエストがブラウザーの適切なフィルター

一式を通過するということを規定しています。「/」自身に対するリクエストは、「PageController」モジュールの「index」関数で取り扱われます。「UsersController」では「/users」という URL を経由してアクセス可能なリソースを管理するために必要な関数が実装されています。

Ansible

Ansible は、（通常は一連のリモートサーバー上で稼働している）ソフトウェアに対する設定ツールです。これは提供された仕様を読み込んだ後、その仕様をミラーリングするために必要な処理をサーバー上で実行します。この仕様は、テキストの記述からデータ構造をビルドできる YAML という言語を用いて記述できます。

```
---
- name: install nginx
  apt: name=nginx state=latest

- name: ensure nginx is running (and enable it at boot)
  service: name=nginx state=started enabled=yes

- name: write the nginx config file
  template: src=templates/nginx.conf.j2 dest=/etc/nginx/nginx.conf
  notify:
  - restart nginx
```

この例は、サーバー上に nginx の最新バージョンがインストールされ、それがデフォルトで開始され、あなたが提示した設定ファイルを使用していることを保証するものです。

ドメイン言語の性質

ではこれらの例をもう少し詳細に見てみましょう。

RSpec や Phoenix router は、ホスト言語（Ruby や Elixir）で記述されています。これらは meta プログラミングやマクロなどの極めて深遠なコードを用いていますが、最終的には通常のコードとしてコンパイル、実行されます。

Cucumber によるテストと Ansible による設定は、独自言語で記述されています。Cucumber のテストは実行用のコードやデータ構造に変換され、Ansible の仕様は常に Ansible 自身が実行に使用するデータ構造へと変換されます。

その結果、RSpecとルーターコードはあなたの実行するコード内に埋め込まれます。これらはあなたのコードのボキャブラリーを拡張してくれるのです。CucumberとAnsibleはコードによって読み込まれ、コードが使用できるある種の形式へと変換されます。

RSpecやルーターは「内部ドメイン言語」の例であり、CucumberやAnsibleは「外部ドメイン言語」の例です。

内部ドメイン言語と外部ドメイン言語のトレードオフ

一般的に、内部ドメイン言語はホスト言語が持つ機能の利点を享受できます。あなたの作成するドメイン言語はよりパワフルになり、そのパワーも無料なのです。例えば、Rubyコードを用いてRSpecの一連のテストを自動化できます。この場合、スペアやストライクがない場合のスコアをテストできます。

```
describe BowlingScore do
  (0..4).each do |pins|
    (1..20).each do |throws|
      target = pins * throws

      it "totals #{target} if you score #{pins} #{throws} times" do
        score = BowlingScore.new
        throws.times { score.add_pins(pins) }
        expect(score.total).to eq(target)
      end
    end
  end
end
```

これで100種類のテストを記述したことになります。今日のノルマは達成したので、後は遊んで過ごしましょう。

内部ドメイン言語はその言語のシンタックスとセマンティクスに縛られるという短所があります。この点から見た場合、一部の言語は驚くほどの柔軟性を有しているものの、あなたが望んでいる言語と実装できる言語の間で妥協を強いられる場合が依然としてあります。

最終的に、何を作り出すにせよ対象となる言語のシンタックスに合わせる必要があります。マクロが利用できる言語（ElixirやClojure、Crystalなど）は若干の柔軟性が追加されますが、最終的にシンタックスはシンタックスとして守らなければなりません。

そういった制約は、外部ドメイン言語にはありません。自らで言語のパーサーを記述する以上、すべて思いのままになります。また、他の人が開発したパーサー（Ansible も YAML を利用しています）を使える場合もありますが、その際にはある種の妥協が必要となることもあります。

パーサーを記述するということは、あなたのアプリケーションに対しておそらくは新たなライブラリーを追加する、さらにはツールを追加するという意味を持っています。そして、優れたパーサーを作るというのは簡単な仕事ではありません。しかし、自分には強い心があると感じるのであれば、bison や ANTLR といったパーサージェネレーターや、数多く出回っている PEG パーサーといったフレームワークを調べてみてください。

可能なのであれば既存の外部言語（YAML や JSON、CSV など）を使うのが一般的には適切でしょう。だめなのであれば、内部ドメイン言語を検討してください。外部ドメイン言語は、あなたの言語がアプリケーションのユーザーによって記述される場合にのみ、お勧めできる選択肢なのです。

低コストな内部ドメイン言語

最後に、ホスト言語のシンタックスが透けて見えてもよいというのであれば、内部ドメイン言語の低コストな作成方法があります。ただしメタプログラミングの泥沼に踏み込まないようにしてください。そうではなく、必要な仕事を行う機能を記述するだけでよいのです。実際のところ RSpec はそういったアプローチを採っています。

```
describe BowlingScore do
  it "totals 12 if you score 3 four times" do
    score = BowlingScore.new
    4.times { score.add_pins(3) }
    expect(score.total).to eq(12)
  end
end
```

このコードにおける「describe」と「it」「expect」「to」「eq」は Ruby のメソッドです。舞台裏で、オブジェクトを引き回すちょっとした仕掛けがありますが、すべてはただの Ruby コードです。これについては、演習問題でもう少し見てみることにしましょう。

関連セクション

- 8 よい設計の本質 (35 ページ)
- 13 プロトタイプとポストイット (72 ページ)
- 32 設定 (212 ページ)

チャレンジ

- 現在取り組んでいるプロジェクトの要求で、ドメイン言語で表現できるものがあるでしょうか？　それは要求されたコードのほとんどを生成できるコンパイラーやトランスレーターとして記述できるでしょうか？
- 問題領域に近いプログラミングを実現するためにミニ言語を採用とすると決めた場合、ある種の取り組みを実行に移す必要に迫られます。あるプロジェクトで開発したフレームワークを他のプロジェクトで再利用できるようにする方法を思いつくでしょうか？

演習問題

問題 4　単純なタートルグラフィックスシステムを制御するミニ言語を実装したいと考えています。この言語は英 1 文字のコマンドの後に、1 桁の数字を記述するようになっています。例えば、以下の入力は長方形を描くプログラムです。

```
P 2  # 2番目のペンを選択
D    # ペンを下ろす
W 2  # 西に向かって2cm直線を描く
N 1  # その後、北に向かって1cm描く
E 2  # その後、東に向かって2cm描く
S 1  # その後、南に向かって1cm描く
U    # ペンを上げる
```

この言語を解析するコードを実装してください。また、新たなコマンドを簡単に追加できるように設計してください。

(回答例は 372 ページ)

問題 5　上記の例ではお絵かき言語のパーサーを実装しました。これは外部ドメイン言語です。では、次に内部ドメイン言語で実装してみましょう。技巧に走る必要はありません。それぞれのコマンドを実行する関数を記述するだけでよいのです。コマンド名は小文字に変えなければならないかもしれません。また、ある種のコンテキストを提供するために何らかのラッパーが必要になるかもしれません。　（回答例は 374 ページ）

問題 6　時間を表記する BNF 文法を定義してください。以下のすべての形式を満足させる必要があります。

```
4pm, 7:38pm, 23:42, 3:16, 3:16am
```

（回答例は 374 ページ）

問題 7　お好みの言語向けの PEG パーサージェネレーターを用いて、上の演習問題で記述した BNF 文法のパーサーを実装してください。出力は深夜 0 時 0 分からの経過分数を整数で表示するものとします。
（回答例は 374 ページ）

問題 8　スクリプティング言語と正規表現を用いた時間のパーサーを実装してください。　（回答例は 376 ページ）

15 見積もり

ワシントン D.C. の米国議会図書館は現在、75 テラバイトのデジタル情報をオンラインで公開しています。これは急ぎの仕事です！　すべての情報を 1 Gbps のネットワークで送信するとどれだけの時間がかかるでしょうか？　住所録 100 万人分だとどれくらいのディスク容量が必要になるでしょうか？　100 メガバイトのテキストを圧縮するのにどれだけ時間がかかるでしょうか？　プロジェクトが完成するまで何カ月かかるでしょうか？

ある意味においてこれらはすべて無意味な質問です——というのも、これらの質問はすべて、情報が不足しているためです。しかし、うまく見積もることができれば、答えられない質問ではありません。そして見積もり作成作業を行うことによって、プログラムの周囲を取り巻いている世界についてのよりよい理解も得られるようになります。

見積もり方法を学習し、直感的にものごとの大きさを判断できるスキルを開発すれば、実現性の判断という魔法が使えるようになります。つまり、誰かが「S3 サーバーにバックアップを送信します」と言った時に、それが実現可能かどうかを直感的に判断できるようになるわけです。またコーディングの最中に、最適化が必要なサブシステムがどれであり、放置しておけるのがどれかを判断できるようになります。

Tip 23　後でびっくりしないために、見積もりを行うこと

このセクションの終わりでは、おまけとして誰かが見積もりを尋ねてきた場合、唯一の正しい答えを返す方法を明らかにしています。

十分正確とはどの程度正確なものか？

すべての答えにはある程度見積もりという要素が含まれています。ただ、ほとんどのものは比較的正確であるというだけのことなのです。このため、誰かがあなたに対して見積もりを尋ねてきた場合は、まずそれがどういった文脈における見積もりなのかということを知らなければなりません。正確な答えが必要なのでしょうか、あるいは大雑把な答えで構わないのでしょうか？

見積もりは、使用する単位によってその精度が異なって感じられるという面白い特徴があります。もし何かをするのに営業日換算で 130 日かかると言うと、それが当たらずとも遠からずという印象を人に与えます。しかし、「えーと、約 6 カ月ですね」と言うと、ほとんどの人は 5 カ月から 7 カ月かかると感じるのです。どちらの見積もりも同じ期間を表しているにもかかわらず、「130 日」はあなたが思っている以上に精度の高い見積もりになるわけです。このため見積もりを行う際には、以下の単位を使うのがお勧めです。

期間	見積もり単位
1〜15 日	日
3〜8 週	週
8〜20 週	月
20 週超	見積もりを行う前にしっかりと考える

このため、見積もりに必要な作業をすべて終え、プロジェクトが 125 営業日（25 週）かかると判断したのであれば、「約 6 カ月」と答えるのが適切でしょう。

同じ考え方がどのような量の見積もりにも適用できます。あなたが伝達したい誤差に見合った単位を選んでください。

見積もりはどこから来るのか？

すべての見積もりは問題をモデル化するところから始まります。しかし、モデル化の技法に深入りする前に、常に精度の高い答えを出すための基本的な秘訣をお教えしておきましょう。それは似たような作業を実施した人に聞くことです。モデル作成に注力する前に、過去に同じ経験をした人がいないか周囲を見渡してください。そういった人たちがどのようにして問題を解決したかを調べるのです。まったく同じ状況がない場合であっても、彼らの経験から多くのことを学べるはずです。

尋ねられている内容を理解する

見積もり作業は、尋ねられている内容を理解するところから始まります。上述の正確さの問題でも述べたように、まず問題領域を把握する必要があります。問題領域が問題の中に暗黙のうちに含まれていることもしばしばありますが、見積もりを始める前に必ず問題領域について考える癖をつけておくようにしてください。その問題領域が答えの一部になる場合もしばしばあります。例えば「交通事故もなく、ガソリンが十分あると仮定すれば、20 分で目的地に到着できる」といった具合です。

システムのモデル化を行う

ここが見積もりの面白いところです。問題に対するあなたの理解に基づき、核心となる大まかな机上モデルを構築するのです。もし応答時間を見積もるのであれば、サーバーと何らかの到来トラフィックを含めたモデルが必要となるはずです。プロジェクトであれば、あなたの組織が開発に用いる各フェーズやシステムの実装方法についての概要をモデル化することになります。

モデルは長期にわたって有用かつ創造的なものとなります。モデル化の段階で、表面からでは分からない根本的なパターンやプロセスの発見に導かれる場合もしばしばあります。また、「Xの見積もりについて、XをYの一種であると考えると、機能はひとつだけ欠けるものの半分の時間でできるはず」といったように、元々の問題領域を再検討する引き金になる場合もあります。

モデル化によって見積もりプロセスに不正確な要素が導入されます。これは仕方のないことであると同時に、利点とも言えます。あなたは正確さとモデルの簡潔さを天秤にかけているのです。モデル作成の工数を2倍にしても、正確さがわずかしか増大しない場合もあります。モデルの洗練作業をどこで止めるのかは、自らの経験に従って決めることになります。

モデルをコンポーネントに分割する

いったんモデルができれば、次はそれをコンポーネントに分解していく作業が始まります。その過程で、コンポーネントの相互作用を説明するための正確な規則を導き出す必要があります。コンポーネントはしばしば見積もり結果に加算される値となります。しかし場合によっては、見積もり結果を倍化させるような乗率になったり、より複雑なもの（特定ノードに到着するトラフィックのシミュレーションを行う場合など）になることもあります。

通常の場合、各コンポーネントには、それがモデルに対してどのように影響を与えるのかを表すパラメーターが存在しているはずです。しかしこの段階では単に各パラメーターの存在を認識するだけで構いません。

各パラメーターに値を与える

いったんパラメーターを認識できたのであれば、各パラメーターに値を入れ、モデル全体を俯瞰してみましょう。これをうまく行う秘訣は、どのパラメーターが最も結果に影響するのかを解明し、それをできる限り正確にすることです。一般的には、見積もり結果に加算されていくパラメーターは、乗算されていくものや除算されていくものに比べて重要性が低くなります。回線速度を倍にすると1時間あたりに受信できるデータ量は倍になるため、信号通過時の伝達遅延が5ミリ秒あってもさほどの影響は生まれないのです。

こういったクリティカルなパラメーターの計算方法については裏付けを取っておく必要があります。待ち行列の例では、実在するシステムに到来する実際のトランザクションレートを計測しておいたり、計測用の類似システムを探しておいたりしてください。同様に、現時点でリクエストを処理する時間や、このセクションで解説している技法を使って概算した時間を算出しておくのもよいでしょう。しかし現実的には、多くの部分的な見積もりを基準にして見積もりを進めていくのが一般的です。そして、ここに最大の誤差が忍び寄る余地が残されているのです。

答えを計算する

見積もりの答えがたったひとつになるのは、最も簡単なケースでしか起こり得ません。こういった場合には「ここから 5 ブロックほど歩いていけば 15 分ですよ」というふうに答えられます。しかしシステムが複雑化するにつれ、答えに何らかの制約が付加されるはずです。そういった場合、クリティカルなパラメーターの値を変更しながら何度も計算を繰り返し、どれが実際のモデルを実現しているのかを解明することになります。こういった作業にはスプレッドシートアプリが力になってくれます。これらのパラメーターを使って答えを導き出すのです。システムが SSD を搭載しており、メモリが 32 ギガバイトであれば、応答時間は 4 分の 3 秒、メモリが 16 ギガバイトであれば 1 秒です、といった感じです（4 分の 3 秒という表現は 750 ミリ秒という表現と比べると正確性が違って聞こえる点にご注意ください）。

なお、計算途中でおかしな答えに遭遇する場合があります。この時、それを無視してはいけません。計算が正しいのであれば、あなたの問題理解やモデルが間違っているということになります。これも貴重な情報となるのです。

自らの見積もり能力を見誤らないこと

見積もりを記録しておくというアイデアは、どこまで目標に近づいてきたかが分かるという点でお勧めできます。見積もり中に部分見積もりの計算を含んでいるのであれば、それらもきちんと整理しておいてください。そうすれば見積もりの精度は向上します。しばらくすればそれが自らでも実感できるようになります。

見積もりに失敗しても、肩をすくめて歩き去るようなことをしてはいけません。なぜ違ったのかを見つけ出すのです。おそらく選択したパラメーターのいずれかが現実のものではなかったのでしょう。モデルそのものが間違っていたのかもしれません。理由は何であれ、何が起こったのかを解明してください。そうすれば、次回はよりうまく見積もれるようになるはずです。

プロジェクトのスケジュールを見積もる

通常の場合、何らかの作業にかかる時間を尋ねられるはずです。その「何らかの作業」が複雑なものである場合、見積もりは非常に難しいものになり得ます。このセクションでは、そのような不確かさを低減する 2 つのテクニックを紹介します。

ミサイルのペイント

「家の外壁を塗るのにどれくらいの時間がかかるでしょうか？」
「そうですねぇ。すべてが順調に進めば、そしてこのペンキで足りれば 10 時間程度で終わるかもしれません。しかし、ちょっとそれは考えづらいです。おそらくより現実的な見積もりは 18 時間近くになると考えています。また、天候が悪化した場合には、30 時間以上かかる可能性ももちろんあります」

これが現実世界における見積もりです。たった 1 つの数値が出てくるだけでなく（そういった数値を要求された場合は別ですが）、複数のシナリオが存在しているのです。

米海軍は、原子力潜水艦 Polaris の建造計画を立案する際、こういった見積もり手法を採用しました。その手法は Program Evaluation and Review Technique、あるいは PERT と呼ばれています。

PERT では、タスク（作業）ごとに「楽観的時間」と「最確時間」「悲観的時間」という 3 つの時間が見積もられます。そして、これらのタスクの依存関係に基づいてネットワークを作成します。これにより、簡単な計算によってプロジェクト全体の順当な見積もりや、最悪の場合の見積もりが得られるわけです。

このようなさまざまな幅を持った値の活用は、最もよく見かける見積もりの過ちの 1 つを避ける素晴らしい方法になります。その過ちとは不確定であるがゆえに適当な数字を埋めてしまうというものです。一方、PERT の背後にある統計は不確実さを網羅しているため、プロジェクト全体のよりよい見積もりが可能になります。

とは言うものの、我々はこの手法を大々的に勧めるつもりはありません。人々はプロジェクトにおけるすべてのタスクを書き出した大きな図を壁に貼り出し、ある種の「方法論」を使用しているという理由で、自らが正確な見積もりを手にしていると無意識のうちに信じ込んでしまいがちになるのです。しかし、そのプロジェクトが今までやったことのないものであれば、たいていの場合その見積もりは正しくないのです。

象を食らう

プロジェクトのタイムテーブルを確定する唯一の方法は、そのプロジェクト自身を実際に経験してみることが一番だと思えるような場合がしばしば出てきます。しかし、以下の手順を繰り返しながらインクリメンタル開発を進めるのであれば、それはパラドックスでも何でもなくなります。

- 要求の洗い出しを行う。
- リスクを分析する（そして最も高いリスク項目を優先する）。
- 設計と実装、統合を行う。
- ユーザーとともに検証する。

最初のうちは、繰り返しが何回必要なのか、またそれがどれくらいの期間になるのか、曖昧なイメージしか湧かないかもしれません。方法論によっては、こういった情報を初期計画の一部として確定しておかないといけないため、ちょっとしたプロジェクト以外では使いものになりません。過去に実施したものとよく似たアプリケーションを、同じチーム、かつ同じ技術を使用して開発するのでない限り、単なる当て推量にしかならないはずです。

このため、まず初期機能のコーディングやテストをまず完了させ、それを最初のインクリメント段階の終了と位置付けてください。そしてその経験に基づけば、当初推測した繰り返し回数や各繰り返しでの作業内容に磨きをかけられるはずです。このようにすれば、回を重ねるごとに推測を正確なものにできるとともに、スケジュールに対する自信も深めていけるはずです。

これは「象を１頭食べる方法とは」という古いジョークにもある通りです。その方法は「ひとくちずつ」なのです。

Tip 24 規律に従ってスケジュールを繰り返し、精度を向上させていくこと

これは、プロジェクトの開始に先立って単純かつ変更不能な数値を要求するような管理者から見た場合、一般的な手法ではありません。しかし、彼らにはチームと生産性、環境がスケジュールを確定していくという点を理解してもらう必要があります。これを慣習化し、それぞれの繰り返しによってスケジュールに磨きをかけることで、最も正確なスケジュール見積もりが提示できるようになるのです。

見積もりを要求された場合に何と答えるべきか

「後ほどお持ちします」です。

時間をかけ、じっくりとこのセクションで解説した手順を実行することで、たいていの場合は常に優れた見積もりを出せるようになります。コーヒーの自動販売機の前で行った見積もりは、（コーヒーのシミのように）相手の脳裏から消し去られることがないのです。

関連セクション

- 7 伝達しよう！（26 ページ）
- 39 アルゴリズムのスピード（260 ページ）

チャレンジ

- 見積もりの記録を取り始めましょう。そしてそれぞれがどの程度正確であったかを調べてください。間違いが 50 %以上あった場合、見積もりのどこがまずかったのかを探してみましょう。

演習問題

問題 9 ある人から「1 Gbps のネットワーク接続と、1 テラバイトの外部ストレージにデータを詰め込んでコンピューターからコンピューターに歩いて持っていくのとではどちらが高い帯域幅を有しているのか？」という質問がなされました。正しい答えを伝えるには、どのような制約を答えに付加すればよいでしょうか？（例えば、外部ストレージへのアクセス

時間を無視するなど）

（回答例は 377 ページ）

問題 10　では、どちらが高い帯域幅を有しているでしょうか？

（回答例は 377 ページ）

3 基本的なツール

The Basic Tools

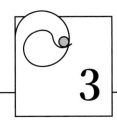

職人が匠の技を追求する際、質の良い道具一式を揃えるところから始めます。木工職人であれば、さしがね、罫引き、鋸一式、カンナ、細ノミ、錐、クリコギリ、木槌、クランプが必要となります。こういった道具は注意深く選り抜かれ、使い込まれていき、他の道具と多少目的を共有しながらもそれぞれが固有の役割をこなし、そして恐らくこれが最も大事なことなのですが、職人の腕の熟達とともに手になじんでいくのです。

道具を手に入れた後は、その学習と適合段階が始まります。それぞれの道具には独自の個性やくせがあり、道具ごとに固有の取り扱いが必要となります。また、それぞれの道具を独自の方法で研ぎ上げ、維持していく必要もあります。時とともに、それぞれの道具は使い方に馴染むように摩耗し、握りの部分も木工職人の手にぴったりフィットし、刃先の角度も握った向きとぴったり一致してくるのです。ここまで来ると、その道具は職人の頭の中にあるイメージと最終製品をつなぐパイプとなる――つまり職人の手の一部となるわけです。時とともに、木工職人はビスケットジョイナー、レーザーガイド付きの丸ノコ、ダブテールジグといった素晴らしい技術に支えられたツールを追加していきます。しかし職人達は、昔からの手になじんだ道具を使い、カンナによって奏でられる独特の音を聞いている時が一番幸せなのです。

道具はあなたの能力を増幅します。道具のできが優れており、簡単に使いこなせるようになっていれば、より生産的になれるのです。まずは一般的に使用できる基本的な道具一式から始めてください。そして経験を積みながら、また特殊な要求に出会った機会に、基本の一式に道具を追加していくのです。職人のように、常に道具を増やすことを心がけてください。職人のように、常に道具を増やすよう心がけてください。何をするにも常によりよい方法を探すよう心がけるのです。もし今使っている道具で対処できないような状況が発生した場合、それを解決する何か別の、あるいはより強力な道具を探すよう心がけましょう。自らのニーズに従って道具箱の中身を増やしていくのです。

多くの新人プログラマーは特定の統合開発環境（IDE）といったパワーツールを 1 つ採用し、そこに安住してしまうという過ちを犯しがちです。これは明らかに間違っています。我々は IDE の限界を超えたところに到達しなければならないのです。そのためには、基本的なツールをすぐにでも使えるよう、自ら研鑽を積んでおくしかありません。

この章ではあなた自身の道具箱を作り上げていくことについて解説しています。ツールについて見識を深めるのと同様に、物作りのための素材を探し始めましょう（「16 プレインテキストの威力 (95 ページ)」を参照)。そこから作業台、すなわちコンピュータに話題を移します。ツールを用いてどのようにしてコンピュータを使っていけばよいのでしょうか？　これを「17 貝殻（シェル）遊び (99 ページ)」で解説します。さて素材と作業台が揃ったら、何よりも大事なツール――エディターについて考えていきましょう。「18 パワーエディット (103 ページ)」では生産性をさらに高める方法を示唆しています。

貴重な作業すべて（個人のアドレス帳のようなものに対しても！）を失ってしまわないように、常に「19 バージョン管理 (107 ページ)」を行うべきです。「失敗する可能性のあるものは、必ず失敗する」というマーフィーの法則を導き出したマーフィー氏は本当のところは楽観主義者だったそうです。このため、あなたが偉大なプログラマーになるためには「20 デバッグ (113 ページ)」技術に習熟することが必要不可欠なのです。

あなたにはたくさんの魔法をひとまとめにする糊が必要となるはずです。「21 テキスト操作言語 (124 ページ)」ではその可能性について解説しています。

最後に、文書による記録は書かれた文字が消えかかっていたとしても、頭の中に記憶しておくよりも価値があります。「22 エンジニアリング日誌 (128 ページ)」では、あなたの考えや過去の経緯を残す重要性について解説しています。

これらツールの使い方を学ぶ時間を惜しまなければ、すぐにあなたの指はキーボード上を蝶のように舞い、無意識のうちにテキストを操作できるようになるはずです。ツールが手の一部となるのです。

16 プレインテキストの威力

達人プログラマーが取り扱う素材は木でも鉄でもありません――知識です。我々は要求を集めて知識とし、設計や実装、テスト、ドキュメントの中でその知識を表現するのです。そして、知識を永続的に格納するためのフォーマットで最も適しているのが「プレインテキスト」なのです。プレインテキストを使えば手作業、自動的な作業を問わず、事実上すべてのツールを使って思いどおりに知識を操作できるようになるのです。

ほとんどのバイナリ形式では、データを解釈するためのコンテキストがデータ自身から切り離されているという問題があります。つまりデータの持つ意味とデータそのものが人為的に断ち切られているのです。これではデータが暗号化されているのと変わりません。解析を行うアプリケーションロジックがなければまったく意味のないがらくたなのです。しかしプレインテキストの場合、それを作り出したアプリケーションとは独立した、自己記述性のあるデータストリームを実現することができます。

プレインテキストとは？

「プレインテキスト」とは、印字可能な文字からなる、人間が直接読んで理解できる形式です。そういう意味では、シンプルな買い物リストもプレインテキストです。

```
* 牛乳
* レタス
* コーヒー
```

あるいは本書のソースコード（そう、これもプレインテキストで書かれています。出版社の人たちはワードプロセッサーを使ってほしかったようですが）のような複雑なものもプレインテキストです。

プレインテキストで重要なのはその情報です。このため以下のプレインテキストは便利なものではありません。

```
hlj;uijn bfjxrrctvh jkni'pio6p7gu;vh bjxrdi5rgvhj
```

次の例も便利なものではありません。

```
Field19=467abe
```

読み手は 467abc の意味するところが何かを理解できません。われわれはプレインテキストを人間が読んで理解できるようにしたいのです。

Tip 25　知識はプレインテキストに保存すること

テキストの力

プレインテキストであるということは、構造化されていないという意味ではありません。HTML や JSON、YAML といったものすべてはテキストでのフォーマットです。HTTP や SMTP、IMAP といったネットワーク上を流れる基本的なプロトコルの大多数も同じです。それには以下のようなちゃんとした理由があるのです。

- 時代の流れによる陳腐化に対する保険
- 既存ツールでの活用性
- テストの容易さ

陳腐化に対する保険

人間が読むことのできる自己記述型のデータ形式は、他のどのようなデータ形式やそれを生成したアプリケーションの枠を超えて生き続けられます。それ以上の言葉は不要でしょう。データが長生きすれば、使用される機会も増えるはずです——たとえ元々のアプリケーションがなくなって久しくとも、まったく関係ないのです。

こういったファイルは、形式についての知識が少しでもあれば解析できます。これに引きかえ、バイナリーファイルを正しく解析するには、その形式全体の詳細な知識をすべて知っておかなければならない場合がほとんどです。

あるレガシーシステム*1が使用しているデータファイルについて考えてみ

*1　あらゆるソフトウェアは、完成した瞬間にレガシーシステムになるのです。

ましょう。元のアプリケーションについての情報はほとんどありません。しかし、あなたが今必要としていることは、顧客の社会保障番号を検索、抽出してその一覧を維持することだったとします。データは以下のようになっています。

```
<FIELD10>123-45-6789</FIELD10>
...
<FIELD10>567-89-0123</FIELD10>
...
<FIELD10>901-23-4567</FIELD10>
```

このファイルの他の部分に関する知識がまったくなかったとしても、社会保障番号のフォーマットを認識できれば、このデータを抽出する小さなプログラムをすぐに記述できるはずです。

しかし、ファイルの中身が以下のようになっているとしたらどうでしょう。

```
AC27123456789B11P
...
XY43567890123QTYL
...
6T2190123456788AM
```

数値の意味はそう簡単には理解できないはずです。これが「人間が読める」ということと「人間が理解できる」ということの違いなのです。

この点で、前に見ていただいた FIELD10 の例もあまりよいとは言えません。

```
<SOCIAL-SECURITY-NO>123-45-6789</SOCIAL-SECURITY-NO>
```

このような形式にしておけば、非常に分かりやすくなるうえ、データを作成したプロジェクトの寿命を超えて使えるようになるのです。

さまざまな活用ができる

コンピュータの世界におけるツールは、バージョン管理システムからエディター、コマンドラインツールに至るまで、事実上すべてがプレインテキストを操作できるようになっています。

UNIX の哲学

UNIX には、1 つの機能を正しく実行することを目的とした、小さくて使い勝手の良いツール群を中心に据えているという有名な設計哲学があります。この哲学は、共通の元となるフォーマット、すなわち行指向のプレインテキストファイルを採用することで実現されています。システム管理に使用するデータベース（ユーザー名やパスワード、ネットワーク設定など）はすべてプレインテキスト形式のファイルに保存されます。（一部のシステムでは、パフォーマンス上の理由から、ある種のデータベースをバイナリ形式でも管理しています。しかしプレインテキスト版もバイナリ版とのインターフェースのために保持されています）。

システムがクラッシュした場合、回復措置としてまず、最小限の環境（例えばグラフィックスドライバにもアクセスできない可能性があります）を起動することになります。こういった際に、プレインテキストの簡潔さと利点を心から理解できるはずです。

また、プレインテキストであれば検索も容易になります。システムのバックアップを取得するための設定ファイルがどれであるか忘れた際には、grep -r backup /etc というコマンドを実行すればよいのです。

例えば、環境に特化した複雑な指定を必要とする大規模アプリケーションを本番展開しようとしたと考えてください。こういったファイルをプレインテキストで記述しておけば、バージョン管理システムに管理させ、あらゆる変更の履歴を自動的に保存できるようになります（「**19 バージョン管理** (107 ページ)」を参照）。また、`diff` や `fc` といったファイル比較ツールによって、どのような変更が行われたのかを確認でき、`sum` によってファイルが偶発的に（あるいは悪意の下で）改変されたかどうかを監視できるようにもなります。

テストが容易

システムテスト用のデータをプレインテキストから合成するようにしておけば、特殊なツールを作らなくともテストデータの追加やアップデート、更新が簡単に行えるようになります。同様に回帰テストの出力をプレインテキストにしておけば、シェルコマンドや簡単なスクリプトによってすぐに分析できるようにもなります。

最小公分母

危険な未開地のようなインターネット内を自律的に動き回ってデータの交換を行うブロックチェーンベースの知的エージェントといったものが、やがては登場するでしょう。しかしそのような未来でも、普遍的にテキストファイルが使われているはずです。実際、異種接続された環境内では、プレインテキストの長所はあらゆる短所を補ってあまりあるのです。すべてのエージェントが、共通の標準を用いてやり取りできることを保証しなければならない場合、プレインテキストがその標準となるわけです。

関連セクション

- 17　貝殻（シェル）遊び (99 ページ)
- 21　テキスト操作言語 (124 ページ)
- 32　設定 (212 ページ)

チャレンジ

- 適当な言語を選び、その言語がサポートしているバイナリ表現をそのまま使った小さなアドレス帳データベース（名前、電話番号等）を設計してください。以降を読み進める前に、まずこの作業を行ってください。
  - それを XML や JSON を使用したプレインテキスト形式に変換してください。
  - 両方のバージョンに、各人の家への道順を登録する可変長フィールド「directions」を追加してください。

  バージョン管理と拡張性に関してどのような問題が出てきたでしょうか？　どちらの形式が簡単に変更できたでしょうか？　既存データからの変換についてはどうでしょうか？

17　貝殻（シェル）遊び

木工職人が作業をする際、素材をほどよい高さでしっかりと固定できる上等でしっかりした信頼性のあるワークベンチ（作業台）が必要になります。ワークベンチは木工場の中心になり、職人が作業台との間を行き来するにつれて素材のかたちが出来上がっていくのです。

ファイルやテキストを操作するプログラマーにとって、ワークベンチはコマンドシェルに相当します。すべてのツールは、シェルプロンプトから起動でき、パイプを使って接続していけば、ツール自体の作者が夢にも思わなかった用途に使用できるのです。また、シェルからはアプリケーションやデバッガ、ブラウザー、エディター、ユーティリティーを起動することもできます。さらにファイルを検索し、システムの状態を確認し、フィルターを通して出力することもできます。そして何度も実行する必要のある操作については、シェルプログラミングによって複雑なマクロコマンドを作り上げることもできるのです。

GUI インターフェースや統合開発環境（IDE）で育ったプログラマーにとって、このような作業はかなり難しく感じられるはずです。要するに、マウスでポイントしたりクリックするだけですべての作業を済ませられないのでしょうか？

ひと言で答えると「済ませられない」です。GUI は素晴らしいインターフェースであり、簡単な操作であれば手っ取り早く、気楽に使えます。ファイルの移動や電子メールの読み書き、プロジェクトの開発やデプロイはグラフィックス環境で行いたい作業でしょう。しかし、GUI だけで作業を進めるというのは、使っている環境の持つ能力すべてを使いこなしていないということなのです。何度も実施する作業の自動化はできませんし、ツールが持っているすべての力を使い切ることもできません。また、既存のツールを組み合わせてカスタマイズ版の「マクロツール」を作り上げるようなこともできません。GUI のメリットは WYSIWYG—What You See Is What You Get、つまり見た目通りのものが結果として得られるというものなのです。裏を返せば、WYSIAYG—What You See Is All You Get、つまり見た目以外のものは得られないというデメリットがあるわけです。

通常の GUI 環境では、設計時に意図されたこと以外の作業を行う能力は用意されていません。設計者が提供したモデル以上の機能要求をした時が年貢の納め時なのです——しかも、モデルの限界を超えた機能要求が出てくるケースは実際のところしばしばあります。達人プログラマーは、漫然とコーディングの切り貼りをしたり、オブジェクトモデルを開発したり、ドキュメントを記述したり、ビルドプロセスを自動化したりしているわけではありません——すべてのことを連携させて行っているのです。通常の場合、ツール単独での守備範囲はツールの実行目的に応じて制限されています。例えば、IDE環境に（契約による設計やマルチプロセッシング用のプラグマといったものを実装するための）プリプロセッサを統合化する必要が出てきたと考えてください。IDEの設計者がこういった機能を実現するための仕掛けを提供していなければ、そこで行き詰まってしまうのです。

Tip 26　コマンドシェルの力を使うこと

シェルに慣れ親しむことによって、生産性は向上します。作成済みのJavaコードから、明示的にインポートしているパッケージ名の一覧を作る必要があるのですか？　以下を実行すれば、その結果が“list”というファイルに格納されます。

code/sh/packages.sh

```
grep '^import ' *.java |
  sed -e's/^import  *//' -e's/;.*$//' |
  sort -u >list
```

使用しているシステムに搭載されているコマンドシェルの機能を調べたことがないという場合、これは気が遠くなるような話に聞こえるかもしれません。しかし、少しの手間でシェルに慣れ親しんでおくだけで、すぐにものごとがうまく進んでいくようになるのです。コマンドシェルを使っているだけで、知らず知らずのうちに自らの生産性が上がっていくはずです。

自分専用のシェル

木工職人が自らの作業環境を自分なりにカスタマイズするのと同様に、開発者も自らのシェルをカスタマイズするべきです。これには、使用しているターミナルプログラムの設定を変更することになります。

一般的には、以下のような変更が考えられます。

- **カラーテーマの設定**：1つずつ試してみると何時間にもなりそうなカラーテーマが、オンライン上で利用可能になっています。

- **プロンプトの設定**：プロンプトは、シェルがコマンド入力を受け付ける状態にあるかどうかを示すものであり、あなたが表示させたいと思う（そして、表示させたいと思ってもみなかった）さまざまな情報を表示させることができます。個人的な好みを書いておくと、我々はカレントディレクトリーの短縮形や、バージョンコントロールのステータスとともに時間を表示するという簡潔なプロンプトを好んでいます。
- **エイリアスとシェル関数**：多用するコマンドに簡潔なエイリアスを設定すれば、ワークフローをシンプルにできます。あなたはおそらく定期的に自らが使用する Linux をアップデートしているかもしれませんが、アップデートした後でアップグレードするのか、アップグレードした後でアップデートするのか憶えていないかもしれません。そんな時にはエイリアスを作っておきましょう。

```
alias apt-up='sudo apt-get update && sudo apt-get upgrade'
```

  あなたもおそらく rm コマンドで間違ったファイルを消してしまったことが何度かあるはずです。こういった事態を防ぐには、常に確認を求めるオプションを指定したエイリアスを作っておきましょう。

```
alias rm ='rm -iv'
```

- **コマンドの補完**：ほとんどのシェルはコマンド名やファイル名の補完機能を有しています。コマンド名の冒頭数文字を入力した後、タブキーを押せば、マッチするコマンドが表示されます。しかし、これをさらに推し進めて、入力中のコマンドを認識し、コンテキストに応じた補完を行うよう、シェルを設定できます。場合によっては、カレントディレクトリーに応じた補完も可能になります。

シェルは長い間使うものになります。ヤドカリの気持ちになって、自らの住みかを作り上げてください。

関連セクション

- 13 プロトタイプとポストイット（72 ページ）
- 16 プレインテキストの威力（95 ページ）
- 21 テキスト操作言語（124 ページ）
- 30 変換のプログラミング（186 ページ）
- 51 達人のスターターキット（351 ページ）

チャレンジ

- GUI 環境を使いながら、手作業でルーチンワークを行っていないでしょうか？ 同僚に「このボタンをクリックする」「この項目を選択する」といった操作を書き並べた手順書を手渡したことがあるでしょうか？ こういった操作は自動化できるのでしょうか？
- 新たな環境に移行した際、どういったシェルが利用可能かをまず確認するようにしてください。また、今使用しているシェルを持っていくことができるかも確認してください。
- 今使用しているシェルの代わりになるものを探してください。現在のシェルで解決できない問題に遭遇した場合、代替のシェルでうまく対処できるかどうかを確認するようにしてください。

18 パワーエディット

ここまでで、ツールはあなたの手の延長だという点を述べてきました。これは他のどのようなソフトウェアツールよりもエディターについて当てはまります。テキストはプログラミングにおける最も基本的な生素材ですから、できる限り簡単に操作できる必要があります。

本書の第 1 版では、コーディングやドキュメント作成、メモ、システム管理といったすべての作業で単一のエディターを使用することを推奨していました。しかし、我々はその主張を少しマイルドなものにしたいと思います。必要に応じて多くのエディターを使うことに問題はありません。ただ、それぞれに熟達してほしいのです。

Tip 27　エディターに熟達すること

エディターに熟達するというのはなぜ重要なのでしょうか？　それによってどれだけ作業時間を低減できるのでしょうか？　1 週間に 20 時間の編集作業をしている場合、その効率を 4 %向上すれば 1 年間で 1 週間以上の時間が手に入るのです。

しかし、それが本当のメリットではありません。真のメリットは、エディターに熟達することで、編集の方法について意識しなくても済むようになることです。頭の中で何かを考えることと、エディターのバッファー上に何かを表示させることには隔たりがあります。頭の中の思考を淀みなく流れるようにすれば、プログラミングにメリットがもたらされます（自動車の運転方法を誰かに教えた経験があれば、あらゆる運転操作を考えながらしなければならない人と、無意識のうちに車を運転する熟練者の違いを考えてみてください）。

「熟達」という言葉が持つ意味とは？

熟達するとはどういったことでしょうか？ 以下は、その目標です。

- テキストを編集する際、文字や単語、行、段落で移動や選択が行える。
- コードを編集する際、さまざまな構文単位（対応する区切り文字や、関数、モジュール）で移動ができる。
- 変更作業以降にコードのインデントを付け直せる。
- 単一コマンドで、コードブロックにコメントを付けたり外したりできる。
- 変更のアンドゥとリドゥができる。
- エディターのウィンドウを複数のパネルに分割し、それらの間で移動できる。
- 特定の行番号に移動する。
- 選択した範囲の行を並び替える。
- 文字列と正規表現の双方で検索し、以前の検索を繰り返す。
- 選択範囲やマッチしたパターンに基づいてカーソルを複数生成し、それぞれをまとめて編集する。
- 現在のプロジェクトで発生しているコンパイルエラーを表示させる。
- 現在のプロジェクトにおけるテストを実行する。

マウスやトラックパッドを使わずにこういったことすべてをできるでしょうか？

現在使用しているエディターではできないことがあるかもしれません。それはおそらく新たなエディターに乗り換える時がやって来たのです。

熟達に向けて進む

どのようなパワフルなエディターであっても「すべて」のコマンドを知り尽くしている人がたくさんいるとは思えません。我々は、あなたにそうなって欲しいとも考えていません。そうではなく、自らの日々の作業に役立つコマンドを学ぶという、より実践的なアプローチを示唆しているのです。

そのレシピは極めて単純です。

まず自らが編集している姿を観察してください。何らかの繰り返し作業を行っていると気付くたびに、「もっとよい方法があるはずだ」と考える癖を付けるのです。そして、それを見つけてください。

いったん新しく、便利そうな機能を見つけたのであれば、それを無意識に使えるよう、マッスルメモリーに叩き込む必要があります。そのためには繰り返し実行あるのみです。新たな力を使用する機会を意識的に見つけ出し、1日に何度も使ってみるのがよいでしょう。1週間もすれば、無意識に使えるようになっているはずです。

エディターを強化する

パワフルなコードエディターのほとんどは、基本的な機能を中核とし、拡張機能を追加するかたちで、さまざまな機能を実現しています。それら追加機能の多くはエディターとともに提供されており、それ以外の機能も後から追加できるようになっています。

エディターを使用していて何らかの制約に遭遇した際、やりたいことを実現する拡張機能を探してみてください。同じ機能をほしいと思った誰かがいて、その解決策を拡張機能として公開してくれているかもしれません。

さらにもう1歩踏み込んで、使っているエディターの拡張言語を調べてみましょう。やらせたい繰り返し作業を自動化するための利用法を見つけ出してください。たいていの場合、1〜2行のコードを記述すれば済むはずです。

場合によっては、さらにもう1歩踏み込み、完全な拡張機能を実装するということも考えられます。そこまで到達したのであれば、公開してください。あなたが必要とした機能はきっと、他の人も必要とするはずですから。

関連セクション

- 7 伝達しよう！（26 ページ）

チャレンジ

- オートリピートを使わない。

  入力した最後の単語を消したいと思った時、［backspace］キーを押し下げ、オートリピート機能が開始されるまで、ぼーっと待つという人は多いはずです。その場合、いつキーを離すかということに心がとらわれているのです。

  そんなことがないように、オートリピート機能を抑止し、文字や単語、行、ブロック単位での移動と選択、削除を実行するキーシーケンスを身に付けてください。

- これは痛みを伴うチャレンジです。

  マウス／トラックパッドを使わないようにしましょう。1 週間丸ごと、キーボードのみを使って編集するように心がけるのです。マウスでのポイントやクリックができないと実行不可能な作業が見えてくるはずです。そこが学びのポイントです。調べたキーシーケンスをメモに残していくのです（昔を思い出しながら、紙と鉛筆を使うことをお勧めします）。

  最初の数日は生産性が低下するでしょう。しかし、手をホームポジションから動かさずに操作する方法を学ぶにつれ、編集作業が今までよりも迅速かつ熟達したものになっていくはずです。

- 統合できるところを見つけ出す。この章を執筆している際、Dave は最終的なレイアウト（PDF ファイル）をエディターのバッファー上で確認できないのかと考えました。そして拡張機能を 1 つダウンロードするだけで、元のテキストの横にレイアウトが表示できるようになりました。エディターに実行させたい機能のリストを作成し、それを探すようにしてください。

- さらなる野望として、望みのプラグインや拡張機能を見つけられなかった場合、自らで開発してください。Andy は、お気に入りのエディター向けのカスタマイズしたローカルファイルベースのWikiプラグインを作成することを趣味にしています。見つからなければ、作ればよいだけなのです！

19 バージョン管理

変更を積み重ねて進歩するには、記憶力が不可欠である。過去を記憶できないものは同じ過ちを繰り返すのである。

▶ジョージ・サンタヤーナ、『良識ある人生』（1905–06年）

最も大事なユーザーインターフェースの1つに、ボタン1つで操作ミスを帳消しにしてくれるボタン［undo］キーがあります。複数回のアンドゥやリドゥがサポートされていれば、なおさら素晴らしいことであり、数分前にやらかしてしまった過ちまで遡って元に戻せるようになります。

しかし先週の過ちで、その後コンピュータを10回以上オン／オフしていた場合はどうでしょうか？ そうです、これがバージョン管理システム（VCS）を使うメリットの1つなのです。ソースコードのバージョン管理システムは、ソースコードが実際にコンパイルでき、実行することもできていた先週の平穏な時に戻ることができる、プロジェクトレベルのタイムマシンとでもいうべきもの――つまり巨大な［undo］キーなのです。

多くの人々は、VCSのこういった機能しか活用していません。これらの人々は、コラボレーションやデプロイパイプライン、イシューの追跡、一般的なチームのやり取りといったより大きな世界を見過ごしているのです。

そのためここで、VCSに目を向けてみることにしましょう。最初は変更のリポジトリー、そしてチームとコードが一堂に会する場所という観点で見てみます。

共有ディレクトリーはバージョン管理ではない

プロジェクトのソースコードファイルをある種のプライベート／パブリッククラウド上に配置し、ネットワーク経由で共有しているチームをいまだに見かけます。

これはお勧めできません。

こういった手法を採用しているチームは、チームメンバーそれぞれの作業によって常に混乱が引き起こされ、変更した内容が消えたり、ビルドできなくなったり、駐車場での殴り合いの喧嘩が起こります。これは共通のデータ領域を用いているにもかかわらず、同期メカニズムを使用せずに並行処理のプログラミングを行うようなものです。バージョン管理を使ってください。

しかし、まだ他にもあります。一部の人たちはバージョン管理を使ってはいるものの、自らのメインリポジトリーをネットワークドライブやクラウド上に配置しています。その論拠は、2 つの手法のよいところを享受できるというものです。つまり、ファイルはどこからでもアクセスでき、（クラウドストレージの場合）オフサイトでバックアップもされるというものです。

しかし、これはたちの悪い問題を引き起こし、すべてのものを失う可能性があります。バージョン管理ソフトウェアは、相互に作用し合う一連のファイルとディレクトリーを使用しています。このため 2 つのインスタンス上で同時に変更が発生した場合、全体的な整合性が破壊され、どれだけの影響が及ぶのかは誰にも分かりません。開発者が悲嘆に暮れるのを望む人などいないはずです。

それはソースコードから始まった

バージョン管理システムは、あなたの記述したソースコードとドキュメントに対するすべての変更を捕捉します。正しく設定されたバージョン管理システムを用いれば、常に過去のソースコードを復元できるのです。

そしてバージョン管理システムは、間違いを元に戻す以上のことができるのです。優れた VCS は変更の追跡や、「誰がこの行を修正したんだ？」とか「現在のバージョンと先週のバージョンはどこが違うんだ？」「今回のリリースでどれだけのコードに変更を加えたのか？」「どのファイルがよく変更されているか？」といった疑問にも答えてくれます。この種の情報はバグ追跡や監査、パフォーマンス、品質管理といった目的で貴重なものとなります。

また VCS によって、開発したソフトウェアのリリースに識別を付加できるようになります。いったん識別を付加しておけば、いつでもそれ以降に適用した変更を除外し、当該リリースを再生成できるようになるのです。

バージョン管理システムは、セントラルリポジトリー内に管理対象ファイルを保存することになるため、アーカイブに打ってつけのものとなります。

最後にバージョン管理システムを使えば、2人以上のユーザーが同じファイル群を並行して編集できる上、同一ファイルに同時に編集できるようになります。こういった変更がリポジトリーに戻される際に、システムによって変更のマージが行われるのです。一見するとリスクが高そうですが、あらゆる規模のプロジェクトで実際に問題なく活用されています。

Tip 28 常にバージョン管理システムを使用すること

そうです、常にです。プロジェクトメンバーがあなた1人しかおらず、それが1週間で終わる場合でもです。それが「使い捨て」のプロトタイプであってもです。作業しているものがソースコードでなくてもです。ドキュメントや電話番号一覧、顧客へのメモ、Makefile、ビルド手順やリリース手順、ログファイルを整形する小さなシェルスクリプトなど「すべてのもの」がバージョン管理されているようにしてください。我々も日常業務で入力したすべてのもの（本書の原稿を含めて）をバージョン管理の対象にしています。日々の作業は、それがプロジェクトに関係ないものであったとしても、リポジトリ内に厳重に保管するのです。

ブランチアウト

バージョン管理システムは、プロジェクトの連綿と連なる1本の歴史を追いかけるだけではありません。最もパワフルな機能の1つに、開発を「ブランチ」という隔離した環境で進行させるというものがあります。ブランチはプロジェクト履歴のどのタイミングでも作成でき、そのブランチ内での作業は他のブランチに一切影響を与えません。そしてどこかのタイミングで、今作業していたブランチを別のブランチに「マージ」すれば、その別のブランチ（ターゲットブランチ）は、あなたのブランチで実施した変更を取り込むことができます。また、複数の人々が単一のブランチをあたかも小規模なプロジェクトのクローンのように扱い、その中で作業を進めることもできます。

ブランチがもたらすメリットの1つに、隔離環境が与えられるというものがあります。あるブランチでAという機能を開発し、同僚がBという機能を開発している場合でも、お互いが影響を与えあうことはありません。

驚かれるかもしれませんが、バージョン管理の 2 つ目のメリットとして、プロジェクト作業におけるワークフローの中核にブランチが据えられる場合もしばしばある点を挙げることができます。

ここが少しややこしいところです。バージョン管理されたブランチとテスト組織には共通点があります。その共通点とは、どちらにもこうやって運用すべきだと言ってくる人がいるというものです。そのようなアドバイスのほとんどは、「私の場合には、これでうまくいった」という意味しか持っていないためです。

何はともあれ、あなたのプロジェクトでバージョン管理を使ってください。そして、ワークフローの問題に直面した場合、実現可能なソリューションを見つけ出してください。経験を積むなかで、自らが行っていることをレビューし、微調整するのを忘れないように。

思考実験（実際にやると大変ですからやらないように）

ティーカップ 1 杯のお茶（イングリッシュブレックファーストにミルクを少々）をノート PC のキーボード上にぶちまけてください。その PC を修理センターに持っていき、担当者の舌打ちとしかめっ面を確認します。その後、新たなノート PC を購入し、家に戻ってきてください。

その新しいノート PC を、あの忌々しいティーカップを手に取った時に使っていたノート PC と同じ状態にまで復元するにはどれだけの時間が必要でしょうか？ これが最近、著者の身に降りかかった事件です。

使っていたノート PC の設定と、利用履歴として以下のような情報がバージョン管理システム上に保存されていました。

- ユーザープレファレンス、およびドット（.）ファイル群
- エディターの設定
- Homebrew を使用してインストールしていたソフトウェアの一覧
- アプリ設定用の Ansible スクリプト
- 開発中のすべてのプロジェクト

ちなみに筆者の場合、このマシンはその日のうちに復旧できました。

プロジェクトのハブとしてのバージョン管理

バージョン管理は個人的なプロジェクトでもものすごく有用ですが、チームで作業をする際に本領を発揮します。そして、その価値のほとんどはリポジトリーをどのようにホストするのかによって決まってきます。

現在の多くのバージョン管理システムはホスティングの必要が廃されています。これらは完全に分散化されており、開発者はピアツーピアで連携できるようになっているのです。しかし、こういったシステムを用いている場合であっても、セントラルリポジトリーを持つことを検討する意義はあります。というのも、セントラルリポジトリーによってプロジェクトの運用を容易にするさまざまな統合が可能になるのです。

リポジトリーシステムの多くはオープンソースとなっているため、自社内にインストールし、実行することが可能です。しかし、リポジトリー自体の管理は本業ではないでしょうから、たいていの場合にはサードパーティーにホストしてもらうことをお勧めします。こういったシステムは次のような機能を提供しています。

- 優れたセキュリティとアクセス制御
- 直感的なユーザーインターフェース
- コマンドラインからすべての機能に対するアクセス能力（自動化する上で必要となります）
- ビルドとテストの自動化能力
- ブランチのマージまわりの優れたサポート（プルリクエストなどを含む）
- イシューの管理（メトリクスを取得するという点からコミットやマージに統合されていることが望ましいのです）
- 優れたレポーティング能力（カンバンボードのようなペンディング中のイシューやタスクを表示する機能は特に有用となります）
- 優れたチームのコミュニケーション（電子メールや、その他の変更通知、Wiki など）

多くのチームは、特定ブランチにファイルがプッシュされた場合、自動的にシステムをビルドし、テストを実行した上で、問題なければその新たなコードを本番環境にデプロイするように VCS を設定しています。

一見すると恐ろしいですが、バージョン管理を使用していれば恐ろしく感じないはずです。常に元の状態に戻せるのですから。

関連セクション

- 11 可逆性 (60 ページ)
- 49 達人のチーム (338 ページ)
- 51 達人のスターターキット (351 ページ)

チャレンジ

- VCS を使うことでいつの時点にでもロールバックできるという事実を知っておくのは重要ですが、実際に使うことはできるでしょうか？ それを正しく実行できるコマンドを知っているでしょうか？ 問題が発生した時にプレッシャーを受けながら調べるのではなく、その方法を今すぐ学習しておいてください。
- 問題が発生した時に備えて、あなたが使用しているノート PC 環境の復旧方法を考えておいてください。何を復旧する必要があるのでしょうか？ あなたが必要としているものの多くはテキストファイルです。もしもそれらが VCS に保管されていない（ノート PC 以外の環境に存在していない）のであれば、そういったものを用意する方法を考えてください。その後、他のもの（インストールされているアプリケーションやシステム設定など）についても考慮してください。それらはどのようにすればテキストファイルの形式で表現でき、保管できるようになるでしょうか？

  ここまでのことをしたのであれば、興味深い実験です。今はもう使っていないコンピューターを見つけ出し、新しいシステムを設定できるかどうか試してみてください。
- 現在使用している VCS や、使用していないプロバイダーの機能を色々と調べてください。あなたのチームがフィーチャーブランチを活用していないのであれば、紹介してあげてください。プルリクエストやマージリクエストも同様です。継続的インテグレーション（CI）やビルドパイプライン、さらには継続的デプロイ（CD）も同様です。Wiki やカンバンボードといったチームのコミュニケーションツールも忘れてはなりません。

  それらを無理に使う必要はありません。しかし、それがどういうものであるかを知っておかないと、使うかどうかを決定することもできないのです。

- プロジェクトに関係ないものにもバージョン管理を使用してください。

20 デバッグ

悩んでいる君、そしてその悩みの原因は他の誰でもない、君自身によるものだということを知るのはつらいものだ。

▶ソフォクレス、『アイアス』（紀元前 440 年頃）

バグという言葉は 14 世紀の昔から「恐ろしいもの」を表すために用いられていました。そして、歴史上初めてコンピューターのバグを記録した人物は、COBOL の開発者でもあるグレース・ホッパー准将だとされています。といってもこの時のバグは、初期のコンピューターシステムのリレーに飛び込んだ蛾という文字どおりのバグ（虫）だったのです。ホッパー准将が書き込んだ当時のログブックによると、機械が期待通り動作しない理由を技術者に尋ねた際、「システムにバグがいた」という報告を受けたことが、羽と手足のついた状態で粘着テープ止めされた証拠品とともに記録されています。

残念ながらシステムには飛び回る類のものではないものの、どうしても「バグ」が残ってしまいます。しかも、当時よりも現在のほうが 14 世紀の意味合い――伝説上の怪物、ブギーマン――に近くなっていると言えます。ソフトウェアの欠陥は、要求の誤解からコーディングの誤りまで、さまざまな理由で発生します。残念なことに、最新のコンピューターシステムでも「指示された通りのこと」しか実行できないという制限があり、「本当に実行してほしいこと」を行ってくれない場合が多々あるのです。

完全なソフトウェアなど誰にも作ることはできないため、結果的にあなたの一日の大半はデバッグに明け暮れることになります。それでは、デバッグに関する問題と、分かりにくいバグを見つけるための一般的な戦略を見ていくことにしましょう。

デバッグの心理学

多くの開発者にとって、デバッグという作業はそれ自体がデリケートかつ感情に支配されやすいものと言えます。解決すべきパズルに挑んでも、否定、後ろ指、下手な言い訳、無表情な冷淡が待ち受けているかもしれません。

しかし、デバッグとは単なる問題解決であり、挑む相手は問題そのものなのです。

誰かのバグを発見し、それを作り込んだ憎たらしい容疑者への非難に時間とエネルギーをつぎ込むこともできるかもしれません。職場によってはそれが文化の一部となっているかもしれませんし、カタルシスとして機能する場合もあるかもしれません。しかし技術の世界においては、問題の修復が目的であり、誰かを非難するのが目的ではないはずです。

Tip 29 非難するのではなく、問題を修復すること

バグの原因があなたのミスにあるのか、他人のミスにあるのかは関係ありません。これはいずれにしても「あなた」の問題なのです。

デバッグの心構え

最もだましやすいのは自分自身である。

▶エドワード・リットン、『責任転嫁』

デバッグを始める前に、正しい心構えが必要となります。まずあなたのエゴを守るために日々行っている自己弁護をやめ、プロジェクトのプレッシャーを断ち切り、気持ちを切り替える必要があります。何よりもまず、デバッグの最初のルールを憶えてください。

Tip 30 パニクるな

人は納期が目前に控えている時や、バグの原因を見つけようとやっきになっている時に、上司や顧客に背後に立たれると簡単にパニックに陥ります。しかし本来のペースを取り戻すためには、何がバグだと認識できる症状を引き起こしたのか、という真の原因を「考える」ことが重要なのです。

バグやバグレポートを最初に目にした時の反応が「そんなことはあり得な

い！」というものであれば、明らかにあなたが間違っています。起こり得ることしか実際に起こらないのですから、一刻も早く「実際に起こったのだ」という一連の考えにたどりつき、脳細胞の無駄使いをやめるようにしてください。

デバッグ中は、近視眼的な物の見方にならないよう注意してください。ただ単純にその症状を修復したくなる欲望に負けてはいけません。ひょっとしたら真の原因はあなたが目にしているものとは別のレベルで、そしてその他の事項とも関連しているかもしれないのです。問題の外見のみに目を向けるのではなく、常に問題の原因の根を見つけるように努力してください。

どこから手をつけるか

まずバグを追いかけ始める前に、それがちゃんとコンパイルされた——警告のない——コードであるかどうかを確認してください。コンパイラーの警告レベルはできる限り最大にしておくことをお勧めします。コンパイラーが発見できるレベルの問題をあなた自身が骨を折って探すのは、単なる時間の無駄でしかありません。我々は、眼前に立ちはだかっているもっと難しい問題に集中しなければならないのです。

問題解決を行うには、適切なデータをすべて集める必要があります。残念ながらバグの報告はいつも正確なものではありません。偶然のいたずらによって、簡単に誤った方向に導かれる場合もあります。しかし、あなたには偶然をデバッグするような時間の無駄は許されていないのです。まずは緻密な観察を心がけましょう。

サードパーティーを経由してくるバグ報告は正確性が損なわれている場合もあるため、十分詳しい水準の情報を得るには、バグを報告してきた相手にも注意を払う必要があります。

Andy は過去に大規模なグラフィックスアプリケーションの開発に携わったことがあります。リリース間近になってテスト担当者が、「特定のブラシを使って線を描こうとすると毎回アプリケーションがクラッシュする」と報告してきました。プログラム担当者は、「悪いところはないし、自分がテストしてみたがうまく動いている」と自信を持って言い張ります。こういったやり取りが何日か続くうちに職場の緊張感がどんどんと高まっていきました。

最終的に両者を同じ部屋に呼ぶことにしました。テスト担当者は、あるブラシを選択して右上隅から左下隅に向かって線を描きました。するとアプリケーションはクラッシュしたのです。「ありゃ……」とプログラマーは小さな声で言い、彼はテストでは左下隅から右上隅に描画するテストだけで動作を確認していたということを告白したのです。

この話のポイントは以下の通りです。

- 最初に報告されてきた情報よりも多くの情報を集めるには、バグを報告してきたユーザーにインタビューするのが手っ取り早いこともあります。
- うわべだけのテスト（例えば上述のプログラマーが実施した、ブラシを下から上に描画するテストなど）は、アプリケーションにとって十分なものではありません。境界条件やエンドユーザーが使用する現実的なパターンを使った厳格なテストが必要となるのです。さらに、そういったテストは体系的に行う必要があります（「**容赦ない継続的テスト**（352 ページ）」を参照）。

デバッグ時の戦略

いったん何が起こっているのかを理解できれば、その次はなぜプログラムがそのように動作したのかを考える時です。

バグの再現

我々の扱うバグは、生物のように勝手に増殖していくわけではありません（とは言うものの、バグによっては増殖してそうなくらい古いのもありますが）。

バグの修正を始めるにあたって最初にやるべき作業は、そのバグを再現することです。再現できない限り、本当に修正できたかどうか確認する術はありません。

このため、長ったらしい手順に従わなければ再現できないバグではなく、単純な操作 1 つで再現できる明確なバグ再現手段が必要になるのです。バグが顔を出すまで 15 くらいの操作が必要となる場合、修正は随分難しくなります。

つまり、デバッグで最も重要な規則は次のようなものになります。

Tip 31　コード修正の前にテストを失敗させること

あなた自身がバグを表示させる状況を隔離、浮き彫りにしようとすることで、修正方法に関する洞察が得られる場合もあります。テストを作り出そうとする行為によってソリューションが見えてくるわけです。

異国の地に放り込まれたプログラマー

バグを隔離するという話自体は問題ないでしょうが、5万行のコードを前にして、問題を今すぐ解決しろと言われた場合、駆け出しのプログラマーはどうするでしょうか？

まず問題に目をやります。クラッシュしたのでしょうか？ 我々が開催するプログラミング関連の講義でもよく見かけるのですが、例外的事象が発生すると、すぐにコードを読み始める開発者がたくさんいます。

Tip 32 エラーメッセージをちゃんと読む

これについての説明は不要でしょう。

おかしな結果

クラッシュしなかった場合はどうでしょうか？ 単におかしな結果が返ってきた場合です。

デバッガーを用いて該当箇所まで処理を進め、問題を引き起こすためのテストを実施します。

何よりもまず、デバッガー上で誤った値が実際に発生していることを確認してください。バグを見つけ出そうとしているにもかかわらず、コードが想定通り実行され、結果的に何時間も無駄にするというケースをよく見かけます。

問題が明らかな場合もあります。例えば、利率が「0.045」であるべきなのに「4.5」となっている場合などです。こういった場合、なぜその値が間違っていたのかを調べ上げる必要があることも多いでしょう。このためコールスタックを行き来して、スタックフレーム上のローカル変数を調べる方法を知っておかなければなりません。

思いついた時に記録を取れるよう、紙と鉛筆を用意しておくのもよい考えです。特に我々は、ちょっとした手がかりを思いつき、それを追いかけてみるものの、報われない結果に終わることがしばしばあります。思いついた時点で何をしていたのか、そして追いかけ始めた時を記録しておかないと、どこまで作業を遡ればよいか分からなくなる時もあるのです。

無限に続くとも思えるスタックトレースと格闘する場合もあります。こういったケースではスタックフレームを順にすべて検査していくよりも、手っ取り早く問題を見つけられる方法がある場合もしばしばあります。ただ、そういった方法を検討する前に、一般的なバグのシナリオを 2 つ見てみることにしましょう。

入力値から探る

あなたにも経験があるはずです。用意してあったすべてのテストデータをクリアし、本番運用に回されたプログラムが 1 週間後に特定のデータを入力した途端にクラッシュするという問題です。

クラッシュした場所から遡っていくのもひとつの手です。しかし、データから手をつけるほうが簡単な場合もあります。データセットのコピーを入手し、ローカル環境上で稼働しているアプリに入力し、クラッシュするかどうかを確認するのです。二分探索法を使う、すなわちデータセットを半分ずつ分割していけば、問題のあるデータはすぐに特定できるはずです。

リリース間での回帰テスト

優れたチームに所属し、無事にソフトウェアを本番環境にリリースしました。しかしある時、1 週間前にはちゃんと動作していたコードでバグが発生するようになりました。こういった場合、この 1 週間の作業を洗い出せればよいのではないでしょうか？　そこで二分探索法の出番がやってきます。

二分探索法

コンピューター科学を学んだ人であれば、二分探索法（バイナリーサーチとも呼ばれています）を実行するプログラムを作成したことがあるはずです。考え方はシンプルです。ソートされた配列中から特定の値のデータを探す場合、順番に読み込んでいくこともできます。しかし、この手法では該当の値に遭遇するか、配列中に適切な値が存在しないか判断するまでに、平均すると半数のデータを読み込む必要があます。

しかし、「分割統治法」というアプローチを使えば、ずっと高速に処理できるようになります。まず配列の中央の値を選択します。その値が、探している値であれば終了です。さもなければ、配列は2つに分割できることになります。中央の値が探している値よりも大きいのであれば、目指す値は配列の前半にあり、そうでない場合は配列の後半にあるはずです。この手続きを繰り返しながら、探索範囲を狭めていけば、すぐに結果が得られるはずです（「O記法 (261ページ)」で解説しているように、線形検索のコストは $O(n)$、二分探索法のコストは $O(\log n)$ となります）。

このため二分探索法は、そこそこ大きな配列を探索する際にずっと高速になります。では、この考え方をデバッグに適用してみましょう。

長大なスタックトレースを前にして、どの関数のエラーで値がズタズタになっているのかを見つけ出そうとしている時、スタックフレームの真ん中あたりを見て、エラーが存在しているのかを調べるのです。存在しているのであれば、そのフレームが生成されるよりも前にエラーが発生しており、存在していないのであれば、そのフレームの生成以降にエラーが発生しているはずです。そこで、新たな範囲の真ん中あたりを見て、同じことを繰り返していくのです。スタックトレース上に64のフレームが存在していたとしても、このアプローチを使えばせいぜい6回の試みで答えが得られるはずです。

特定のデータセットを使った際に発生するバグを特定したい場合にも同じ手法を使うことができます。データセットを2つに分割し、どちらのデータをアプリに入力した時に問題が発生するのかを調べます。そしてデータセットをどんどん2つに分割していけば、どのデータが問題を引き起こしたのかが分かるわけです。

一連のリリースのどこかでバグを作り込んでしまった場合でも、同種のテクニックが利用可能です。まず、現時点のリリースで問題を引き起こすテストを用意します。次に、現バージョンと、最後にうまく動作していたバージョンの間のリリースを選びます。そしてテストを実行し、探索範囲を狭めていくのです。こういった手法を可能にする上で、優れたバージョン管理システムをプロジェクトで採用しておくべきでしょう。実際のところ、多くのバージョン管理システムはさらに1歩進め、こういったプロセスを自動化し、テストの結果に基づいてリリースの抽出を行えるようになっています。

ログ、そして／あるいはトレース

デバッガーは通常の場合、プログラムの「現在の状態」に着目します。しかし、それ以上の情報が必要となる場合もあるはずです。つまり、プログラムやデータ構造の状態を時間的な推移とともに確認したいという場合です。スタックトレースを見ても、その地点までどのように到達したのかが分かるだけであり、その呼び出しチェーンに至るまでに何をしていたのかは分からないのです。これはイベント駆動型のシステムに特に当てはまる話でしょう*2。

「トレース文」は、「ここまで来た」とか「x の値は 2」といった、ちょっとした診断メッセージを画面やファイルに出力するものです。これは IDE 形式のデバッガーに比べると原始的ですが、デバッガーでは見つけ出せない類のエラーをあぶり出す上でなかなか効果的なテクニックです。トレースはタイミング自体が重要な要素となる、並行プロセスやリアルタイムシステム、イベント駆動型アプリケーションの場合に欠かせないものとなります。

トレース文をコールツリーを下るたびに追加しておけば、コードをドリルダウンすることができます。

なお、トレースメッセージは自動的に解析できるような定型フォーマットにしておくべきです。例えば、リソースのリーク（ファイルのオープンとクローズが対応していないなど）を追跡する必要があるのであれば、「オープン」と「クローズ」をそれぞれログファイルに書き込むことになります。その後、テキスト処理ツールやシェルコマンドを使用してログファイルを読み込めば、どこで問題のある「オープン」が発生しているのかが簡単に分かるはずです。

ゴムのアヒルちゃん

問題の原因を探し出すための非常に簡単で効果的なテクニックとして、「誰かに説明する」という手法があります。この場合の誰かは、あなたの肩越しにスクリーンを見ながら、（バスタブに浮いたゴムのアヒルちゃんのように）定期的にうなずくだけでよいのです。何も言う必要はありません。順を追って説明する、という単純な行為だけで、問題の原因は自ずと画面を飛び出して姿を

*2　とは言うものの、Elm という言語にはタイムトラベルを可能にするデバッガーが用意されています。

現してくるのです*3。

これは単純な話のように聞こえます。しかし他人に問題を説明するには、まずコードを精読し、その中に存在する暗黙の仮定を明確にしていかなければなりません。こういったいくつかの仮定を言葉で表すことで、問題に対する新たな見識が突如としてひらめくわけです。

除去プロセス

多くのプロジェクトでは、デバッグ対象のコードというものは、あなたが記述したコードや、プロジェクトチーム内の他のメンバーが作ったコード、サードパーティ製品（データベースやネットワーク接続ソフト、ウェブフレームワーク、特殊な通信ソフトやアルゴリズムなど）のほか、プラットフォーム環境（オペレーティングシステムやシステムライブラリ、コンパイラ）などが渾然一体となったアプリケーションとなる可能性があります。

バグが、OS やコンパイラ、サードパーティー製品内に存在する可能性も否定できません――しかしそういった考えを最初に持つべきではありません。ほとんどの場合、バグは開発中のアプリケーションに存在しているのです。また、ライブラリ自身に問題があると疑うよりも、アプリケーション側のコードがライブラリを正しく呼び出していないと考えたほうが一般的に正しいと言えます。問題が実際にサードバーティ製品内にある場合であっても、バグ報告を提出する前にあなたのコードに問題があるという可能性を消し込まないといけないのです。

我々がかつて、仕事をしていたプロジェクトの話です。そのプロジェクトのシニアエンジニアが、ある問題に遭遇し、使用していた UNIX システムの `select` システムコールにバグがあると思い込んでしまったことがありました。そのシニアエンジニアには、どのような説得や論理も通用しませんでした（他のネットワークアプリケーションはすべて問題なく動いていると言っても耳を貸そうとしなかったのです）。彼は何週間もかけて回避策を試みたものの、どうしたことか問題は解決できませんでした。結局、彼は腰を落ち着けて

---

*3　なぜ「ゴムのアヒルちゃん」ですかって？ Dave はロンドンのインペリアルカレッジ在学中に、彼が知っている最も優れた開発者の一人である Greg Pugh という研究助手とともに多くの仕事を手がけていました。Greg は何カ月もの間、コーディングのお供として小さな黄色いゴムのアヒルを持ち歩いていたのです。Dave がそれは何かと聞くまでは……。

select のマニュアルを読むことになりました。すると、ものの数分もしないうちに問題の原因が分かり、解決できたのです。その後我々は、誰かがシステムに問題があると言い出した時に、問題はおそらく我々の側にあるということをやんわりと諌めるために「select が壊れている」という表現を使うようになったのです。

Tip 33　"select" は壊れていない

もしも蹄の跡を見つけたら馬のものであると考えてください――シマウマのものではありません。OS はたいていの場合おかしくないのです。そして select もおそらくちゃんと動作しています。

もし「1 箇所だけ修正」してシステムがおかしくなってしまったのであれば、何をどうこじつけようと直接あるいは間接的にその修正に問題があるのです。時折、OS やコンパイラー、データベース、その他サードパーティーのソフトウェアのバージョンアップによって以前正しく動作していたコードが動かなくなるような、あなたでは管理しようのない部分で問題が発生するかもしれません。新たなバグが生み出されるかもしれません。また、過去に採用していた回避策が、該当バグの修正によって問題を引き起こす可能性もあります。さらに API が変更されたり、機能が変更されたりもします。早い話が、これは新しいゲームの始まりなのです。このため、新たな条件でシステムを再テストすることになります。ですからアップグレードを考える際にはスケジュールをよく考え、場合によっては次のリリース以降にすることも考えなければなりません。

驚きの要素

信じられないバグに遭遇した時（「そんなバカな！」と小声でつぶやいているかもしれませんが、聞こえなかったことにしましょう）には、あなたの頭の中にある真実を再評価しなければなりません。ある割引き計算アルゴリズムがあったと考えてください。あなたはそれが完全なものであり、バグの原因とはなりそうにないと信じているかもしれません。でも、すべての境界条件をテストしたのでしょうか？　他の何年も使っているコードでも同じです。未だにバグが残っているなんてあり得ない——本当にそうでしょうか？

もちろんバグは存在し得ます。何かがおかしくなった時にあなたが感じる驚きの量は、実行しているコードに対するあなたの信頼と信念の量に比例しています。失敗に「驚いた」時に、あなたの仮定のいくつかが誤っていたという点に気付くべき理由がここにあります。単に「信じている」というだけの理由で、バグを含んでいるルーチンやコードを見逃してしまうことがないようにしてください。証明するのです。ちゃんとしたコンテキストのなかで、ちゃんとしたデータを用いて、ちゃんとした境界条件で証明するのです。

Tip 34　仮定を置かずに、証明すること

驚くようなバグに遭遇したら、それをただ修正するだけではなく、なぜこういったミスが初期の段階で発覚しなかったのかという理由も考える必要があります。ユニットテストやその他のテスト方法を修正すれば発見できるようになるのかについても、よく考えてください。

また問題が、誤ったデータに端を発し、いくつかの呼び出し過程を経た後で発現したものである場合、途中のパラメーターチェックを強化することで、早い段階での問題検出を実施するべきかも検証してください（早期クラッシュと表明に関する考察、「トラッシュ（メチャクチャ）にするのではなく、クラッシュ（停止）させる（144ページ）」と「25 表明を用いたプログラミング（145ページ）」も参照してください）。

今対処しているバグによって影響を受けそうなコードが、他の部分にないでしょうか？　今がそれを発見し、修正するよい機会です。何かが起こったということは、また起こるかどうかを知る絶好の機会であるということを肝に銘じてください。

バグの修正に時間がかかるようであれば、なぜ時間がかかるのかを自問してください。将来、こういったバグが発生した場合、簡単に修正できるような手を打っておくことはできないでしょうか？　例えば、より効果的にテストを進めるためのフックやログファイルアナライザを作っておくことなどができるはずです。

最後に、バグが誰かの誤った仮定に起因するものであった場合、その問題を

チーム全体で議論してください。誰かが誤解したということは他の人も誤解する可能性があるということなのです。

こういったことをすべて行っておけば、次回には驚かなくて済むようになるはずです。

デバッグ時のチェックリスト

- 報告を受けた問題は、元となるバグの直接的な結果でしょうか、それとも単なる症状なのでしょうか？
- そのバグは本当に使用しているフレームワークに存在しているのでしょうか？ それとも OS に存在しているのでしょうか？ それともあなたのコードに潜んでいるのでしょうか？
- この問題を同僚に説明するとしたら、どのように説明すればよいでしょうか？
- 疑わしいコードがユニットテストをパスしていたのであれば、テストは十分だったのでしょうか？ 「この」データを使ってユニットテストを実行していたなら、どうなっていたのでしょうか？
- このバグを発生させた条件が、システム内のどこか他の部分に残っていないでしょうか？ 他のバグがどこかに眠っており、目覚めの時を待っていないでしょうか？

関連セクション

- 24 死んだプログラムは嘘をつかない (142 ページ)

チャレンジ

- デバッグすること自体がチャレンジです。

21 テキスト操作言語

木工職人が木を加工するのと同じように、達人プログラマーはテキストを操作します。ここまでのセクションで、シェルやエディター、デバッガーといった具体的なツールをいくつか考察してきました。これらは 1 つあるいは 2 つの仕事をうまく行うために特化した道具という点で、木工職人のノミやノコギリ、カンナとよく似ています。しかし、基本的なツールではそのまま扱えないような加工が必要となる場合がしばしばあります。ここが汎用テキスト操作ツールの出番なのです。

プログラミングにおけるテキスト操作言語は、木工におけるルーター[*4]のようなものです。ルーターは騒々しく、周囲を散らかす力任せな道具です。そして使い方を誤ると、あっという間に素材を台無しにしてしまいます。このため、道具箱には不必要だと断言する人もいます。しかしちゃんとした人が使えば、ルーターもテキスト操作言語も信じられないくらいパワフルで多才な機能を発揮するのです。これを使えば一瞬にして素材のかたちを整え、継ぎ手を作ったり、彫刻を刻めるようになるのです。正しく使えばこういったツールは驚くほど手際よく巧妙な成果物を生み出せます。しかし、マスターするのにはそれなりの時間がかかるのです。

世の中にはたくさんの優れたテキスト操作言語が存在しています。UNIX 系の OS を使う開発者（macOS ユーザーも含みます）は、awk や sed を使ってコマンドシェルの能力を強化する手法を多用します。より構造的なツールを好む人は Python や Ruby を好むかもしれません。

こういった言語はものごとを可能にする重要な技術と言えます。これらを使えば、ユーティリティーや思いついたアイデアのプロトタイプを即席で作り上げられるようになるのです。従来型の言語を使った場合、このような作業は5〜10 倍の時間がかかります。そして、実験的なものを作り上げる際には、この時間差は決定的に重大なものとなります。突飛なアイデアを試してみるのに費やす時間は、5 時間よりも 30 分のほうがよいはずです。また、プロジェクトの重要な処理を自動化するために 1 日かけることは許されても、1 週間を費やすことは許されないでしょう。『*The Practice of Programming*』[KP99] という書籍で Kernighan と Pike は 5 つの異なった言語で同じプログラムを記述しています。そこでは Perl 版が最も短い記述となっています（17 行、C 言語では 150 行）。Perl を使えば、テキスト操作や、プログラムとの連携、ネットワーク経由での通信、Web ページの動的生成、任意精度の算術演算、そしてス

＊4　ここでいうルーターとは刃を高速に回転させて木を削る道具のことで、ネットワーク接続に使用する機器のことではありません。

ヌーピーの叫び声のようなプログラムを記述することができるのです。

Tip 35　テキスト操作言語を学ぶこと

テキスト操作言語の幅広い応用事例を見ていただくために、我々が本書の作成で開発した Ruby と Python のアプリケーションをサンプルとしていくつか紹介しましょう

書籍の作成

『達人プログラマー』のビルドシステムは Ruby で開発しました。著者や編集者、レイアウト担当者、サポート担当者は PDF と電子書籍のビルドを連携させるために Rake のタスクを使用しています。

コードの挿入と強調

本書に掲載するコードはすべて最初にテストすることが重要だと考えています。この書籍に収録したコードのほとんどはテスト済みです。ただ、DRY 原則（「9 DRY 原則 — 二重化の過ち (38 ページ)」を参照）に従うために、テスト済みプログラムから本書にコードをコピー&ペーストしたくはありませんでした。コピー&ペーストによりコードが二重化され、プログラムを修正した際に、対応する書籍中のサンプルコードの修正を忘れてしまうという問題の種をまくためです。その一方で、実際にコンパイルと実行を可能にするために、延々とフレームワークのコードをすべて引用するようなこともしたくありませんでした。このため、我々は Ruby に目を向けました。そして本書をフォーマットする際に、比較的シンプルなスクリプトを起動すると、ソースファイル中の特定セグメントの抽出とシンタックスの強調が実行され、我々の使用している組版言語へと変換されるようにしたのです。

ウェブサイトのアップデート

我々は書籍の一部、つまり目次を作成するスクリプトを開発し、ウェブページの書籍紹介ページにアップロードしています。また、書籍の一部セクションを抽出し、サンプルとしてアップロードするスクリプトも開発しました。

数式の挿入

LaTeX の数式表記を適切なテキストに変換する Python スクリプトがあります。

索引の作成

索引のほとんどは個別のドキュメントとして作成されています（つまり本文が変更された場合の対応が面倒になります）。我々は本文テキストにマークアップを追加し、Ruby のスクリプトで索引のエントリーを作成するようにしています。

この他にも細かい作業のために色々なスクリプトを作成しました。要するに本書のシリーズを作成する際には、さまざまなテキスト操作処理が活用されているのです。あなたも多くのデータ／情報をプレインテキストのかたちで保存し、これらの言語を使用して操作するようにすれば、さまざまなメリットを享受できるはずです。

関連セクション

- 16 プレインテキストの威力 (95 ページ)
- 17 貝殻（シェル）遊び (99 ページ)

演習問題

問題 11 YAML を設定言語として使っていたアプリケーションの書き直し作業が発生したと考えてください。社内の標準が JSON となったため、数多くある`.yaml`形式のファイルを`.json`形式に変換する必要があります。それでは、`.yaml`形式のファイルを等価な`.json`形式に変換するスクリプトを作成してください（これにより`database.yaml`を

`database.json` にして、その内容も適切な JSON 形式に変換するものとします）。

問題 12　あなたのチームは当初、変数は「キャメルケース」で表記するという規約を決めていましたが、今回「スネークケース」に変更することになりました。それでは、すべてのソースファイルを読み込み、キャメルケースの名前をレポートとしてまとめ上げるスクリプトを記述してください。

問題 13　上記の演習問題で作成したスクリプトに、複数のファイルに存在するキャメルケースの名前を自動的に変換する機能を追加してください。なお、何か問題が発生した時のために、元のファイルのバックアップを取得しておくことを忘れないようにしてください。

22 エンジニアリング日誌

Dave はかつて、小さなコンピューター製造会社で電子部品や機械部品のエンジニアらとともに働いていました。

エンジニアらの多くは常に、ノートと筆記用具を携行していました。そして、何らかの話をするたびに、彼らはノートを開いて何かを書き込んでいました。

ある日、Dave はそのことについて彼らに尋ねました。その結果、彼らはエンジニアリング日誌をつける習慣があるという説明をしてくれました。エンジニアリング日誌とは、作業内容や学んだこと、アイデアの概略、各種の計測器から読み取った内容など、基本的に仕事に関係のあるあらゆることを記録する日誌です。最終ページまで使い切ったら、背表紙に期間を書いて、以前の日誌がしまわれている棚に保管します。誰が最も多く日誌を持っているかで競われる場合もあります。

我々もミーティングの場で出てきたことや、作業内容、デバッグ時の変数値、やりかけの作業の覚え書き、思いついたこと、そして時々落書き*5を書き留めるために日誌を使用しています。

日誌には主な利点が 3 つあります。

- 記録は記憶よりも確実です。誰かから「先週、停電が起こった際、どの会社に電話をかけたんだっけ？」という質問をされた場合、日誌があればすぐに名前と連絡先電話番号を答えることができます。
- 手持ちの作業とは直接関係しないアイデアを思いついた場合、それをしっかりと残せるようになります。これで素晴らしいアイデアを忘れてしまうという心配をすることなく、手持ちの作業に集中できるようになります。
- 「ゴムのアヒルちゃん (120 ページ)」とよく似た力を発揮します。何かを書き留めるためにやりかけの作業の手を止めると、あなたの脳は誰かに話しかける時と同様のギアシフトが起こります——このタイミングが振り返りのチャンスとなります。そして、ノートへの書き込みを始めると、今までやってきたこと、すなわち書き込もうとしていた内容の間違いに気付くという場合もあります。

この他にも利点があります。時々、日誌を見直すことで、何年も前にやっていたことを振り返り、当時の人々やプロジェクト、着ていたみすぼらしい服、時代遅れのヘアスタイルに思いを馳せることができるのです。

このため、エンジニアリング日誌をつけるようにしてください。その際には、ファイルや Wiki ではなく、紙ベースのものを使ってください。手描きにはタイピングとは違う特別な何かがあります。1 カ月ほど続けてみて、利点があるかどうかを確認してみてください。

何もなかったとしても、あなたが大金持ちで有名人になった際に自伝を書くのが楽になるはずです。

関連セクション

- 6 あなたの知識ポートフォリオ (17 ページ)
- 37 爬虫類脳からの声に耳を傾ける (247 ページ)

---

*5　落書きは集中力を高め、認知スキルを向上させるという研究結果があります。[And10] を参照してください。

4 妄想の達人

Pragmatic Paranoia

Tip 36 あなたは完璧なソフトウェアを作ることができない

気を悪くしましたか？　しかし、真面目に捉えてほしいのです。人生の格言として受け入れてください。そして、それを胸に刻み込むのです。心から信じるのです。なぜなら完璧なソフトウェアなんて、そもそも存在しないのですから。コンピュータの歴史を紐解いてみても、完璧なソフトウェアは未だかつて作られたことがありません。また、あなたが史上初の人間になることもないでしょう。このことを事実として受け入れない限り、不可能な夢を追いかけ、時間とエネルギーを無駄使いする羽目になってしまうのです。

さて、達人プログラマーはこの意気消沈させてしまうような現実から、何を導き出せばよいのでしょうか？　それがこの章の話題です。

世界で一番上手なドライバーは、自分自身だとみんなが思っています。世界中の自分以外の人間は論外です。一時停止は無視するし、車線をふらふら変更するし、ウィンカーを出さずに曲がるし、スマートフォンでテキストをやり取りしているなど、たいてい規則を無視しています。だからこそ防衛的な運転を心がけているはずです。トラブルが発生する前にそれを見つけ出し、予期しない出来事の先を見越し、脱出できない状況に陥らないようにするのです。

この例えがコーディングにも当てはまるのは明白です。我々は常に、標準にきっちり従っていないこともある他人のコードと向き合っており、また有効かどうか分からない入力をやり取りしています。このため防衛的なコーディングが必要となるのです。何らかの疑いがあれば、与えられたすべての情報を確認しなければいけません。問題のあるデータを検出するために何らかの表明（assert）を行う必要があります。整合性をチェックし、データベースのカラムに制約をかけ、自らを安心させるのです。

しかし達人プログラマーは、こういった手順をもう一歩進めて実行します。

彼らは自分自身も含めて信頼しないのです。自分も含めた誰もが完璧なコーディングを行うことができないという事実を知ることで、達人プログラマーのコードは彼ら自身の過ちに対しても防衛的になるわけです。「23 契約による設計（DbC）（131 ページ）」では最初の防衛手段として、機能を供給する側と使う側が権利と責任について合議しておかなければならないという点を解説しています。

「24 死んだプログラムは嘘をつかない（142 ページ）」では、バグ探しの作業の足を引っ張らないようにするための方法について解説しています。このためには、プログラムの状態をこまめにチェックし、おかしな状態になってしまう前に停止させることになります。

「25 表明を用いたプログラミング（145 ページ）」では、簡潔な検証方法、つまり積極的にあなたの仮定を検証してくれるコードの記述方法を解説しています。

あなたのプログラムが動的なものである場合、メモリー、ファイル、デバイスといったシステムリソースをやりくりする必要があるはずです。「26 リソースのバランス方法（150 ページ）」では、このやりくりに失敗しないためのヒントを解説しています。

そして、「27 ヘッドライトを追い越そうとしない（159 ページ）」で解説しているように最も重要な点は、常に小さい歩幅で前に進み、崖の端を踏み越えてしまわないようにすることです。

不完全なシステムや、話にならないスケジュール、笑ってしまうほどおかしなツール、不可能な要求が渦巻く世界であるからこそ、細心の注意を払いながら進んでいく必要があるのです。ウッディ・アレンも述べているように、「本当にみんながあなたをやっつけに来る時は、妄想に陥るのが一番優れた考えなのだ」というわけです。

23 契約による設計（DbC）

常識と公平さほど人を驚かせるものはない。

▶エマーソン、『エッセイ第 1 集』

コンピューターシステムと付き合っていくのは大変なことです。人と付き合っていくのはもっと大変です。しかし人類は長い時間をかけて人間関係の問題について理解を深めてきました。そして、この数千年の間に見出されてきた解決策のいくつかは、ソフトウェアを開発する際にも適用できます。そのうちで、公正さを扱うための最良の解決策のひとつが「契約」なのです。

契約はあなたと他の当事者の間に存在する権利と責務を定義するものです。加えて、契約を履行しなかった場合の処罰に関する取り決めも記載されています。

あなたも、労働時間や従わなければならない規則が記述された労働契約を結んでいるはずです。その見返りとして会社は給与や賞与を払うのです。このようにして当事者らはそれぞれ、義務と各人の利益の折り合いをつけているわけです。

これは公式、あるいは非公式のうちに世界で広く使われているアイデアです。では、同じコンセプトをソフトウェアのモジュールとのやり取りで利用することはできるのでしょうか？　その答えは「イエス」です。

契約による設計（DbC）

Bertrand Meyer は Eiffel*1という言語で「契約による設計」（DbC）というコンセプトを提唱しました [Mey97]。これは、ソフトウェアモジュールの権利と責務を文書化（そして承諾）し、プログラムの正しさを保証するための簡潔かつパワフルな技法です。では、ここで言う正しいプログラムとは一体どういったものでしょうか？　それは、要求された以上のことも、以下のことも行わないというものです。要求の文書化および検証は、契約による設計の核心とでも言うべきものです。

ソフトウェアシステム中の各関数やメソッドは、それぞれ「何らかの作業」を行います。その「何らかの作業」の開始に先立って、世界の現状に関する何らかの想定を置き、終了時でのその世界の状態に関する何らかの確約を行うことができるはずです。Meyer はこういった想定と確約を以下のように解説しました。

---

*1　そのコンセプトの一部は Dijkstra、Floyd、Hoare、Wirth といった他の先駆者たちの成果に基づいています。

事前条件

この機能を呼び出す前に満足させておかなければならない条件、つまりこの機能からの要求です。事前条件に違反している場合には、この機能を呼び出してはいけません。そして、適切なデータを引き渡すのは呼び出し側の責任です（囲み記事「**誰の責任？** (138ページ)」を参照してください）。

事後条件

この機能が終了した後の世界の状態で、この機能が保証する内容です。事後条件があるということは、暗にこの機能が終了するということを意味しています。つまり永久ループは許されません。

クラス不変表明

クラスが呼び出し側に対して、常に真となることを保証する条件です。この機能が内部処理を実行している際には、ここでの不変表明は保証されませんが、処理が終了して制御が呼び出し側に戻るとともに不変表明が保証されるようになります（クラスは、不変表明に関与するすべてのデータメンバに対して、無制限の書き込みアクセス権を与えることができない点にご注意ください）。

呼び出される機能と、呼び出し側が結ぶ契約は以下のようになります。

> 呼び出し側によって、呼び出される機能の事前条件がすべて満足された場合、当該機能は処理完了時点ですべての事後条件と不変表明を満足させるものとする。

いずれかが契約条項を履行できなかった場合、（事前に合意されている）救済措置が発動され、例外のスローやプログラムの終了といった結果が引き起こされます。

一部のプログラミング言語は、こういったコンセプトのサポートに長けています。例えばClojureという言語は、事前条件と事後条件とともに、より包括的なコンセプトが「specs」によって提供されています。以下は、銀行の入金処理を実行する関数における、簡単な事前条件と事後条件の例です。

```
(defn accept-deposit [account-id amount]
  { :pre [  (> amount 0.00)
            (account-open? account-id) ]
    :post [ (contains? (account-transactions account-id) %) ] }
  "Accept a deposit and return the new transaction id"
  ;; Some other processing goes here...
  ;; Return the newly created transaction:
  (create-transaction account-id :deposit amount))
```

accept-deposit 関数には 2 つの事前条件があります。1 つ目は、入金額が 0 よりも多いことです。2 つ目は口座が開かれており有効であることで、これは account-open?という関数によって決定されます。また事後条件もあります。それは、この関数が該当アカウントのトランザクションとなる新規トランザクションを保証する（この関数の戻り値で、ここでは % で表現されています）というものです。

accept-deposit を呼び出し、入金額となる正の数値と、有効な口座を引き渡した場合、適切な種類のトランザクションを作成し、必要な作業を実行します。しかし、プログラムにバグが存在し、何らかの問題で負の入金額が引き渡されてきた場合、ランタイム時の例外が発生することになります。

```
Exception in thread "main"...
Caused by: java.lang.AssertionError: Assert failed: (> amount 0.0)
```

同様に、この関数は指定された口座が存在し、有効であることを要求しています。これが満足されない場合も例外が発生します。

```
Exception in thread "main"...
Caused by: java.lang.AssertionError: Assert failed: (account-open? account-id)
```

この他にも、DbC そのものではないものの優れた機能を搭載した言語があります。例えば、Elixir は利用可能な複数の本体に対して関数呼び出しのディスパッチを行ってくれる「ガード節」という機能が搭載されています。

```
defmodule Deposits do
  def accept_deposit(account_id, amount) when (amount > 100000) do
    # Call the manager!
  end
  def accept_deposit(account_id, amount) when (amount > 10000) do
    # Extra Federal requirements for reporting
    # Some processing...
  end
  def accept_deposit(account_id, amount) when (amount > 0) do
    # Some processing...
  end
end
```

このケースでは、あまりにも大きな金額を指定して accept_deposit を呼び出した場合、追加の手順と処理が実行されます。その一方で、0 以下の金額を指定して呼び出した場合、実行不能として例外が引き起こされることになります。

```
** (FunctionClauseError) no function clause matching in Deposits.accept_deposit/2
```

これは入力をチェックするだけのアプローチよりも優れています。この場合、引数が範囲外であればこの関数を「呼び出せない」のです。

Tip 37 契約を用いて設計を行うこと

「10 直交性 (49 ページ)」のセクションでは「恥ずかしがりなコード」を推奨しました。そして、このセクションでお勧めするのは「無精なコード」です。処理を始める前に受け付ける条件は厳格に、そして戻る際には可能な限り確約を少なくするのです。もし契約として何でも受け付け、きっちりとした結果を保証するのであれば、大量のコードを書く必要が出てくるはずです。

関数型言語であろうが、オブジェクト指向言語であろうが、手続き型言語であろうが、どのようなプログラミング言語であっても DbC は、あなたに「考えること」を要求します。

DbC とテスト駆動開発

開発者がユニットテストやテスト駆動開発（TDD）、プロパティーベースのテスト、防衛的プログラミングを実施している場合でも契約による設計は必要なのでしょうか？

ひと言で述べると、その答えは「イエス」です。

DbC とテストはプログラムの正確性という、より幅広い対象に向かう異なったアプローチです。どちらも価値があり、それぞれに適した状況が存在します。DbC には、特定のテストよりも優れた利点がいくつかあります。

- DbC には設定やスタブなどが要らない。
- DbC は「あらゆるケース」におけるパラメーターの有効条件を定義する一方、テストは一度に特定のケースしかテストできない。
- TDD を始めとするテスト技法は、ビルドサイクルにおける「テストの時点」でのみ有効となる。一方、DbC や表明は設計から開発、配備、保守を通じて有効となる。
- TDD はテスト中におけるコード内の不変性チェックには重きを置いておらず、公開されているインターフェースのチェックというブラックボックス形式のテストとなっている。
- DbC は、データの検証を誰もしていない場合に備えて「全員」がデータを検証するという防衛的プログラミングよりも効率的である（そしてより DRY 原則を重視している）。

TDD は素晴らしいテクニックですが、多くのテクニックと同様に「お気楽な道」に進んでしまうという誘惑があります。しかし、現実世界は壊れたデータや壊れたアクター、壊れたバージョン、壊れた仕様で満ちあふれているのです。

クラス不変性と関数型言語

名前の付け方の話になります。Eiffel はオブジェクト指向であるため、Meyer はこの考え方に「クラス不変性」という名前を付けました。しかし実際のところは、より汎用的な考え方なのです。実際のところ、この考え方の中心にあるのは「状態」です。オブジェクト指向言語の場合、状態はクラスのインスタンスと関連づけられます。でも、他の言語にも状態はあるのです。

関数型言語では通常の場合、状態を関数に引き渡し、結果として更新された状態を受け取ります。こういった状況でも不変性というコンセプトは有用です。

DbC の実装

コードの記述に取りかかる前に、入力データの範囲や、境界条件、機能が約束していること、さらに重要なのは「何が約束されていないのか」をリストアップするだけで、よりよいソフトウェアに向けた大きな 1 歩を踏み出せます。こういったものごとを放置した場合、「偶発的プログラミング」という罠に陥るのです（「38 偶発的プログラミング（252 ページ）」を参照）。多くのプロジェクトがこのようにして始まり、そして完了し、失敗に終わっています。

コードにおける DbC をサポートしていない言語では、ここまでが限界かもしれません。しかし、それでもダメというわけではありません。DbC は突き詰めれば「設計」のテクニックなのです。このため自動チェック機構がなかったとしても、契約をコードにコメントとして書き込んだり、ユニットテストに取り込んでやれば大きなメリットをもたらしてくれるのです。

表明

表明の文書化は手始めとしては素晴らしいものの、契約をコンパイラーにチェックさせることでより大きなメリットが得られます。言語によっては、論理条件を実行時にチェックする「表明」という機能を利用すれば、こういったことを部分的に実行できます（「25 表明を用いたプログラミング（145 ページ）」を参照）。部分的にと書いたのはなぜでしょうか？ DbC ではできるのに、こういった表明機能でできないことがあるのでしょうか？

残念ながら「できないことがある」というのが答えです。まず始めに、オブジェクト指向言語の場合、継承階層に沿って表明を下位階層に伝播させていくようなことはまずできません。これは、基底クラスの契約を保持したメソッドをオーバーライドした場合、該当契約を実装したその表明は正しく呼び出されないためです（新たなコードに手作業でコピーでもしない限りは）。このため、すべてのメソッドで処理を完了するに先立って、該当する（そしてすべての基底クラスの）クラス不変性を呼び出すことを憶えておく必要があります。このような基本的問題により、契約を自動的に強制することができないのです。

その他の環境で DbC スタイルの表明から例外をスローするという場合、そういった例外が大域的に無効化されたり、コード内で無視されてしまう可能性があります。

また、「古い」値、すなわちメソッドが呼び出された時に存在していた値というコンセプトが言語に組み込まれていません。契約を強制する表明を使用する場合、事後条件で使用する情報をすべて保存しておける仕組みが言語に必要であり、そういったコードを事前条件に追加しておく必要があります。DbC という考え方が生み出された Eiffel という言語では、old という「式」を利用して契約を記述できるようになっていました。

最後に、従来からあるランタイムシステムやライブラリーは契約をサポートするように設計されていないため、こういった呼び出しはチェックされないことになります。たいていの問題が検出されるのは、コードとライブラリーの境界部分である点を考えた場合、これは大きな損失です（「24 死んだプログラムは嘘をつかない（142 ページ）」で詳細に考察しています）。

誰の責任？

事前条件をチェックするのは誰の責任でしょうか？ 呼び出し側でしょうか、それとも呼び出される機能の側でしょうか？ 言語の一部として実装される場合、答えはいずれでもありません。事前条件は呼び出し側が機能を呼び出し、その機能に制御が渡される前に舞台裏でチェックされます。このため、明示的にパラメーターのチェックを行わなければならないという場合には、呼び出し側でチェックを行い、事前条件に違反したパラメーターを渡さないようにしなければなりません（言語にこういった機能が組み込まれていない場合、表明した内容のチェックを行うプリアンブル（事前処理）そして／あるいはポストアンブル（事後処理）を呼び出す機能の前後に置いておく必要があるわけです）。

コンソールから数値を読み込み、その平方根を計算（sqrt を呼び出す）し、結果を表示するプログラムを考えてみましょう。sqrt 関数には引数が負であってはならないという事前条件があります。このため、ユーザーがコンソールから負の数値を入力した場合、それを sqrt に引き渡さないよう、呼び出し側のコードで対応する必要があります。こういった呼び出し側コードには、「プログラムを停止する」や「警告メッセージを発行して別な数値を読み込む」「正の数値に変換して sqrt が返す結果の後ろに i を付加する」といったいくつかの選択肢があります。しかし、どの選択肢を採るにせよ、それは sqrt の問題ではありません。

> sqrt 関数の事前条件として平方根計算処理の入力範囲を表現しておくことにより、正確性に関する責務を呼び出し側へとシフトするのです。これにより、入力値が範囲内に絶対に収まるという前提のもとで sqrt 関数を設計できるようになるわけです。

DbC と早めのクラッシュ

DbC は早めのクラッシュ（「24 死んだプログラムは嘘をつかない（142 ページ）」を参照）というコンセプトにもうまく適応します。事前条件と事後条件と不変性を検証するために表明や DbC といったメカニズムを使用することで、早めのクラッシュと問題に関するより正確な情報の報告が可能になります。

例えば、平方根を計算するメソッドがあったと考えてください。ここでは入力値の範囲を正の数に制限するための事前条件が必要となるはずです。`sqrt` に負の数値を引き渡した場合、「`sqrt` に引き渡す値の符号は正でなければいけません」といったエラーメッセージが返ってくることになります。

これは、`sqrt` に負の数を引き渡した際に、`NaN`（Not a Number：非数値）という特殊な値を返してくる Java や C、C++ といった言語よりも優れた解決策です。こういった言語では、後続のプログラムでその `NaN` を使って何らかの計算をしようとした時に、不思議な結果が引き起こされることもあります。

問題が起こったその場で、早めのクラッシュによって問題を発見、診断したほうが話はずっと簡単になるはずです。

セマンティック不変表明

侵されざるべき要求、すなわちある種の「大前提となる契約」を表現するためには、セマンティック不変表明を使うことができます。

我々は過去にデビットカードのトランザクション交換システムを構築したことがあります。その際の大前提として「デビットカードのユーザー口座に対して同一のトランザクションを 2 度実行してはならない」というものがありました。つまり、どのような問題が発生しても、その障害によってトランザクションが重複処理されるのではなく、むしろトランザクションを処理「しない」ようにすべきであるという要求です。

この要求から直接導き出された簡潔な法則は、複雑なエラーを回復するためのシナリオを整理する上で非常に有効なものとなり、さまざまな分野での詳細設計や実装上の指針となりました。

この時、確定済みの「絶対的な要求」、すなわち侵されざるべき法則と、新たな管理体制では変更になってしまうような「単なるポリシー」を取り違えないように注意してください。これがセマンティック不変表明という言葉を使用する理由です。つまりセマンティック不変表明は、ものごとの「意味」の中心にある大前提であり、単なる思いつきのポリシー（これはより動的なビジネスルールに対するものです）であってはならないのです。

重要な要求を洗い出したのであれば、それが 3 部ずつコピーを取った上に関係者が署名するような文書中の箇条書きになるのか、皆が見る共通のホワイトボード上に大書されるコメントになるのかにかかわらず、ドキュメントの核心として皆に認識されるようにしてください。

過ちは顧客の味方

これで、システムのさまざまな分野に適用できる、はっきりとした、簡潔な、そして明確な声明ができたわけです。これはシステムを使用するすべてのユーザーと我々の行動の保証をするための契約なのです。

動的な契約とエージェント

ここまででは、確定された不変の仕様としての契約について述べてきました。しかし自律的なエージェントを視野に入れた場合、それだけでは不十分です。「自律的」なエージェントは引き受けたくない要求を拒否することができるのです。つまり、そのエージェントは「こちらからそれを提供することはできないけれど、これを持ってきてくれたら他のものを提供することができるかも」というような契約の再交渉が可能になっているわけです。

エージェント技術を利用するシステムはどのようなものであっても、契約に関するお膳立てが（それが動的に実現される場合であっても）非常に重要となります。

まだ実現はされていないのですが、目標達成に向けて自身の契約を交渉できる十分な数のコンポーネントとエージェントを用いれば、ソフトウェアの生産性危機をソフトウェアによって解決できるようになるかもしれません。

　とはいうものの、我々自身が契約を使いこなせなければ、彼らを使うこともできないはずです。このため、次にソフトウェアを設計する時には、契約についてもしっかりと設計するようにしてください。

関連セクション

- 24 死んだプログラムは嘘をつかない（142 ページ）
- 25 表明を用いたプログラミング（145 ページ）
- 38 偶発的プログラミング（252 ページ）
- 42 プロパティーベースのテスト（287 ページ）
- 43 実世界の外敵から身を守る（296 ページ）
- 45 要求の落とし穴（313 ページ）

チャレンジ

- 考慮すべき点です。DbC がそんなに強力なら、なぜもっと広く使われていないのでしょうか？　契約を使うのが難しいのでしょうか？　これに関して、あなたが今無視している問題について考えるべき点があるでしょうか？　また、これによって今後「考えさせられる」ようになっていくのでしょうか！？　明らかにこれは危険なツールです！

演習問題

問題 14　キッチンブレンダーのインターフェースを設計してください。これは最終的にウェブベースの、そして IoT 対応のブレンダーになるものですが、今はそれを制御するインターフェースだけに焦点を当てます。ブレンダーのスピード設定は 10 段階（0 は停止）あります。そして、中身が空の状態では操作を行えず、スピードは一度に一段階ずつしか変えることができません（つまり 0 から 1、1 から 2 と変えることができ、0 から 2 には変えることはできません）。

以下がメソッドです。適切な事前条件、事後条件、クラス不変表明を追加してください。

```
int getSpeed()
void setSpeed(int x)
boolean isFull()
void fill()
void empty()
```

（回答例は 377 ページ）

問題 15　0、5、10、15、…、100 という並びの中に数字はいくつあるでしょうか？

（回答例は 378 ページ）

24 死んだプログラムは嘘をつかない

部外者が、あなたよりも先に問題を発見するという体験をしたことがないでしょうか？　逆に他人のコードの問題にいち早く気付く場合も同じです。ライブラリーやフレームワークによって、プログラムの間違いが初めて明るみに出る場合もしばしばあるでしょう。nil 値を引き渡したり、空のリストを引き渡したかもしれませんし、ハッシュ内でキーが見つからない、あるいはハッシュが格納されていると思っていたのに実際にはリストが格納されていたのかもしれません。また、ネットワークエラーやファイルシステムエラーを捕捉しなかったため、空のデータや破損したデータを読み込んだかもしれません。ある論理エラーが発生した後、数百万回の命令を経た後に実行される case ステートメントの選択肢が、期待していた 1〜3 のいずれでもないという場合があるかもしれません。この場合は、default 節によって検出できるはずです。これが case/switch ステートメントのそれぞれにデフォルト節を用意しておく理由でもあります。我々は「あり得ないこと」がいつ発生したのかを知りたいのです。

「そんなことなんてあり得ない」という思考には簡単に陥ってしまいがちです。我々のほとんどは、ファイルが正常にクローズできたか、とかトレース文が期待通りに出力されたかといったチェックを行いません。それは、こういったコードはまず問題を引き起こさないと高をくくっているためです。そうではなく、防衛的なコーディングを心がけてください。データが思い通りのものであるか、開発中のコードが我々の考えている通りのコードなのかを確認するのです。

エラーというものはすべて、あなたに情報を与えてくれます。エラーなんて発生しないと確信して、それを無視することもできます。しかし達人プログラマーはエラーがあった場合、何か非常にまずい事態が発生したという事実を自らで噛みしめるのです。「エラーメッセージを読む」ということを忘れてはいけません（117 ページを参照）。

キャッチ＆リリースは魚釣りだけに

すべての例外を捕捉し、何らかのメッセージを出力した後で、再スローするのが優れたやり方だと感じている開発者がいます。そういった人のコードは以下のような例外処理コードで満ちあふれています（raise ステートメントは現在の例外を再びスローするためのものです）。

```
try do
   add_score_to_board(score);
rescue InvalidScore
   Logger.error("Can't add invalid score. Exiting");
   raise
rescue BoardServerDown
   Logger.error("Can't add score: board is down. Exiting");
   raise
rescue StaleTransaction
   Logger.error("Can't add score: stale transaction. Exiting");
   raise
end
```

一方、達人プログラマーは同じコードを以下のように記述します。

```
add_score_to_board(score);
```

こういったコードを書く理由は２つあります。１つ目の理由は、アプリケーション本来のコードがエラーハンドリングのコードに埋もれてしまわないようにするというものです。より重要となる２つ目の理由は、コードの結合度を下げるというものです。前者の饒舌なコードでは add_score_to_board がスローするあらゆる例外を記述しなければなりません。このメソッドを記述した人が、新たな例外を追加した場合、このコードは時代遅れのものになってしまいます。後者のコードでは、新たな例外は自動的に呼び出し側に伝播していきます。

Tip 38　早めにクラッシュさせること

トラッシュ（メチャクチャ）にするのではなく、クラッシュ（停止）させる

できるだけ早期に問題を検出すれば、早めにクラッシュ（停止）に持っていけるというメリットが出てきます。そして多くの場合、プログラムのクラッシュは最も正しい行いとなるのです。クラッシュさせずに放っておくのは、壊れたデータが重要なデータベースに格納されるのを指をくわえて見ていたり、衣類を 20 回ほど連続して洗濯機にかけたりするのと同じことです。

Erlang や Elixir という言語は、この哲学に従っています。Erlang を生み出し、『*Programming Erlang: Software for a Concurrent World*』[Arm07] を執筆した Joe Armstrong は、「防衛的プログラミングは時間の無駄だ。クラッシュさせろ！」という言葉でよく引き合いに出されます。これらの言語環境では、プログラムに問題が発生した場合、その問題を「スーパバイザー」が引き受けるようになっています。スーパバイザーはコードの実行に責任を持っており、コードに問題が発生した際には、その後始末をするとか、再起動するといった、どういったことをすればよいのかを管理しています。では、スーパバイザー自体が問題を起こした時にはどうなるのでしょうか？　それ自身のスーパバイザーがそのイベントを管理するということで、「スーパバイザーツリー」という構造が作られているのです。このテクニックは非常に効果的であるため。可用性の高いフォルトトレラントシステムではこれら言語の普及が進んでいます。

当然のことながら、実行中のプログラムをそのまま終了させるのは不適切な場合もあるでしょう。解放されていないリソースを回収したり、ログメッセージを出力したり、開始したトランザクションの後始末やや、他プロセスとのやり取りが必要となるかもしれません。

しかし、基本的原則は同じです。「あり得ない」と思われる事象がコードの

実行中に発生した場合、その時点でプログラムはもはや実行可能なものとはなっていないのです。その時点以降に処理された内容は疑わしいものであるため、速やかに停止させてください。

通常の場合、停止したプログラムのほうが、障害によって中途半端に動作しているプログラムよりもダメージは少ないはずですから。

関連セクション

- 20 デバッグ（113 ページ）
- 23 契約による設計（DbC）（131 ページ）
- 25 表明を用いたプログラミング（145 ページ）
- 26 リソースのバランス方法（150 ページ）
- 43 実世界の外敵から身を守る（296 ページ）

25 表明を用いたプログラミング

自責とは快楽的なものだ。我々が自身を非難している限り誰も我々を非難する権利はないのだ。

▶オスカー・ワイルド、『ドリアン・グレイの肖像』

すべてのプログラマーはそのキャリアを積み始めるにあたって、あるマントラ（真言）を憶えなければならないようです。それはコンピューティングの根幹にあり、要求定義や設計、コーディング、コメント、その他我々が行うことすべてに潜んでいるある考え方です。それは、

> そんなことは起こり得ない……

「このアプリケーションは海外では使われないのになぜ国際化する必要があるんだ？」「count が負になるはずはない」「ログ出力が失敗するなんてあり得ない」……。

こういった自己欺瞞を実践しないようにする必要があります——特にコーディング中は。

Tip 39　もし起こり得ないというのであれば、表明を用いてそれを保証すること

「起こるはずがない」と思っていることがあれば、それをチェックするコードを追加してください。表明を用いるのが最も簡単な方法です。多くの言語実装では、真偽値をチェックする assert が提供されています*2。こういったマクロは極めて有益なものです。パラメーターや結果が null になるはずがないのであれば、明示的にチェックしてください。

```
assert (result != null);
```

Java の場合、以下のように記述できます（そして記述すべきです）。

```
assert result != null && result.size() > 0 : "Empty result from XYZ";
```

また表明によってアルゴリズムの動作状況をチェックすることもできます。例えばあなたが巧妙なソートアルゴリズムを記述したと考えてください。その動作を以下のようにしてチェックするわけです。

```
books = my_sort(find("scifi"))
assert(is_sorted?(books))
```

また、本来のエラーハンドリングに表明を使ってはいけません。表明は起こり得ないことをチェックするためのものですから、以下のようなコードを書くのは御法度です。

```
puts("Enter 'Y' or 'N': ")
ans = gets[0] # Grab first character of response
assert((ch == 'Y') || (ch == 'N'))    # Very bad idea!
```

*2　C や C++ では通常の場合、マクロとして実装されています。また、Java ではデフォルトで表明が無効化されています。Java 仮想マシンを起動する際に-enableassertions フラグを指定すれば有効化されるため、これを使用するようにしてください。

さらに、ほとんどの assert の実装では、表明が真とならなかった際にプロセスが終了するという点でも、このようなコードを記述しないほうがよいでしょう。解放すべきリソースがあるのであれば、表明を満足できなかった時点で生成した例外を捕捉したり、プログラムの終了をいったんトラップした上で、独自のエラーハンドラーを実行することになります。その際、停止直前に実行されるコードが、表明を満足できなかった元々の原因となる情報に依存しないよう注意してください。

表明と副作用

エラーを検出するために追加したコードが、新たなエラーの原因となってしまうという厄介な事態が起こり得ます。これは表明中で使用した条件評価が副作用を持っている場合に発生します。例えば、以下のようなコードを記述するのは誤りです。

```
while (iter.hasMoreElements()) {
  assert(iter.nextElement() != null);
  Object obj = iter.nextElement();
  // ....
}
```

表明中の.nextElement()への呼び出しは、次に取得されるはずの要素を読み取ってしまうため、この繰り返し処理はコレクション中の要素のうちの半分しか処理されなくなります。本当は以下のように記述するべきなのです。

```
while (iter.hasMoreElements()) {
  Object obj = iter.nextElement();
  assert(obj != null);
  // ....
}
```

この問題は、デバッグ対象システムの振る舞いを変えてしまうようなデバッグ手法であり、「ハイゼンバグ」*3と呼ばれています（なお、今日のほとんどの言語には、コレクションの要素に対する繰り返しを実行するための豊富な機能

*3 http://www.eps.mcgill.ca/jargon/jargon.html#heisenbug

が備わっているため、このような明示的な繰り返し処理は不要であり、よくないコードだと言えます)。

表明を有効化したままにしておく

表明についてのよくある誤解があります。それは次のようなものです。

> 表明によってコードにある種のオーバーヘッドが発生する。というのも、コード中のバグでしか発生し得ない「あり得ない事象」についてチェックするためだ。いったんコードがテスト済みとなり、本番環境に配備されたら、もはや表明は必要なくなるため、無効化してコードを高速に実行できるようにするべきだ。早い話が、表明はデバッグ機能なのだ。

ここで明らかに誤った仮定が 2 つなされています。最初の仮定は、テストですべてのバグが検出できるというものです。現実のシステムで用いられる複雑なプログラムは、ごくわずかな組み合わせのコード実行しかテストできません。2 つ目の仮定は、プログラムが危険な世界で実行されるという事実を忘れた楽観性にあります。テスト中には、通信ケーブルをネズミがかみ切ることはないでしょうし、誰かがゲームを遊んでメモリを使い切ってしまうこともないでしょうし、ログファイルがハードディスクの容量を使いきってしまうこともないでしょう。こういった事態は、あなたのプログラムが製品となって実行される環境では十分に考えられるのです。このため第一防衛ラインで考えられ得るエラーをチェックし、第二防衛ラインであなたが撃ち漏らしたものを表明によって検出することになるのです。プログラムのデプロイ時に表明をオフにするのは、綱渡りの練習を一度うまくやり終えただけで本番の綱渡りに挑戦するようなものです。ドラマチックな価値はありますが、生命保険は下りないはずです。

パフォーマンス上の問題があるのであれば、実際に影響のある部分の表明だけをオフにするようにしてください。例えば、ソート処理の結果を確認するような表明はアプリケーションのボトルネックとなり、高速化する必要が出てくるかもしれません。データを再度読み直すようなチェックの追加は、容認できないというわけです。こういった場合でも、特定のチェックのみをオプショナルにして、残りはそのままにしておくべきです。

本番環境での表明が幸運を呼び込んだ例

Andy が過去に一緒に働いたことのある同僚の話です。その人はネットワーク機器を開発する会社を立ち上げ、大成功を収めました。その秘密は、本番環境で稼働するシステムに表明を残しておいたというものでした。彼の残しておいた表明は、問題の原因究明に必要なデータを報告するとともに、エンドユーザーに対して親切で分かりやすいメッセージを表示するという凝ったものでした。実世界のユーザーが現実の環境で経験した問題に対するフィードバックによって、再現が難しいあいまいなバグの特定と修正が容易になった結果、このソフトウェアは驚くほど安定した素晴らしいものになりました。

堅牢な製品を作り出した、この無名の小さな企業は、ほどなくして数億ドルの企業価値評価を得て買収されることになりました。

表明を残すことによって、幸運が呼び込まれたのです。

演習問題

問題 16　早押し問題です。以下の「起こりそうもない」ことで実際に起こり得るのはどれでしょうか？

- 1 カ月が 28 日よりも少ない。
- カレントディレクトリーにアクセスできないというエラーがシステムコールから返ってくる。
- C++ において、`a = 2; b = 3;` であるにもかかわらず `(a + b)` が 5 にならない。
- 三角形の内角の和が 180 度でない。
- 1 分が 60 秒にならない。
- `(a + 1) <= a`

（回答例は 378 ページ）

関連セクション

- 23 契約による設計（DbC）（131 ページ）
- 24 死んだプログラムは嘘をつかない（142 ページ）
- 42 プロパティーベースのテスト（287 ページ）

● 43 実世界の外敵から身を守る（296 ページ）

26 リソースのバランス方法

ろうそくに火をつけることは影を投げかけること…
▶アーシュラ・K・ル＝グウィン、影との戦い―ゲド戦記

我々がコーディングをする際、必ずリソースの管理を行います。メモリーやトランザクション、スレッド、ネットワーク接続、ファイル、タイマーといったものには、すべて利用できる限界というものがあるためです。たいていの場合、リソースの使用手順はワンパターンなもの――リソースの割り当てと使用、リソースの解放――になります。

しかし多くの開発者は、リソースの割り当てと解放に対して一貫性のあるプランを用意していません。このため、簡単なヒントを示唆しておきましょう。

Tip 40　始めたことは終わらせる

このティップスはほとんどの状況で無理なく適用できます。これは単に、リソースを解放する責任があるのは、そのリソースを割り当てた関数やオブジェクトだという意味です。まず悪いコードの例を見て、その適用方法を見てみましょう。これはファイルをオープンし、そこから顧客情報を読み取り、フィールドを更新し、結果をファイルに書き戻すという Ruby アプリケーションからの抜粋です。例を簡潔明瞭なものにするため、エラーハンドリングを削除しています。

```
def read_customer
  @customer_file = File.open(@name + ".rec", "r+")
  @balance       = BigDecimal(@customer_file.gets)
end

def write_customer
  @customer_file.rewind
  @customer_file.puts @balance.to_s
```

```
    @customer_file.close
  end

  def update_customer(transaction_amount)
    read_customer
    @balance = @balance.add(transaction_amount,2)
    write_customer
  end
```

一見するとupdate_customerの処理には問題がなさそうです。要求されたロジック——レコードの読み込みと差額の更新、レコードの書き戻し——はちゃんと実装されています。しかし、この小綺麗さの裏に大きな問題が隠れています。read_customerとwrite_customerは、customer_fileというインスタンス変数を共有することで緊密に結合[*4]しているのです。read_customerはファイルをオープンしてファイル参照をcustomer_fileに格納しており、write_customerは一連の処理が終了した際にファイルをクローズするためにその参照を使用します。この共有変数はupdate_customerでは使用されていません。

このコードのどこに問題があるのでしょうか？ 仕様変更が発生し、残高の更新は、更新後の値が負でない場合にのみ行うようにすると告げられた不幸な保守プログラマーの身になって考えてみましょう。そのプログラマーはソースコードを読み、update_customerを次のように修正しました。

```
  def update_customer(transaction_amount)
    read_customer
    if (transaction_amount >= 0.00)
      @balance = @balance.add(transaction_amount,2)
      write_customer
    end
  end
```

テストは問題なく終了しました。しかし、コードを本番環境に配備して数時間も経たないうちに、「オープンしているファイルの数が多すぎる」というメッセージとともにプログラムが停止したのです。特定の条件下ではwrite_customerが呼び出されないため、ファイルがクローズされないの

＊4　結合度が高いコードの危険性についての解説は「28 分離（164ページ）」を参照してください。

です。

この問題に対する非常にまずい解決策は、以下のように update_customer で特殊なケースを取り扱うことです。

```
def update_customer(transaction_amount)
  read_customer
  if (transaction_amount >= 0.00)
    @balance += BigDecimal(transaction_amount, 2)
    write_customer
  else
    @customer_file.close # Bad idea!
  end
end
```

これによって問題は修正されます。ファイルは新たな差引残高の値にかかわらずクローズされるようになりますが、結果として 3 つの処理が共有変数 customer_file を通じて結合してしまい、ファイルがオープンしているかどうかの管理が面倒になってしまいます。つまり落とし穴にはまってしまったのです。このコースをそのまま突き進んでいけば、下り坂を転げ落ちるようにものごとは悪いほうへと進んでいきます。これはバランスの取れたやり方ではありません！

「始めたことは終わらせる」というティップスは、リソースを割り当てたルーチンがそのリソースを解放するべきだと教えてくれています。このティップスに従えば、以下のようなコードにリファクタリングできるはずです。

```
def read_customer(file)
  @balance=BigDecimal(file.gets)
end

def write_customer(file)
  file.rewind
  file.puts @balance.to_s
end

def update_customer(transaction_amount)
  file=File.open(@name + ".rec", "r+")          # >--
  read_customer(file)                           #    |
  @balance = @balance.add(transaction_amount,2) #    |
  write_customer(file)                          #    |
```

```
  file.close                          # <--
end
```

ファイル参照をどこかに保持しておくのではなく、パラメーターとして引き渡すようコードを変更しました*5。これでファイル関係のすべての責務はupdate_customerに集約されます。ここでファイルがオープンされ、制御を返す前にクローズされるのです（始めた作業は始めた場所で終わる）。この処理内でファイルの使用バランスがとれ（オープンとクローズが同じルーチンで行われている）、すべてのオープンとクローズを明確に対応づけられるわけです。さらに、このリファクタリングによって醜い共有変数をなくすこともできます。

ここではまたちょっとした、しかし重要な改善も可能です。多くの近代的言語では、ある種のブロックを作り出すことでリソースの寿命を規定することができます。Rubyでは、ファイルのオープン時に使用するopenメソッドのバリエーションの1つとして、以下のようにdoとendで囲まれたブロックを指定し、そのブロックにファイル参照を引き渡すという機能が搭載されています。

```
def update_customer(transaction_amount)
  File.open(@name + ".rec", "r+") do |file|       # >--
    read_customer(file)                           #    |
    @balance = @balance.add(transaction_amount,2) #    |
    write_customer(file)                          #    |
  end                                             # <--
end
```

この場合、file変数のスコープはブロックの終端までであるため、制御がブロックの終端に到達した時点で外部ファイルがクローズされます。それだけで済むのです。ファイルをクローズし、リソースを解放することを憶えておく必要がないため、とても便利です。

何か怪しいことが出てきた場合でも、問題の特定は容易になるはずです。

*5　195ページのティップスを参照してください。

Tip 41　ものごとを局所的にする

長い目で見たバランス

このセクションのほとんどでは、プロセスの実行中に用いられる一時的なリソースについて扱っています。しかし、この他にも考慮しておくべき問題があります。

例えば、ログファイルはどのように取り扱われているでしょうか？ データを書き出すことで、使用するストレージ容量は増えていきます。ログのローテーションを行って、クリーニングするような処理は存在しているでしょうか？ 非公式のデバッグファイルについてはどうでしょうか？ データベースにログを追加しているのであれば、それらを定期的に消去するような処理は用意してあるでしょうか？ あなたが作り出しているものはすべて、有限のリソースを消費します。このため、それらのバランスを取る方法についても考えるようにしてください。

「立つ鳥跡を濁さず」という精神を忘れないように。

割り当てのネスト

リソース割り当ての基本パターンは、同時に複数のリソースを必要とするような処理にも当てはめることができます。その際における示唆を、さらに 2 つほど挙げておきましょう。

- リソースは割り当てた順序と逆の順序で解放します。こうしておかないと、一方のリソースがもう一方のリソースへの参照を保持している場合に「みなし児リソース」が発生するようになります。
- コード中の異なった場所で同じリソースの組を割り当てる場合、常に同じ順序で割り当てるようにします。これによりデッドロックの可能性を削減できます（プロセス A が「リソース 1」を割り当て、次に「リソース 2」を要求しようとしている時に、プロセス B では「リソース 2」を割り当てて、「リソース 1」を要求しようとしていた場合、この 2 つのプロセスは永久にお互いを待ち続けるようになります）。

トランザクションやネットワーク接続、メモリー、ファイル、スレッド、ウィンドウといったどのような種類のリソースであってもこの基本パターンは適用されます。そして、リソースの割り当てをした処理が責任を持ってそのリソースを解放します。さらに、言語によってはこの考え方をさらに推し進めたものもあります。

オブジェクトと例外

割り当てと解放のバランスは、オブジェクト指向言語におけるクラスのコンストラクターとデストラクターを連想させます。リソースを表現したクラスでは、コンストラクターでそのリソース型に関する特定オブジェクトを割り当て、デストラクターでそれをスコープから取り除きます。

オブジェクト指向言語を使ってプログラムしているのであれば、リソースをクラスにカプセル化するメリットについて理解しているはずです。特定のリソース型が必要になるたびに、そのクラスのオブジェクトを生成するのです。これで、オブジェクトがスコープ外に出る際や、ガーベッジコレクターによって回収される際に、オブジェクトのデストラクターによって保持されているリソースが解放されるわけです。

このアプローチは、例外がリソースの解放に影響を与える言語を使っている場合、特に有効なものとなります。

バランスと例外

例外をサポートする言語では、リソースの解放が扱いにくくなる傾向にあります。例外がスローされた場合、どのようにすればその例外処理の発生前に割り当てられたすべてのリソースの解放を保証できるのでしょうか？　この答えは言語の機能的限界に依存しています。たいていの場合、次の2つの選択肢があります。

1. 変数のスコープを使用する（例えばC++やRustにおけるスタック変数）
2. `try…catch`ブロックの`finally`節を使用する。

C++やRustといった一般的なスコープ規則を有した言語では、変数のメモリーは、returnやブロックからの脱出、例外によってスコープ外に抜け出す際に回収されます。しかし、変数のデストラクター呼び出しをきっかけにすれば、外部リソースを解放することもできます。以下の例では、Rust の accounts という変数がスコープ外に抜け出す際に、関連づけられたファイルが自動的にクローズするようになります。

```
{
  let mut accounts = File::open("mydata.txt")?; // >--
  // use 'accounts'                             //    |
  ...                                           //    |
}                                               // <--
// 'accounts'がスコープ外に抜けたため、ファイルは
// 自動的にクローズされる
```

もう 1 つの選択肢は、言語がサポートしている場合に限られますが、finally 節を使うというものになります。finally 節によって、try…catch ブロック内で例外が発生したかどうかにかかわらず、特定のコードを実行できるようになります。

```
try
  // 何らかの怪しげなコード
catch
  // 例外が発生した
finally
  // どのような場合でもクリーンアップを実行する
```

しかし、落とし穴があります。

例外のアンチパターン

以下のようなコードをよく見かけます。

```
begin
   thing = allocate_resource()
   process(thing)
finally
   deallocate(thing)
end
```

どこに問題があるのか、分かるでしょうか？

リソースの割り当てが失敗して例外が発生した場合、何が起こるでしょうか？　その例外をfinally節がキャッチし、割り当てられてもいない「thing」を解放しようとするのです。

例外を用いた環境でリソースの解放を取り扱う正しいパターンは以下のようなものになります。

```
thing = allocate_resource()
begin
   process(thing)
finally
   deallocate(thing)
end
```

リソースをバランスさせられない時

基本的なリソース割り当てパターンが適用できない場合もしばしばあります。こういったことは、動的なデータ構造を使用するプログラムでよく見受けられます。つまり、あるルーチンでメモリ領域を割り当てるとともに、それを当分の間使用し続ける可能性のあるより大きな構造とリンクさせるような場合です。

ここでのちょっとしたコツは、メモリー割り当てに対するセマンティック不変性を確立することです。まずあなたは、集約データ構造中のデータに対して誰が責任を持つのかという点を決定する必要があります。トップレベルの構造を解放した際に、どういったことが起こるべきかを考えるのです。考えられる選択肢は主に3つあります。

- トップレベルの構造は、自らが保持している部分構造の解放についての責任を持つ。このためトップレベルの構造は順次、再帰的に保持している部分構造のデータを解放していく。
- トップレベルの構造のみを解放する。つまりトップレベル構造が保持している（なおかつ、どこからも参照されていない）すべての構造は「みなし児」となる。
- トップレベルの構造は、部分構造が保持されている限り、自らの解放を拒否する。

これらの選択は各データ構造の個々の状況に依存します。しかし、こういった規則を明確にしておき、一貫したかたちでその決定を実装する必要があります。C のような手続型言語では、データ構造自体が自律性を有していないため、こういった規則の実装に困難が伴います。そのような状況でのお薦めは、主要な構造ごとに標準的な割り当てと解放を行う機能モジュールを記述しておくことです（こういったモジュールに、デバッグ出力やシリアライゼーション、デシリアライゼーション、トラバース用のフックといったものを含めておくのもよいでしょう）。

バランスのチェック

達人プログラマーは自分自身を含めて誰も信頼しないという教えを実践しています。このため、リソースが適切に解放されているかどうかをチェックするコードを作り込んでおくのもよい考えと言えます。ほとんどのアプリケーションでは、リソース型ごとにラッパーを作成しておき、そのラッパーにすべての割り当てと解放を追跡させれば、こういったことを実現できます。そしてコード中の特定地点で、リソースが適切な状態にあるかどうかをプログラムロジックから確認（ラッパーを使ってチェック）するのです。例えば、サービスのリクエストを待ち続けるような長期間稼働型のプログラムであれば、次のリクエストの到着を待つメイン処理ループの先頭がよいでしょう。ここで前回のループ実行時と比較したリソースの使用量を確認すればよいわけです。

低水準ではあるものの、稼働中のプログラム内のメモリーリークの有無をチェックし、有益な情報を与えてくれるツールも存在しています。こういったものに投資するのも一法でしょう。

関連セクション

- 24 死んだプログラムは嘘をつかない (142 ページ)
- 30 変換のプログラミング (186 ページ)
- 33 時間的な結合を破壊する (218 ページ)

チャレンジ

- リソースが常に間違いなく解放される万能の方法はありませんが、ある種の一貫性を持った設計技法を適用することで、理想に近づけることができます。本書中では、主要なデータ構造に対するセマンティック不変表明を確立し、メモリーの解放方針を規定するという点を解説しました。「23 契約による設計（DbC）(131ページ)」をどのように活用すれば、このアイデアに磨きをかけられるのかを考えてみてください。

演習問題

問題 17 C や C++ の開発者の中には、参照メモリの解放後は必ずポインターに NULL を設定するという人もいます。なぜこれがよい考えなのでしょうか？ （回答例は 379 ページ）

問題 18 Java の開発者の中には、オブジェクトの使用が終わった後、必ずオブジェクト変数に NULL を設定するという人もいます。なぜこれがよい考えなのでしょうか？ （回答例は 379 ページ）

27 ヘッドライトを追い越そうとしない

予言をするのは難しい。特に未来についてのことは大変だ。
▶ローレンス「ヨギ」ベラ（デンマークの諺より）

深夜、土砂降りの雨が降る漆黒の山道でのことです。2 シーターのスポーツカーが曲がりくねった山道を猛スピードで駆け抜けています。しかし、あるヘアピンカーブに差し掛かった段階で、そのスポーツカーはハンドルを切り損ね、華奢なガードレールを破壊し、谷底に真っ逆さまに落ちていきました。事故現場にやって来た州の警察官は上官に、首を振りながら「ヘッドライトを追い越したに違いない」と悲しそうに告げました。

このスポーツカーは光速を超えるスピードで走っていたのでしょうか？ いえ、自動車のスピードには限界があります。この警察官が述べようとしたのは、ヘッドライトが照らす先の状況に応じてブレーキを踏む、あるいはハンドルを切るという運転手の能力についてです。

ヘッドライトが前方を照らせる距離には限りがあり、「照射距離」と呼ばれています。その距離を超えると光は拡散し、視認性の低下を引き起こします。さらに、ヘッドライトの光は一直線に前方に向かっていくだけであるため、カーブの先や、上り坂、道路のくぼみといったものをうまく照らすことができません。米運輸省道路交通安全局（NHTSA）によると、ロービームのヘッドライトは平均すると約 160 フィート（約 49 m）まで光が届くそうです。しかし、時速 40 マイル（約 63 km/時）での停止距離は 189 フィート（約 58 m）、時速 70 マイル（約 113 km/時）での停止距離はなんと 464 フィート（約 141 m）にも達するのです*6。このため、ヘッドライトを追い越すというのは実は簡単に起こり得るのです。

我々がソフトウェア開発に用いる「ヘッドライト」にも照射距離と同様の限界があります。あまりにも遠い未来は照らすことができず、前方に向かう軸から外れると光は届かないのです。このことから、達人プログラマーが守るべき鉄則が生み出されます。

Tip 42　少しずつ進めること —— 常に

常に小さな歩幅で少しずつ前に進むように意識してください。そしてフィードバックを得た上で、先に進む前に軌道修正を加えてください。フィードバックのペースを制限速度だと考えるのです。歩幅やタスクを「あまりにも大きなもの」にしてはいけません。

フィードバックとはいったい何を意味しているのでしょうか？　あなたの行動を独立したかたちで裏付け／反証するものであれば何でも構いません。例を挙げてみましょう。

- REPL（Read Eval Print Loop：読み込み／評価／出力の繰り返し）の結果によって API やアルゴリズムの理解に関するフィードバックが得られます。
- ユニットテストによって、最後に変更したコードに関するフィードバックが得られます。

*6　NHTSA によると、停止距離＝空走距離 + 制動距離となっており、反応時間の平均は 1.5 秒で速度の減少は 17.02 フィート/秒^2 となっています。

- ユーザー向けのデモやユーザーとの対話によって機能や使い勝手に関するフィードバックが得られます。

タスクが「あまりにも大きすぎる」とはどういった状態なのでしょうか？　それは、「予言」が必要となるタスクすべてです。自動車のヘッドライトに照射距離があるように、我々が予測できる未来はほんの数歩先、おそらくは数時間かせいぜい数日まででしかありません。それ以降は「知識や経験に基づく推測」や「乱暴な予測」となるのです。このため、以下のような作業では予言になってしまうこともあるはずです。

- 作業完了までの日数や月数の見積もり
- 将来のメンテナンスや拡張可能性に向けた準備
- ユーザーが将来要求しそうなことの予測
- 将来的に利用可能な技術の予測

では、我々は将来のメンテナンスに向けて準備を整えられないのでしょうか？　その答えは、ある程度まで、つまり見えているところまでは可能というものになります。より遠くを見通そうとすればするほど、予測を見誤るというリスクを抱え込むことになります。不確かな未来に向けて労力を無駄にするのではなく、コードをいつでも交換可能なものにしておくという対処ができるはずです。コードの一部を簡単に切り離して捨て、よりよいものと交換できるようにしておくのです。コードを交換可能にしておけば、凝集度が高まるとともに、結合の分離が可能になり、DRY 原則に準拠できるようになるため、最終的によりよい設計を生み出せるようになるのです。

また、未来について自信が感じられる場合もあるでしょうが、思わぬところでブラック・スワンと遭遇する可能性は常について回ります。

ブラック・スワン

Nassim Nicholas Taleb は、『*The Black Swan: The Impact of the Highly Improbable*』という書籍で、歴史上の重要なできごとすべては、常識の範疇を超えた、滅多に発生しない、予測しづらく、影響範囲の広い事象から生み出されると喝破しています。こういった異常値は、統計的にはまれであるものの、不均衡な効果を生み出します。さらに、我々の認知バイアスによって、自らの作業に忍び寄る変化に気付きにくくなります（「4 石のスープとゆでガエル (11 ページ)」を参照）。

『達人プログラマー』の初版出版時には、コンピューター関連の雑誌やオンラインフォーラムで「デスクトップ GUI 戦争の勝者 Motif か OpenLook か？」といった論争が花盛りでした[*7]。これは誤った論題でした。これらテクノロジーの名前など聞いたことがないと思われるかもしれませんし、どちらも「勝者」にはなりませんでした。なぜならブラウザーを中心にしたウェブが世界を牛耳ることになったからです。

Tip 43　予言は避ける

ほとんどの場合、明日は今日と非常によく似ています。しかし、それを前提にしてはいけません。

関連セクション

- 12 曳光弾 (65 ページ)
- 13 プロトタイプとポストイット (72 ページ)
- 40 リファクタリング (268 ページ)
- 41 コードのためのテスト (274 ページ)
- 48 アジリティーの本質 (332 ページ)
- 50 ココナツでは解決できない (346 ページ)

---

*7　Motif と OpenLook は UNIX ワークステーションの X-Window System 上で稼働する GUI 標準でした。

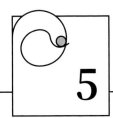

5 柳に雪折れ無し

Bend, or Break

人生は待っちゃくれません。我々が記述するコードも同じです。今日のように目まぐるしく発生する変化に追随していくために、できるだけ余裕のある、つまり柔軟性の高いコードを記述する努力が必要です。さもなければ、記述したコードはあっという間に時代遅れになるか、修正にもろいものとなり、世の中の流れに置いていかれてしまうのです。

「11 可逆性 (60 ページ)」では非可逆的な意思決定の危険性について解説しました。そこでこの章では、不確かな世界におけるコードの柔軟性と適応性を保つために、どうすれば可逆的な意思決定が行えるのかについて解説します。

最初に「結合度」、すなわちモジュール間におけるコードの依存度について見てみます。「28 分離 (164 ページ)」では概念の分離を押し進めることによって結合度を下げる方法を解説します。

次に「29 実世界を扱う (173 ページ)」において、使用できる別なテクニックを見てみることにします。ここでは、近代的なソフトウェアアプリケーションにおいて重要な側面とも言える、イベントに対する反応を管理する上で役立つ4つの異なる戦略を考察します。

従来の手続き型言語やオブジェクト指向言語のコードはあまりにも目的と緊密に結合しすぎる可能性があります。「30 変換のプログラミング (186 ページ)」では、機能のパイプラインという考え方により、これを直接サポートしていない言語であっても、より柔軟かつよりクリアにするための方法を解説します。

よくあるオブジェクト指向スタイルでは、別種の落とし穴に誘われる場合があります。この落とし穴にはまってはいけません。ここに落ちてしまうと、「31 インヘリタンス（相続）税 (202 ページ)」という高価な代償を払う羽目になります。このため、コードを柔軟かつ容易に変更できるようにする別な方法を解説します。

また、コードを柔軟なものにし続ける上で「記述するコード量を減らす」という自明の優れた方法があります。コードの変更によって、新たなバグを導入する可能性が出てくるのです。「32 設定 (212 ページ)」では、コードを安全かつ容易に変更できるようなかたちで、コードから詳細を取り出す方法を解説します。

柳に雪折れ無しという諺があります。これらのテクニックすべてによって、コードに柳の枝のような柔軟性を持たせることができれば、雪の重みという外界の変化に負けないようになるわけです。

28 分離

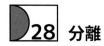

何かを拾い上げようとすると、それは万物につながっていることに気付く。
▶ジョン・ミューア、はじめてのシエラの夏

「8 よい設計の本質 (35 ページ)」では、優れた設計原則を適用することで、開発されるコードの変更が容易になると主張しています。結合は変更の敵です。結合によって、離れた場所にある 2 つのものごとの整合性を常に取る必要が生み出され、一方を変更した際に必ずもう一方も変更しなければならなくなるのです。これによって変更は一筋縄ではいかなくなります。変更しなければならないすべてのパーツの洗い出しに時間を費やしたり、すべての結合を調べ上げずに「1 箇所だけ」修正し、なぜうまく動作しないのかと頭を悩ませることになるのです。

橋や鉄塔のような堅牢なものを設計したいのであれば、コンポーネントを結合させることになります。

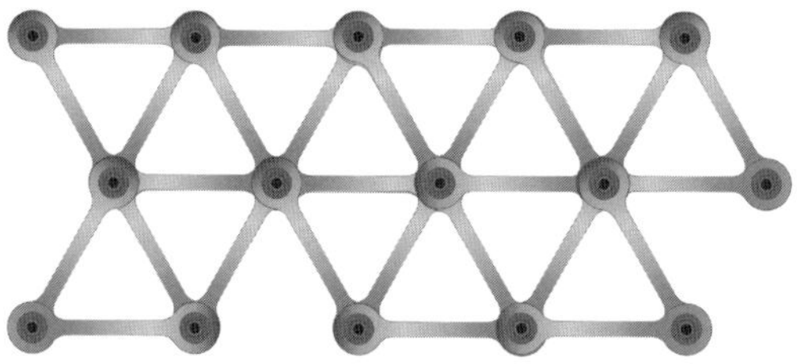

このように結合を整然と配置することで、建造物は堅牢なものになるのです。では次のような構造を比較してみてください。

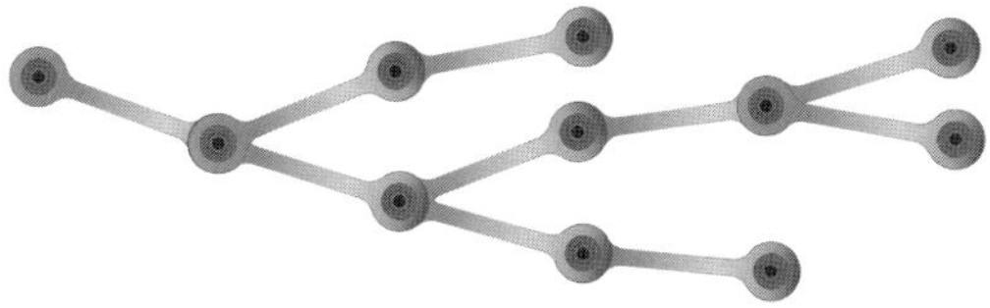

ここには構造上の堅牢さはありません。個々の結合は変更可能であり、残りの部分は変更に適合できます。

橋を設計する際には、全体の形状を保持するために、堅牢にする必要があります。しかし、変更が入る可能性のあるソフトウェアを設計する際には、まったく逆のアプローチを採り、柔軟性を追求することになります。そして柔軟性を実現するには、それぞれのコンポーネント間の結合をできる限り減らすべきなのです。

また、困ったことに結合は伝染性を持っています。AがBとCに結合しており、BがMとNに結合しており、CがXとYに結合している場合、Aは実際のところBとC、M、N、X、Yに結合していることになるのです。

このことは、次の原則を守らなければならないという意味を持っています。

Tip 44　分離されたコードは変更しやすい

我々は鉄骨やリベットを使ってコードを構築するわけではないという点を考えた場合、コードを分離するというのはどういった意味を持っているのでしょうか？ このセクションでは次のことがらを考察しています。

- 列車の衝突事故——メソッド呼び出しの連鎖
- グローバリゼーション——静的なものに潜む危険
- 相続問題——サブクラス化が危険な理由

ある意味において、このリストは作為的なものです。結合は2つのコードが何かを共有しているだけで起こり得るため、以降で説明している内容を読み進める際には、「あなたのコード」に適用できるよう、その根底にあるパターンをつかみ取るようにしてください。そして、次のような結合の症状にも目を光らせておいてください。

- 無関係なモジュールやライブラリーとの奇妙な依存関係
- システム中の無関係なモジュールに伝播していく、あるいはシステムの各所を破壊する、単一モジュールへの「シンプル」な変更
- どういった影響が引き起こされるかが分からないため、コードの変更に恐れを抱く開発者
- 変更によって誰の担当に影響が及ぶかが分からないために全員参加が強制されるミーティング

列車の衝突事故 ―― メソッド呼び出しの連鎖

以下のようなコードを見たことが（あるいは書いたことが）あるはずです。

```
public void applyDiscount(customer, order_id, discount) {
  totals = customer
           .orders
           .find(order_id)
           .getTotals();
  totals.grandTotal = totals.grandTotal - discount;
  totals.discount   = discount;
}
```

顧客オブジェクトから複数の注文への参照を取得し、そのなかから特定の注文を探し出した後、その注文の合計を取得しています。そして、この合計から割引額を減算して総計を算出するとともに、割引情報を更新します。

このコードは顧客から合計に至るまでの 5 つの抽象階層を横断しています。詰まるところトップレベルのコードは、顧客オブジェクト（customer）が orders によって注文履歴オブジェクトを公開している点と、注文履歴オブジェクトが注文 ID を受け取って特定の注文オブジェクトを返す find メソッドを有している点、注文オブジェクトが総額を管理するオブジェクト（totals）を返す getTotals メソッドを有している点、総額を管理するオブジェクトが合計額のゲッターとセッターとともに、割引額のセッターを有している点を知っていなければならないのです。これら多くの知識は、本来であれば知っておく必要のないものです。しかも、これらの知識は、上記のコードが機能し続けるためには「将来的にわたって変更できない」多くの知識となるの

です。列車の衝突事故が起こった際、連結されているすべての車両に影響が及ぶように、すべてのメソッドと属性が影響を受けるのです。

例えば、40 %を越える割引を受け付けないという変更が発生した場合を考えてみましょう。この規則はどのコードで対応するべきでしょうか？

上記の applyDiscount 関数で対応するべきだと考えるかもしれません。確かにそれも答えとしてはありでしょう。しかし、現状のコードを見るだけでは、それが「全体を見渡した上での最適解」であるかどうかを判断することはできません。どこかのコードで、totals オブジェクトのフィールドに変更を加えているかもしれず、コードの保守担当者が仕様変更のメモ書きを見なければ、新たなポリシーに関するチェックを追加しないかもしれません。

この種の判断基準として、責務について考えるというものがあります。そして、totals オブジェクトが総額を管理する責務を担うべきなのは間違いありません。しかし、そのようにはなっていません。これは実際のところ誰でも照会し、更新できる一連のフィールドを保持した単なるコンテナでしかありません。

こういった問題を修正するには、次の考え方が必要です。

Tip 45 照会せずに依頼する（TDA：Tell, Don't Ask）

この原則は、オブジェクトの内部状態に基づく意思決定をし、その結果で該当オブジェクトを更新してはならないというものです。こうすることでカプセル化の利点を破壊し、実装知識をコード全体に拡散させることになってしまいます。このため、列車の衝突事故を避ける最初の手段は、総額を管理するオブジェクトに割引額の処理を委譲することです。

```
public void applyDiscount(customer, order_id, discount) {
  customer
    .orders
    .find(order_id)
    .getTotals()
    .applyDiscount(discount);
}
```

この照会せずに依頼する（TDA：Tell, Don't Ask）と同じ話を顧客オブジェクトとその注文にも適用できます。我々は注文履歴のリストを取得して、検索するべきではないのです。その代わりに、顧客オブジェクトから必要な注文を直接取り出すことになります。

```
public void applyDiscount(customer, order_id, discount) {
  customer
    .findOrder(order_id)
    .getTotals()
    .applyDiscount(discount);
}
```

同じことが、注文オブジェクトとその総額にも適用できます。注文がその合計を格納するために別なオブジェクトを使用しているという実装を、なぜ外の世界が知っておかなければならないのでしょうか？

```
public void applyDiscount(customer, order_id, discount) {
  customer
    .findOrder(order_id)
    .applyDiscount(discount);
}
```

そして、このあたりが止め時になるでしょう。

ここまで来ると、TDA に従って顧客オブジェクトに applyDiscountToOrder(Order_id) メソッドが必要になると考えるかもしれません。この原則を適用すると、そうなります。

しかし TDA は自然界の法則ではなく、問題を認識しやすくするための単なるパターンでしかありません。この場合、顧客オブジェクトは注文を保持していることと、顧客オブジェクトに照会することでそれらの注文を検索できるという事実を公開しても問題はないでしょう。これは実戦に即した意思決定なのです。

あらゆるアプリケーションには、普遍的な、ある種のトップレベルとも言えるコンセプトが存在しています。上記のアプリケーションでは、「顧客」や「注文」がこういったコンセプトに相当します。このため、注文を完全に顧客オブジェクトの中に隠ぺいしてしまう意味はありません。注文はそれ自体で存在して然るべきものです。このため、注文オブジェクトを外界にさらけだすようなAPIを作っても問題ないというわけです。

デメテルの法則

結合の話に関連してしばしば、「デメテルの法則」（LoD）が引き合いに出されます。LoDはIan Hollandが1980年代後半に執筆した一連の指針[*1]です。同氏はデメテルプロジェクトに従事する開発者らが機能をクリーンかつ分離したかたちで開発できるようにするためにこの法則を作り出しました。

LoDに従うと、クラス「C」に定義されたメソッドは以下のアクセスのみを行うべきということになります。

- C内に定義された他のインスタンスメソッド
- そのパラメーター
- スタック上やヒープ内に格納されているオブジェクトに関連づけられているメソッド
- 大域変数

本書の第1版ではLoDについて紙面を割いていました。しかし、この20年にその華々しさは少し色あせてきました。今や、「大域変数」の使用は好ましいものではありません（理由は次のセクションで説明します）。また、大域変数を実際に使用するのは難しいということも分かっています。これはメソッドを呼び出すたびに法律関係の文書を隅から隅まで読むのとよく似ています。

とは言うものの、デメテルの法則の根底にある原則はいまだ健全です。このため、我々はよりシンプルな表現で、ほとんど同じことを提唱します。

Tip 46　メソッド呼び出しを連鎖させないこと

何かにアクセスする際には、ドット（.）を2つ以上続けてはいけません。ここでの「何かにアクセスする」は、次のコードのように中間変数を使用する場合でも同じです。

＊1　つまり、実際のところは法則ではありません。デメテルのとても素晴らしいアイデアというほうが適切です。

```
# これはお勧めできないスタイルです
amount = customer.orders.last().totals().amount;

# これもお勧めできません……
orders = customer.orders;
last   = orders.last();
totals = last.totals();
amount = totals.amount;
```

「1 ドットルール」には大きな例外があります。このルールは、連鎖させようとしているものが、本当に、本当に変更される可能性がない場合には当てはまりません。現実的に見た場合、アプリケーションのあらゆる部分は変更の対象と考えられます。サードパーティー製ライブラリーの内容は、すぐに変更される儚いものとなります。そのライブラリーのメンテナンス担当者がリリースのたびに API に手を加えるような人であれば、特にそうなります。しかし、言語に付随してくるライブラリーはおそらく、かなり安定しているはずです。このため、次のようなコードは問題ないでしょう。

```
people
.sort_by {|person| person.age }
.first(10)
.map {| person | person.name }
```

この Ruby コードは、20 年前に本書の第 1 版を執筆した際に実行していたものであり、我々がプログラマーの老人ホームに入った後（いつになることか分かりませんが）でも実行できるはずです。

連鎖とパイプライン

「30 変換のプログラミング（186 ページ）」では、機能をパイプラインにする方法について解説しています。こういったパイプラインはデータを変換し、ある機能から次の機能に引き渡します。これは、隠れた実装詳細に依存していないため、メソッド呼び出しによる列車の衝突事故と同じではありません。

これはパイプラインがある種の結合を引き起こさないと述べているわけではありません。結合は引き起こされます。パイプライン中のある機能から返されるデータの形式は、次の機能が受け入れる形式と互換性がなければいけません。

しかし、我々の経験では、この種の結合は列車の衝突事故によって引き起こされる結合に比べるとずっと問題になりにくいのです。

グローバリゼーション —— 大域データの弊害

どこからでもアクセスできるデータは油断なりません。これによってアプリケーションコンポーネント間の結合が生み出されるのです。大域データそれぞれは、アプリケーション中のすべてのメソッドにとって、突如アクセスできるようになった追加パラメーターのようなものです。つまり、大域データは「あらゆるメソッド」の内部から利用できるのです。

大域データは多くの理由でコードの結合を招きます。大域データの内容を変えると、システム内のすべてのコードに影響が及ぶというのは最も分かりやすい例でしょう。もちろん影響を受ける部分は限られていますが、それら修正部分をすべて洗い出せたかどうかが問題となるのです。

また、スパゲッティのように絡み合ったプログラムを整理するために、大域データを作ってしまうことでも結合が生み出されます。

コードの再利用によってさまざまな利点が生み出されてきました。我々の経験から言えば、コードを新規作成する際、再利用のことを一番の懸念に据えるべきではありませんが、コードの再利用という考え方は日頃のコーディング習慣の一部になっているべきだと考えています。コードを再利用可能にする場合、クリーンなインターフェースを作り上げ、それをコードの残り部分から分離することになります。これにより、元のコードの中からすべてのものを引きずり出すことなく、メソッドやモジュールを抽出できるようになります。このため、メソッドやモジュールが大域データを使用している場合、簡単にそれらをコードの残り部分から抽出することができなくなるのです。

この問題は、大域データを使用するコードのユニットテストを作成している時に明らかになるはずです。テスト環境を作り上げる際に、大域変数を用意するためのコードを記述する羽目になってしまうのです。

Tip 47　大域データを避ける

大域データには Singleton も含まれる

我々は先ほどのセクションで、「大域変数」ではなく、「大域データ」という言葉を選んでいました。その理由は、「どうだ！ 大域変数をなくしたぞ。Singleton オブジェクトやグローバルなモジュール内のインスタンスデータとしてすべてをラップした」という主張をする人が多いためです。

それではダメなのです。一連のインスタンス変数を保持した Singleton を作成したとしても、それは単なる大域データでしかありません。結局のところ、参照する際の名前が長くなるだけなのです。

こういった Singleton オブジェクトを作成し、メソッドの裏側にすべてのデータを隠したと考えてみましょう。この場合、`Config.log_level` ではなく、`Config.log_level()`、あるいは `Config.getLogLevel()` と記述することになります。これにより大域データは多少の知性の下で扱われるようになるという点で、ましなものとなります。例えば、ログレベルの表現形態を変えようとした場合、Config API の新旧間を対応づければ互換性を維持できます。しかしそれでも、設定データ一式を保持させているというだけなのです。

大域データには外部リソースも含まれる

変更される可能性のある外部リソースはすべて大域データです。アプリケーションがデータベースやデータストア、ファイルシステム、サービス API などを使用している場合、大域データの罠に陥るリスクがあります。解決策はここでも、あなたが管理できるコードでこういったリソースをラップして隠ぺいするというものになります。

> **Tip 48**　大域データにするだけ重要なものである場合、API でラップする

相続問題 ―― サブクラス化が危険な理由

別のクラスの状態と振る舞いを継承するクラス、すなわちサブクラス化の誤用はあまりにも重要であるため、独立したセクション「31 インヘリタンス（相続）税 (202 ページ)」で考察しています。

もう一度……すべては変更についてである

結合されたコードの変更は至難の業です。ある場所での変更はコード中のどこか他の場所に二次的な影響を及ぼし、その場所には本番に移行して 1 カ月くらい経たないと光が当たらない場合もしばしばあるのです。

コードを恥ずかしがりにしておいてください。つまり、コード自らが直接知っていることのみを実行するようにすれば、アプリケーションを分離できるようになり、より変更に強いものにできるのです。

関連セクション

- 8 よい設計の本質（35 ページ）
- 9 DRY 原則 — 二重化の過ち（38 ページ）
- 10 直交性（49 ページ）
- 11 可逆性（60 ページ）
- 29 実世界を扱う（173 ページ）
- 30 変換のプログラミング（186 ページ）
- 31 インヘリタンス（相続）税（202 ページ）
- 32 設定（212 ページ）
- 33 時間的な結合を破壊する（218 ページ）
- 34 共有状態は間違った状態（223 ページ）
- 35 アクターとプロセス（232 ページ）
- 36 ホワイトボード（239 ページ）

- 「照会せずに依頼する」については、*Software Construction* 誌の 2003 年の記事「The Art of Enbugging」[*2]（エンバグの技芸）で考察しています。

29 実世界を扱う

ものごとはただ起こるわけではない。ものごとは起こすものだ。
▶ジョン F. ケネディー

昔々、つまり本書の著者らがまだ若さの残る、イケたルックスをしていた時

*2　https://media.pragprog.com/articles/jan_03_enbug.pdf

代、コンピューターはあまり柔軟性を有していませんでした。我々はさまざまな制約の下で、コンピューターとやり取りせざるを得なかったのです。

今日では、それ以上のことが期待できます。コンピューターは自らの世界ではなく、「我々の」世界に歩み寄っています。そして我々の世界は乱雑そのものです。さまざまなものごとが常に起こり、状況はすぐに変わり、我々の心もころころ変わります。そして、我々の開発するアプリケーションも、その状況に対応するために何らかの作業が必要となります。

このセクションは、そういったレスポンシブなアプリケーションの開発について考察します。

まずは「イベント」のコンセプトから始めましょう。

イベント

「イベント」とは情報の利用可能性を表現するものです。これは、ユーザーによるボタンのクリックや、株価の更新といった、システムの外にある世界からやって来るかもしれません。また、計算結果の準備ができたとか、検索が終了したといった、システム内で発生するものかもしれません。さらには、リストの次の要素を取得したといった些細なものかもしれません。

データの源が何であれ、イベントに応答するアプリケーションを開発するのであれば、またイベントに基づいてアクションを実行するのであれば、それらは現実世界で適切に動作するアプリケーションになるはずです。そういったアプリケーションのユーザーは対話性の向上を感じるはずです。また、アプリケーション自体もリソースを上手に活用できるようになるはずです。

しかし、このようなアプリケーションはどのようにすれば開発できるのでしょうか？ 何らかの戦略がなければ、あっという間に混乱し、アプリケーションは緊密に結合されたガラクタのようなコードになってしまいます。

では、4 つの戦略を見てみることにしましょう。

1. 有限状態機械（FSM）
2. Observer パターン
3. Publish/Subscribe プロトコル
4. リアクティブプログラミングとストリーム、イベント

有限状態機械

Dave は毎週毎週、有限状態機械（FSM）を用いてコードを開発していることに気付きました。多くの場合、FSM の実装は数行程度のコードで済むものの、混乱を引き起こしそうな多くの問題を解決する上で役立ちました。

FSM の適用はとても簡単であるものの、多くの開発者らは背を向けています。どうやらこれは難しいものである、あるいはハードウェアを扱っている場合にのみ登場する考え方である、はたまた理解しづらいライブラリーを使用しなければならないものだと考えられているようです。しかし、その考えは間違っています。

実践的 FSM のススメ

有限状態機械は基本的に、イベントに対してどのように振る舞うのかを規定したものでしかありません。これは一連の状態で構成されており、そのいずれかが「現在の状態」となります。そして、それぞれの状態について、その状態にとって意味を持つ一連のイベントがあります。そして、それぞれのイベントごとに、システムが遷移する次の状態が定義されています。

例えば、ウェブソケットから複数のパーツに分割されたメッセージ（multipart メッセージ）が到来する可能性があるとします。最初のメッセージはヘッダーです。その後に、任意の数のデータメッセージが、最後にトレーラーが到来します。これを FSM で表現すると以下のようになります。

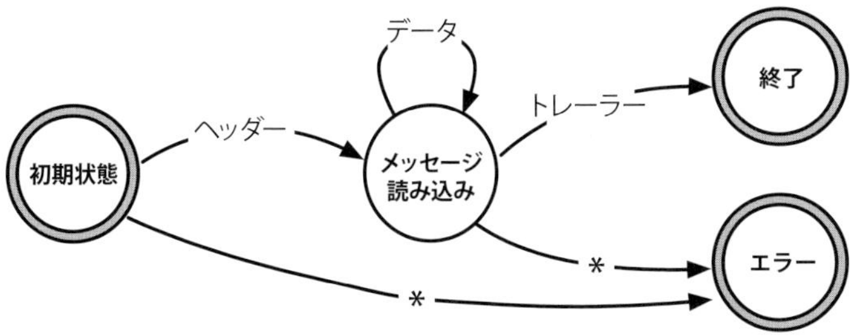

まず最初の状態は「初期状態」です。ヘッダーメッセージが到来すると、状態が「メッセージ読み込み」状態に遷移します。初期状態にある時に何か別のメッセージが到来した場合、アスタリスク（*）の付いた矢印を経由して「エ

ラー」に状態が遷移し、そこで終了します。

「メッセージ読み込み」状態にある時に受け付けられるのは、データメッセージ（その場合、状態「メッセージ読み込み」にとどまり続けます）か、トレーラー（その場合、状態は「完了」に遷移します）であり、それ以外の場合は「エラー」状態に遷移します。

FSM の便利な点は、これ自体をデータとして表現できるところにあります。以下はメッセージのパーサーを表現したテーブルです。

状態	イベント			
	ヘッダー	データ	トレーラー	その他
初期状態	読み込み	エラー	エラー	エラー
読み込み状態	エラー	読み込み	終了	エラー

テーブルの各行は状態を表しています。あるイベントが発生した際に何を実行するのかは、現在の状態行を検索し、そのイベントを表現した列を見つけ出せば、その項目の内容が新たな状態になるわけです。

こういった処理をするコードもテーブルと同様、難しくありません。

code/event/simple_fsm.rb

```
TRANSITIONS = {
  initial: {header: :reading},
  reading: {data: :reading, trailer: :done},
}

state = :initial

while state != :done && state != :error
  msg = get_next_message()
  state = TRANSITIONS[state][msg.msg_type] || :error
end
```

このコードで状態間の遷移を実装しているのは 10 行目の `state` から始まる行です。これは現在の状態をインデックスとして用いて遷移テーブルのエントリーを読み込んだ後、メッセージのタイプをインデックスとして用いて遷移先を確定しています。新たな状態に適合するものがない場合、状態を`:error` に設定します。

アクションの追加

今見ていただいたような、純粋な FSM はイベントのストリームに対するパーサーであり、結果は最終的な状態のみです。さらに、特定の遷移で実行するアクションを追加することもできます。

例えば、ソースファイル内の文字列すべてを抽出する必要があったと考えてください。文字列は引用符で囲まれてテキストです。ただし、文字列中のバックスラッシュは次の文字に対するエスケープ文字として機能するため、`"Ignore \"quotes\""`は単一の文字列となります。以下は、この処理を表現した FSM です。

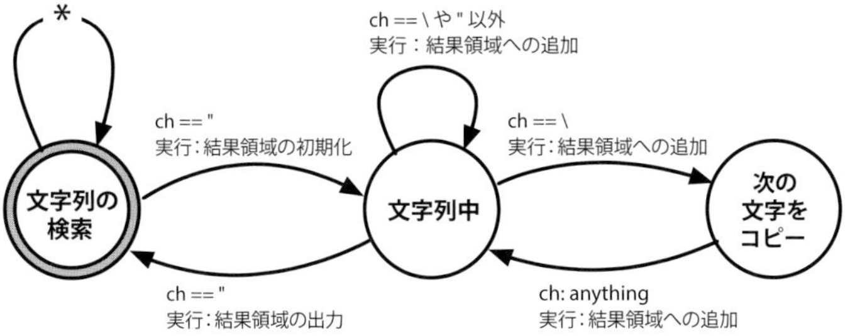

この例では、それぞれの遷移に 2 つのラベルが追加されています。上に書かれているのはこの遷移が引き起こされるイベントであり、下に書かれているのはこの遷移で実行されるアクションです。

これを先ほどのようにテーブルで表現してみましょう。ただ今回の場合、テーブル内の各エントリーには遷移後の状態と、遷移時に実行するアクションの名前が記述された 2 つの要素を記述することになります。

code/event/strings_fsm.rb

```
TRANSITIONS = {

  # current        new state        action to take
  #---------------------------------------------------------
```

```
  look_for_string: {
    '"'      => [ :in_string,       :start_new_string ],
    :default => [ :look_for_string, :ignore ],
  },

  in_string: {
    '"'      => [ :look_for_string, :finish_current_string ],
    '\\'     => [ :copy_next_char,  :add_current_to_string ],
    :default => [ :in_string,       :add_current_to_string ],
  },

  copy_next_char: {
    :default => [ :in_string,       :add_current_to_string ],
  },
}
```

ここではまた、現在の状態にマッチしないイベントが到来した場合におけるデフォルトの遷移処理を追加しました。

では、コードを見てみることにしましょう

code/event/strings_fsm.rb

```
state = :look_for_string
result = []

while ch = STDIN.getc
  state, action = TRANSITIONS[state][ch] || TRANSITIONS[state][:default]
  case action
  when :ignore
  when :start_new_string
    result = []
  when :add_current_to_string
    result << ch
  when :finish_current_string
    puts result.join
  end
end
```

このコードは、イベント（文字の入力）によって状態遷移が引き起こされるという処理のループになっているという点で、上述の例とよく似ています。ただ先の例よりも多くの処理を行っています。各遷移の結果として、新たな状態とアクション名の双方が得られるわけです。このアクション名を使ってコードを実行し、ループの続きを実行するということになります。

このコードはとても基本的なものですが、ちゃんと仕事をこなしてくれます。この他にも、さまざまな処理を追加することができます。例えば、遷移テーブルに匿名関数を追加したり、アクションを実行する関数へのポインターを格納したり、有限状態機械自体を独立したクラスでラップして独自の状態を保持できるようにするといったことが考えられます。

すべての状態遷移を同時に処理する必要があるのは言うまでもありません。開発中のアプリでユーザーのサインアップというプロセスがあるのであれば、詳細の入力と、電子メールアドレスの検証、オンラインアプリが提供しなければならない107種類にも及ぶ権利上の項目への同意などを実装することになります。これらの状態を外部ストレージに保存しておき、それに基づいて有限状態機械を駆動させるようにすれば、この種のワークフローに適切に応じられるようになるはずです

有限状態機械を出発点に

残念なことに、有限状態機械はあまり開発で活用されていません。しかし、我々は積極的に活用する場を探してほしいと考えています。とはいえ、これがイベントに関するすべての問題を解決するものではありません。このため、イベントの取り扱いに向けたその他の方法にも目を向けてみることにしましょう。

Observerパターン

「Observerパターン」では、「観測可能」(observable) と呼ばれるイベントの発生源と、そのイベントに関連づけられた「オブザーバー」(observer) と呼ばれるクライアントのリストを管理することになります。

たいていの場合、オブザーバーは興味のある観測可能な対象に向けて、呼び出してほしい関数への参照を引き渡します。その後、イベントが発生した場合、その観測可能な対象は、オブザーバーのリストに登録された関数を順番に呼び出していきます。そして、その関数呼び出しにはこのイベント自体が引数として渡されます。

以下はRubyで記述したシンプルな例です。`Terminator`モジュールはアプリケーションを終了するために用いられます。しかし終了に先立って、該当ア

プリケーションのオブザーバーすべてに対して通知を送信します*3。この通知を使用すれば、一時的に確保したリソースの解放や、データのコミットといった後始末をすることもできます。

code/event/observer.rb

```
module Terminator
  CALLBACKS = []

  def self.register(callback)
    CALLBACKS << callback
  end

  def self.exit(exit_status)
    CALLBACKS.each { |callback| callback.(exit_status) }
    exit!(exit_status)
  end
end

Terminator.register(-> (status) { puts "callback 1 sees #{status}" })
Terminator.register(-> (status) { puts "callback 2 sees #{status}" })

Terminator.exit(99)
```

```
$ ruby event/observer.rb
callback 1 sees 99
callback 2 sees 99
```

観測可能な対象を作成するためのコードはさほど大きなものではありません。関数への参照をリストに追加し、イベントが発生した際にこれらの関数を呼び出すだけです。これはライブラリーを「使わない」場合における優れた例です。

Observer パターンは、数十年間にわたって使われてきており、実績も豊富にあります。これはユーザーインターフェースシステムにおいて、何らかのインタラクションが発生した際にコールバックによってアプリケーションにその旨を知らせるという局面で特に多用されています。

ただ、Observer パターンには問題もあります。それぞれのオブザーバーは観測可能な対象に登録しなければなりませんが、それは結合を導入することに

*3　実は、Ruby には at_exit という、これを実現する機能が搭載されています。

なります。加えて、コールバックの典型的な実装では、観測可能な対象の処理と同じスレッド内でコールバックが逐次的に処理されることになるため、同期が発生し、パフォーマンス上のボトルネックが生み出されます。

この問題は次に紹介する Publish/Subscribe という戦略で解決できます。

Publish/Subscribe プロトコル

Publish/Subscribe（pubsub）は、Observer パターンを一般化すると同時に、結合とパフォーマンスの問題を解決してくれるものです。

pubsub モデルでは、「パブリッシャー」と「サブスクライバー」を用意することになります。これらはチャンネルを介して接続されます。このチャンネルは、ライブラリーやプロセス、分散インフラなど、コード本体から切り離されたかたちで実装されます。この実装の詳細はコードから隠ぺいされるのです。

すべてのチャンネルには名前が付けられます。サブスクライバーはこういった名前の付けられたチャンネルの中から興味のあるものを登録し、パブリッシャーはイベントをチャンネルに書き込みます。Observer パターンとは異なり、パブリッシャーとサブスクライバーの間の通信は、コード以外のところで潜在的かつ非同期に取り扱われます。

原始的な pubsub システムであれば自らで実装することはできるかもしれませんが、あまりお勧めしません。ほとんどのクラウドサービスプロバイダーは pubsub 機能を用意しているため、世界中のアプリケーションから利用できるはずです。また、一般的な言語であれば少なくとも pubsub ライブラリーが 1 つ用意されているはずです。

pubsub は非同期イベントの取り扱いを分離する優れたテクノロジーです。これによりアプリケーションの実行中であっても、既存のコードを変更することなく、コードを追加したり交換したりできるようにもなります。ただ、pubsub を過度に使用しているシステムでは何が起こっているのかを見極めにくいという短所があります。つまり、パブリッシャーを見るだけでは、特定のメッセージに関連づけられたサブスクライバーが何かをすぐに把握できないのです。

pubsub は Observer パターンと比べると、共有インターフェース（チャンネル）を通じた抽象化によって結合を引き下げる素晴らしい例と言えます。しかし、これは基本的に単なるメッセージパッシングシステムでしかありません。

イベントの組み合わせに応答できるシステムを作るには、さらなる処理が必要です。では、イベント処理に時間軸を追加する方法を見てみることにしましょう。

リアクティブプログラミングとストリーム、イベント

スプレッドシートを使用したことがあるのであれば、「リアクティブプログラミング」にも慣れ親しんでいるはずです。セル中に他のセルを参照する式が含まれている場合、参照先のセルを更新するとその式が保持されているセルの内容も更新されます。値を計算するための値が変更された場合、自動的に「反応」（react）するのです。

データレベルでのこの種の反応を支援するためのフレームワークが数多く存在しています。ブラウザー上では React と Vue.js が現在のお気に入りです（ただし、これは JavaScript で構築されている点と、本書が出版される前に陳腐化している可能性もある点に留意しておいてください）。

イベントはコード中の反応を引き起こすために用いることができるのは当然ですが、必ずしもそれが簡単とは限りません。ここで「ストリーム」の出番がやって来ます。

ストリームを用いることで、イベントをデータのコレクションとして扱えるようになります。これはイベントのリストを保持しているようなものであり、イベントが到来するとリストは長くなっていきます。その利点は、ストリームを他のコレクションと同じように扱えるようになるというものです。つまり、操作や結合、フィルタリングなど、データに対して適用できるすべてのことが可能になるのです。さらに、イベントストリームと一般的なコレクションを結合するといった芸当すら可能です。また、ストリームは非同期にできるため、到来したイベントに即座に反応するようなコードを記述することもできます。

リアクティブなイベント処理における現時点での「デファクトスタンダード」は、http://reactivex.io で定義されています。ここでは、言語に依存しない原則と、いくつかの一般的な実装が文書化されています。以下では JavaScript 向けの RxJs ライブラリーを用いて説明します。

最初の例では 2 つのストリームを取得し、それらをマージしています（`Observable.zip` メソッドを使用）。結果のストリームは、それぞれのストリームから 1 つずつ要素を取得しながら生成されます。この場合、1 つ目のス

トリームは5種類の動物の名前です。2つ目のストリームは、500ミリ秒ごとにイベントを発生させるタイマーという、より興味深いものです。ストリームがマージされるということは、双方のデータが利用可能になった時点で初めて結果の生成処理に入るという意味を持っています。このため、結果のストリームは0.5秒ずつ値を発することになります。

code/event/rx0/index.js

```
import * as Observable from ’rxjs’
import { logValues }  from ”../rxcommon/logger.js”

let animals  = Observable.of(”ant”, ”bee”, ”cat”, ”dog”, ”elk”)
let ticker   = Observable.interval(500)

let combined = Observable.zip(animals, ticker)

combined.subscribe(next => logValues(JSON.stringify(next)))
```

このコードは、ブラウザーウィンドウ内のリストに項目を追加するという、簡単なログ出力関数[*4]を使用しています。各項目には、プログラムの動作開始時点からミリ秒単位で計測したタイムスタンプが付加されます。以下はそのコード例です。

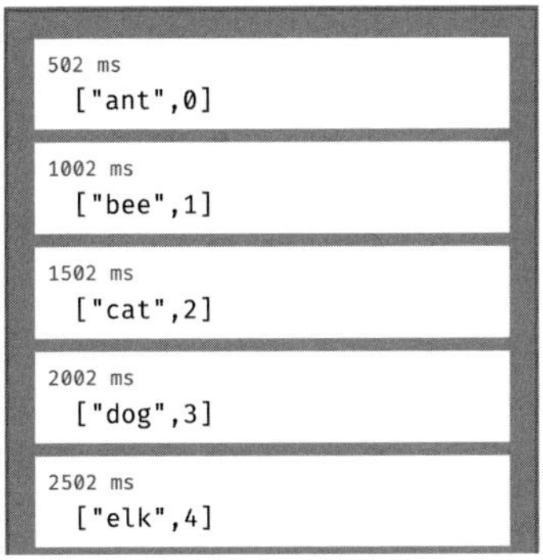

タイムスタンプに注意してください。このコードは500ミリ秒ごとにストリームからイベントを受け取ります。それぞれのイベントには、シリアルナン

＊4 https://media.pragprog.com/titles/tpp20/code/event/rxcommon/logger.js

バー（観測可能な対象の interval によって生成された）と、リスト中に格納されている順序で動物の名前が含められています。これにより、ブラウザー上での動作を見ると 0.5 秒ごとにログが表示されるようになります。

イベントストリームは通常の場合、イベントの発生時に記録されますが、そのことは観測可能な対象が並行して実行されているということを意味しています。以下の例は、リモートサイトからユーザーに関する情報を取得するというものです。これを実現するために、オープン REST インターフェースを提供する公開サイト https://reqres.in を使用します。この API を使用して、users/<<id>>に対する GET リクエストを出すことで、特定（偽の）ユーザーのデータを取得できます。以下のコードでは、ID が 3 と 2、1 のユーザーを取得しています。

code/event/rx1/index.js

```
import * as Observable from ’rxjs’
import { mergeMap }    from ’rxjs/operators’
import { ajax }        from ’rxjs/ajax’
import { logValues }   from ”../rxcommon/logger.js”

let users = Observable.of(3, 2, 1)

let result = users.pipe(
  mergeMap((user) => ajax.getJSON(‘https://reqres.in/api/users/${user}‘))
)

result.subscribe(
  resp => logValues(JSON.stringify(resp.data)),
  err  => console.error(JSON.stringify(err))
)
```

コード内部の詳細はさほど重要ではありません。大事なのは以下の画面イメージに記された結果です。

```
82 ms
  {"id":2,"first_name":"Janet","last_name":"Weaver","avatar":"https
132 ms
  {"id":1,"first_name":"George","last_name":"Bluth","avatar":"http
133 ms
  {"id":3,"first_name":"Emma","last_name":"Wong","avatar":"https:/
```

タイムスタンプを見てください。3つのリクエスト、すなわち3つの個別ストリームが並列して処理されています。最初に返ってきたのはIDが2のものであり82ミリ秒、次に2つが50ミリ秒と51ミリ秒で返ってきています。

イベントのストリームは非同期のコレクション

上記の例では、ユーザーIDのリスト（観測可能な対象のusers）は静的なものでした。しかし、そうである必要性はありません。そのような情報を収集する目的はおそらく、われわれのサイトにログインした人々の情報を集めたいという場合でしょう。このためやるべきことは、セッションが作成された時にそのユーザーIDを保持した観測可能なイベントを生成し、静的なものの代わりに観測可能なものを使用することです。その後、こういったIDを受け取った際に、ユーザーに関する詳細を取得し、おそらくはどこかに格納することになるのでしょう。

これは非常に強力な抽象化です。その結果、時間を管理対象として扱わなくても済むようになるのです。イベントストリームによって、一般的かつ使いやすいAPIの背後で同期処理と非同期処理が統合されるわけです。

イベントはユビキタスなもの

イベントはそこら中にあります。ボタンのクリックやタイマー設定時刻の到来などは自明なものです。一方、ログインやファイル内での行のマッチングはさほど自明ではありません。しかし、その源が何であれ、イベントを中心にしたコードは、直列的に処理をしていくコードよりもよりレスポンシブで、より分離したものになるのです。

関連セクション

- 28 分離（164ページ）

- 36 ホワイトボード (239 ページ)

演習問題

問題 19 FSM のセクションで、汎用の有限状態機械を独立したクラスにすることができると述べました。こういったクラスはおそらく、遷移テーブルと初期状態を引き渡して初期化することになります。
このようにして文字列の抽出を行う FSM クラスを実装してください。

(回答例は 379 ページ)

問題 20 これらテクノロジーのうちのどれが以下の状況に適しているでしょうか（組み合わせも考えられます）。

- 5 分間で「ネットワークインターフェースの停止」イベントを 3 つ受け取った場合、運用担当者に通知する。
- 日没後に、階段下の人感センサーが反応した後、階段上の人感センサーが反応した場合、階段上のライトを点灯させる。
- 注文が完了した際に、各種レポートシステムに通知する。
- 顧客にカーローンの資格があるかどうかを判断するために、アプリケーションは 3 つのバックエンドサービスに照会し、結果を待つ必要がある。

(回答例は 380 ページ)

30 変換のプログラミング

今行っていることをプロセスとして表現できないのであれば、今何をやっているのかを知っているとは言えない。

▶W・エドワード・デミング

あらゆるプログラムはデータを変換し、入力を出力に変えます。とは言うものの、我々が設計について考える場合、変換の内容について考えることは滅多にありません。そうではなく、クラスやモジュール、データ構造、アルゴリズム、言語、フレームワークについて気にかけているのです。

しかし、コードに焦点を当てて考えることでポイントを外してしまう場合もあります。我々は、プログラムが入力を出力に変換するものという考え方に立ち返る必要があるのです。この立場を取った場合、それまでに気にかけていた詳細の多くは消えて無くなります。構造はより明確になり、エラーの取り扱いは整合性を持ち、結合度も小さくなるのです。

問題を突き詰めていくにあたって1970年代にまで時を遡り、あるタスクをUNIXプログラマーに依頼するという例を考えてみます。そのタスクとは、特定ディレクトリー内のファイル群を読み込み、コンテンツの行が最も長い上位5ファイルをリストアップするというものです。

そうすると、彼らはエディターを開き、おもむろにCのコーディングを始めるのではないかと考える方もいるでしょう。しかしそうではありません。というのも、彼らはその依頼が手元にあるもの（ディレクトリーツリー）と、結果として欲しいもの（ファイルのリスト）であると考えるのです。そして、ターミナルを開き、次のようなコマンドを入力します。

```
$ find . -type f | xargs wc -l | sort -n | tail -5
```

これは一連の変換処理です。

1. `find . -type f`：カレントディレクトリー（.）とそのサブディレクトリーに存在するすべてのファイルをリストにして標準出力に書き出します（`-type f`）。
2. `xargs wc -l`：標準入力から読み込んだ内容すべてを`wc -l`コマンドの引数として引き渡します。`wc`というプログラムに`-l`というオプションを指定すると、引数として与えられた各ファイルの内容を読み込み、その行数を「行数 ファイル名」という形式で標準出力に書き出します。
3. `sort -n`：標準入力からの各行が数字で始まっている（`-n`）と解釈し、ソートした結果を標準出力に書き出します。
4. `tail -5`：標準入力から読み込んで、最後の5行のみを標準出力に書き出します。

これらのコマンドを、我々が執筆しているこの書籍のディレクトリーで実行すると、以下の結果が得られました。

```
     470 ./test_to_build.pml
     487 ./dbc.pml
     719 ./domain_languages.pml
     727 ./dry.pml
    9561 total
```

最後の行はすべてのファイルの行数を合計した結果です（表示されたファイルだけの数字ではありません)。というのも、これが wc コマンドの仕様であるためです。この 1 行を除去するには、tail コマンドでもう 1 行多めに取得した後、最終行を無視するようにします。

```
$ find . -type f | xargs wc -l | sort -n | tail -6 | head -5
     470 ./debug.pml
     470 ./test_to_build.pml
     487 ./dbc.pml
     719 ./domain_languages.pml
     727 ./dry.pml
```

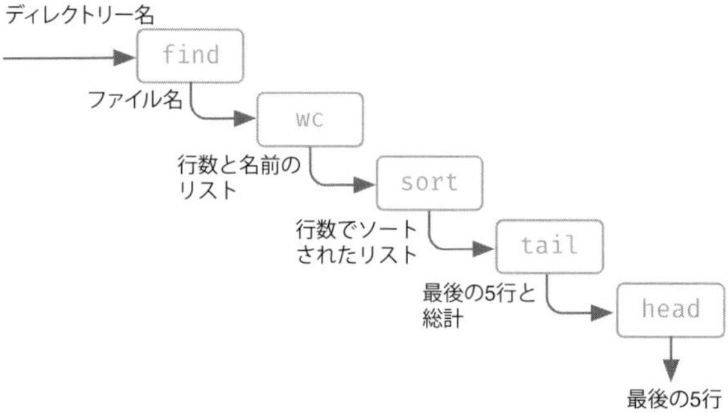

●図 5.1　一連の変換を実行する find のパイプライン

では、個々の手順間でどういったデータがやり取りされているのかを見てみることにしましょう。「行数の多いファイル上位 5 つ」という元々の要求は、一連の変換作業になります（**図 5.1** (188 ページ)を参照してください)。

ディレクトリー名
→ ファイルのリスト
→ 行数と名前のリスト
→ ソートされたリスト
→ 上位 5 ファイル＋合計行
→ 上位 5 ファイル

これは工場の組み立てラインのようなものです。つまり、ラインの片方から生のデータを入力すると、もう片方から最終製品（情報）が出てくるというわけです。

すべてのコードをこのように考えるのです。

Tip 49　プログラミングとはコードについての話であるが、プログラムはデータについての話である

変換を見つける

変換を見つけ出す最も簡単な方法は、要求を出発点にして、入力と出力を見極めることです。これにより、全体的なプログラムを表現する関数の定義を手にしたことになります。その後、入力から出力に向かう手順を見つけていくわけです。これは「トップダウン」によるアプローチです。

例えば、与えられた複数のアルファベットを並べ替えて英単語を作るゲームのウェブサイトを作りたいと思ったとしましょう。ここでの入力は、いくつかのアルファベットであり、出力は 3 文字の単語のリストと、4 文字の単語のリストといったかたちになります。

```
                          3 => ivy, lin, nil, yin
"lvyin"  これを変換する→  4 => inly, liny, viny
                          5 => vinyl
```

（これらは、macOS に搭載されている辞書によると、すべて正しい英単語です。）

全体的なアプリケーションとして見た場合、ここで使用する仕掛けは簡単

なものです。同じ文字群を含むすべての単語に同じ「シグネチャー」を割り当て、そのシグネチャーごとに単語をグループ化した辞書を用意することになります。最も簡単なシグネチャー機能は、単語を文字ごとにソートしたものとなるでしょう。つまり入力文字列からシグネチャーを生成し、この辞書から同じシグネチャーを有する単語を検索し、あれば出力すればよいわけです。

したがって、この「アナグラム発見器」は次の表のような 4 つの変換に細分化できます。

手順	変換	サンプルデータ
手順 0:	初期入力	"ylvin"
手順 1:	3 文字、あるいはそれ以上の文字のすべての組み合わせ	vin, viy, vil, vny, vnl, vyl, iny, inl, iyl, nyl, viny, vinl, viyl, vnyl, inyl, vinyl
手順 2:	組み合わせごとのシグネチャー	inv, ivy, ilv, nvy, lnv, lvy, iny, iln, ily, lny, invy, ilnv, ilvy, lnvy, ilny, ilnvy
手順 3:	辞書中でシグネチャーにマッチした単語のリスト	ivy, yin, nil, lin, viny, liny, inly, vinyl
手順 4:	長さごとにグループ化された単語	3 => ivy, lin, nil, yin 4 => inly, liny, viny 5 => vinyl

変換：順を追った詳細

では最初に手順 1 を見てみることにしましょう。単語を取得し、3 文字あるいはそれ以上の文字の組み合わせをすべて列挙したリストを作成します。この手順自体も一連の変換として表現できます。

手順	変換	サンプルデータ
手順 1.0	初期入力	"vinyl"
手順 1.1	文字群への変換	v, i, n, y, l
手順 1.2	すべてのサブセットを取得	[], [v], [i], … [v,i], [v,n], [v,y], … [v,i,n], [v,i,y], … [v,n,y,l], [i,n,y,l], [v,i,n,y,l]
手順 1.3	3 文字以上の集合のみを取得	[v,i,n], [v,i,y], … [i,n,y,l], [v,i,n,y,l]
手順 1.4	文字列へと変換	[vin,viy, … inyl,vinyl]

ここまで細分化すれば、それぞれの変換をコード（今回はElixirを使っています）で実装するのは容易になるはずです。

code/function-pipelines/anagrams/lib/anagrams.ex

```
defp all_subsets_longer_than_three_characters(word) do
  word
  |> String.codepoints()
  |> Comb.subsets()
  |> Stream.filter(fn subset -> length(subset) >= 3 end)
  |> Stream.map(&List.to_string(&1))
end
```

|> 演算子とは？

Elixirは多くの関数型言語と同様にパイプライン演算子（「フォワードパイプ」や単に「パイプ」とも呼ばれています）が利用できます[*5]。この演算子は、演算子の左側に記述されている値を、右側に記述されている関数の第1パラメーターに挿入するというものです。

```
"vinyl" |> String.codepoints |> Comb.subsets()
```

これは以下の記述と同じ意味となっています。

```
Comb.subsets(String.codepoints("vinyl"))
```

（他の言語に搭載されているパイプでは、次の関数の「最終パラメーター」に値を引き渡すものもあります。その違いは組み込みライブラリーのスタイルに大きく依存しています。）

これは単なるシンタックスシュガー（構文糖）だと思われるかもしれません。しかし、パイプ演算子は考え方を変えるための革命的機会を与えてくれるものなのです。パイプを使用することで、データの変換という観点からものごとを捉えられるようになり、|>という演算子を見るたびに、変換が行われデータが

*5 |>という文字列が最初に使用されたのは、Isabelle/ML言語に関する1994年の議論に遡るようです（アーカイブはhttps://blogs.msdn.microsoft.com/dsyme/2011/05/17/archeological-semiotics-the-birth-of-the-pipeline-symbol-1994/ にあります）。

次の機能に流れていくということを理解できるようになります。

多くの言語にも同様の演算子が用意されています。Elm と F#には|>が、Clojure には->と->>（それぞれは少し違った働きをします）が、R には %>% といった具合です。また Haskell には、パイプ演算子とともに、新たなものを簡単に宣言する機能もあります。さらに本書執筆時点で、JavaScript に|>を追加するという議論も進んでいます。

現在使用している言語で同様の機能がサポートされているのであれば、その幸運を噛みしめてください。そしてサポートされていないのであれば、囲み記事「使っている言語がパイプラインをサポートしてない……という場合（193 ページ）」を参照してください。

それはとにかく、話を本筋に戻しましょう。

変換の続き

ではプログラムの「手順 2」を見てみましょう。ここでは手順 1 で作り出した部分集合をシグネチャーに変換します。この変換も部分集合のリストをシグネチャーのリストにするという簡単なものになります。

手順	変換	サンプルデータ
手順 2.0:	初期入力	vin, viy, … inyl, vinyl
手順 2.1:	シグネチャーへの変換	inv, ivy … ilny, inlvy

Elixir のコードは以下のようにとても簡単なものとなります。

code/function-pipelines/anagrams/lib/anagrams.ex

```
defp as_unique_signatures(subsets) do
  subsets
  |> Stream.map(&Dictionary.signature_of/1)
end
```

これでシグネチャーのリストに変換されました。それぞれのシグネチャーは、同じシグネチャーを持つ既知の単語のリストにマップされます（単語が存在しない場合には nil にマップされます）。その後、nil を除去し、ネストされたリストをフラットなリストに変換することになります。

code/function-pipelines/anagrams/lib/anagrams.ex

```
defp find_in_dictionary(signatures) do
  signatures
  |> Stream.map(&Dictionary.lookup_by_signature/1)
  |> Stream.reject(&is_nil/1)
  |> Stream.concat(&(&1))
end
```

手順4では、単語の長さごとにグループ化を行います。これも簡単な変換であり、キーが長さで値が単語の長さというマップに手元のリストを変換するというものになります。

code/function-pipelines/anagrams/lib/anagrams.ex

```
defp group_by_length(words) do
  words
  |> Enum.sort()
  |> Enum.group_by(&String.length/1)
end
```

使っている言語がパイプラインをサポートしてない……という場合

パイプラインという概念は古くからありますが、ニッチな言語でしかサポートされていません。現在主流となっている多くの言語ではこの概念がいまだにサポートされておらず、最近になって一部の主要言語でサポートされ始めたばかりです。

ただ、変換というものの考え方をする上で、特定の言語シンタックスは必要ありません。これは設計哲学とも言うべきものです。このため、代入ステートメントを並べることで、変換をベースにしたコードを記述できます。

```
const content = File.read(file_name);
const lines   = find_matching_lines(content, pattern)
const result  = truncate_lines(lines)
```

少しばかり面倒ですが、これでも十分機能を果たしてくれます。

すべてをまとめる

ここまででそれぞれの変換を作成してきました。それでは、これらをすべてつなぎ合わせて 1 つの大きな機能にしてみましょう。

code/function-pipelines/anagrams/lib/anagrams.ex

```
def anagrams_in(word) do
  word
  |> all_subsets_longer_than_three_characters()
  |> as_unique_signatures()
  |> find_in_dictionary()
  |> group_by_length()
end
```

さて、うまく動作するでしょうか？ 試してみましょう。

```
iex(1)> Anagrams.anagrams_in "lyvin"
%{
  3 => ["ivy", "lin", "nil", "yin"],
  4 => ["inly", "liny", "viny"],
  5 => ["vinyl"]
}
```

なぜこれが素晴らしいのか？

今一度、関数の本体を見てみることにしましょう。

code/function-pipelines/anagrams/lib/anagrams.ex

```
  word
  |> all_subsets_longer_than_three_characters()
  |> as_unique_signatures()
  |> find_in_dictionary()
  |> group_by_length()
```

これは我々のニーズを満たすうえで必要となる変換をつなぎ合わせただけのものであり、それぞれは以前の変換結果を受け取って変換処理をした後、次の変換に出力を引き渡しているだけです。そして、それぞれの機能を読み下していくことができます。

しかし、さらに深い意味合いも含まれています。あなたのバックグラウンドがオブジェクト指向プログラミングであれば、データを隠ぺいする、すなわちオブジェクト内にカプセル化したいと考えるはずです。これらオブジェクトはその後、さまざまなオブジェクトの間を行き来し、お互いの状態を変えていきます。こういった過程で多くの結合が発生する結果、オブジェクト指向システムが変更しづらいものになっていくのです。

Tip 50　状態をため込まず、引き渡すようにする

変換モデルでは、そういった方針に立っていません。システムのそこら中に小さなデータのプールをばらまくのではなく、データを大河、すなわち「流れ」として考えるのです。データは機能と同格になります。つまり、パイプラインはコード→データ→コード→データ…という一連の並びになるわけです。データはもはや、クラス定義のような特定の関数群に縛られていません。そうすることで、アプリケーションの変換が入力から出力に向かって進んでいく進捗状況も表現できるようになります。また、各関数は他の関数の出力にパラメーターがマッチするのであれば、どこでも使える（そして再利用できる）結果、結合を大きく低減することもできます。

実際のところ、ある程度の結合は存在していますが、我々の経験ではオブジェクト指向スタイルの指揮統制に比べるとずっと管理しやすいものとなっています。また、型チェック機能を搭載した言語を使用しているのであれば、互換性のない関数同士を接続しようとした場合、コンパイル時に警告を得ることもできます。

エラーの取り扱い方

ここまでは、何も問題が発生しないという世界での変換を説明してきました。しかし、現実世界で使用する場合はどうなるのでしょうか？ もしも直線的なチェーンしか構築できないのであれば、エラーのチェックが必要となるような条件を追加しようとした場合、どうすればよいのでしょうか？

これを実現する方法はたくさんありますが、すべては基本的な規約に依存しています。その規約とは、変換の間では生の値をやり取りしないというものです。そうではなく、値とともにその値が有効であるかどうかという情報をラップした、ある種のデータ構造（または型）を作成するのです。例えば、Haskell

ではこのラッパーを Maybe と呼んでおり、F#や Scala では Option と呼んでいます。

このコンセプトをどのように使用するのかについては、言語依存となっています。しかし一般的なコード記述方法は、変換のなかでエラーチェックするか、外でチェックするかの 2 つに分かれます。

先ほどの例で使用した Elixir には、こういったサポートが組み込まれていません。ゼロからの実装方法を見ていただくという点で、これは都合の良い話です。そして似たような手段は、他のほとんどの言語でも使用できるはずです。

最初に表現形態を決める

まずラッパーの表現（値やエラー表示に関する情報を保持するデータ構造）が必要となります。こういった目的で構造を使うこともできますが、Elixir には関数が{:ok, value}か{:error, reason}のいずれかを保持したタプルを返すという、極めて強力な規約が存在しています。例えば、File.open は:ok と IO プロセスを返すか、:error とエラー理由を表すコードを返すようになっています。

```
iex(1)> File.open("/etc/passwd")
{:ok, #PID<0.109.0>}
iex(2)> File.open("/etc/wombat")
{:error, :enoent}
```

このため、パイプラインを通じて何かを引き渡す際には、:ok/:error タプルをラッパーとして使うことになります。

その後、各変換のなかで取り扱う

では、指定された文字列を含むファイルのすべての行について、最初の 20 文字だけを返す関数を記述してみましょう。この関数は変換として記述するため、入力はファイル名とマッチングする文字列となり、出力は:ok と行のリストを含んだタプルか、:error と問題となった理由を含んだタプルになります。トップレベルの関数は以下のようになります。

code/function-pipelines/anagrams/lib/grep.ex

```
def find_all(file_name, pattern) do
  File.read(file_name)
  |> find_matching_lines(pattern)
  |> truncate_lines()
end
```

ここでは明示的なエラーチェックを実行していませんが、パイプライン中の任意の手順内でエラータプルが返ってきた場合、パイプラインは以降の関数を実行することなく[*6]エラーを返します。これには Elixir のパターンマッチ機能を利用します。

code/function-pipelines/anagrams/lib/grep.ex

```
defp find_matching_lines({:ok, content}, pattern) do
  content
  |> String.split(~r/\n/)
  |> Enum.filter(&String.match?(&1, pattern))
  |> ok_unless_empty()
end

defp find_matching_lines(error, _), do: error

# ----------

defp truncate_lines({ :ok, lines }) do
  lines
  |> Enum.map(&String.slice(&1, 0, 20))
  |> ok()
end

defp truncate_lines(error), do: error

# ----------

defp ok_unless_empty([]),     do: error("nothing found")
defp ok_unless_empty(result), do: ok(result)

defp ok(result),     do: { :ok,    result }
defp error(reason), do: { :error, reason }
```

*6　そういったかたちになるよう記述しています。技術的な観点では後続の関数は実行されています。ただ、関数内のコードを実行しないようにしているだけです。

find_matching_lines 関数を見てください。最初のパラメーターが:ok タプルの場合、そのタプル内のコンテンツを使用して、パターンにマッチする行を検索します。しかし、最初のパラメーターが:ok タプルでない場合、同関数の 2 つ目のバージョンが実行され、単にパラメーターを返すだけになります。このようにしてこの関数は、エラーをパイプラインの下流に向けて引き渡していく処理のみを実行します。同じことが truncate_lines にも当てはまります。

では、コンソールから試してみましょう。

```
iex> Grep.find_all "/etc/passwd", ~r/www/
{:ok, ["_www:*:70:70:World W", "_wwwproxy:*:252:252:"]}
```

```
iex> Grep.find_all "/etc/passwd", ~r/wombat/
{:error, "nothing found"}
iex> Grep.find_all "/etc/koala", ~r/www/
{:error, :enoent}
```

パイプラインのどこかでエラーが発生すると、即座にそのエラーがパイプラインの結果となることが分かるはずです。

パイプラインのなかで取り扱う

先ほどの例では、find_matching_lines と truncate_lines という関数が変換時のエラー対応という重荷を抱え込んでいると思われたかもしれません。これはその通りです。Elixir のような、関数呼び出しのなかでパターンマッチを使える言語の場合、その重荷は軽減できますが、それでもあまり美しいものではありません。

Elixir に:ok/:error タプルに関する知識を持っており、エラー発生時に実行をバイパスしてくれるようなパイプライン演算子|>があれば文句ないのです*7。しかし実際のところ、そういった処理を他の多くの言語でも適用可能な

*7　実は、マクロを使用すればこういった演算子を Elixir に追加することはできます。その例として hex のモナドライブラリーを挙げることができます。また、Elixir では with という構造を使うこともできますが、そうするとパイプラインを用いた変換を記述する意味の多くは失われてしまいます。

方法で追加することはできないのです。

ここで直面している問題は、エラーが発生した場合にパイプラインの下流にあるコードを実行せず、またそれらコードにエラーの発生を意識させたくないというものです。これは、パイプラインにおける直前の手順が成功したことを知るまで、パイプライン関数の実行を遅延させなければならないという意味を持っています。つまり、後から呼び出せるよう、パイプライン関数を「関数の呼び出し」から「関数の値」に変更する必要があるわけです。それにはこういった実装が考えられます。

code/function-pipelines/anagrams/lib/grep1.ex

```
defmodule Grep1 do

  def and_then({ :ok, value }, func), do: func.(value)
  def and_then(anything_else, _func), do: anything_else

  def find_all(file_name, pattern) do
    File.read(file_name)
    |> and_then(&find_matching_lines(&1, pattern))
    |> and_then(&truncate_lines(&1))
  end

  defp find_matching_lines(content, pattern) do
    content
    |> String.split(~r/\n/)
    |> Enum.filter(&String.match?(&1, pattern))
    |> ok_unless_empty()
  end

  defp truncate_lines(lines) do
    lines
    |> Enum.map(&String.slice(&1, 0, 20))
    |> ok()
  end

  defp ok_unless_empty([]),     do: error("nothing found")
  defp ok_unless_empty(result), do: ok(result)

  defp ok(result),    do: { :ok, result }
  defp error(reason), do: { :error, reason }
end
```

and_then 関数は「束縛関数」の例と言えます。これは何かをラップした値を受け取り、その値に対して関数を適用し、新たにラップした値を返します。なお、and_then 関数をパイプライン内で使用する際、ちょっとした記号 (&) を補記する必要があります。この記号は、関数呼び出しを関数の値に変換することを Elixir に伝えるものですが、ここにひと手間かけることで、変換関数は値（と追加パラメーター）を受け取り、{:ok, new_value}か{:error, reason}を返すだけで済むようになるため、おつりが返ってくると言ってもよいでしょう。

変換によるプログラミングがもたらす意識の変換

コードを（ネストした）変換の連続と捉えることで、プログラミングへのアプローチに新たな 1 ページが追加されます。慣れ親しむには少し時間がかかるかもしれませんが、いったん馴染むとあなたのコードはよりクリーンに、関数は短く、設計もフラットなものになることを実感できるはずです。

是非とも試してみてください。

関連セクション

- 8 よい設計の本質 (35 ページ)
- 17 貝殻（シェル）遊び (99 ページ)
- 26 リソースのバランス方法 (150 ページ)
- 28 分離 (164 ページ)
- 35 アクターとプロセス (232 ページ)

演習問題

問題 21　以下の要求をトップレベルの変換として表現できるでしょうか？　つまり、それぞれの関数の入力と出力を洗い出してください。

1. 注文に送料と税金を追加する。
2. 特定の名前のファイルからアプリケーションの設定情報をロードする。
3. ユーザーが Web アプリケーションにログインする。

（回答例は 381 ページ）

問題 22　文字列の入力フィールドが 18〜150 の数値であるかどうかを検証し、整数に変換する必要が洗い出されました。全体的な変換は次のように表されます。

```
文字列のフィールドコンテンツ
  → [検証 & 変換]
    → {:ok, 値} | {:error, 理由}
```

検証＆変換を実装する個別の変換を記述してください。

（回答例は 381 ページ）

問題 23　囲み記事「使っている言語がパイプラインをサポートしてない……という場合（193 ページ）」では、以下のようなコードを記述しました。

```
const content = File.read(file_name);
const lines   = find_matching_lines(content, pattern)
const result  = truncate_lines(lines)
```

多くの人々は、メソッド呼び出しの連鎖でオブジェクト指向コードを記述しているため、以下のようなコードを書きたいという誘惑に駆られるかもしれません。

```
const result = content_of(file_name)
               .find_matching_lines(pattern)
               .truncate_lines()
```

これら 2 つのコードの違いは何でしょうか？ どちらが優れているでしょうか？

（回答例は 382 ページ）

31 インヘリタンス（相続）税

バナナを欲したものの、手に入ったのはバナナを手にしたゴリラと、丸ごとジャングルだった。

▶ジョー・アームストロング

オブジェクト指向言語でプログラムを開発しているのでしょうか？ そうであれば、インヘリタンス（継承）を使っているのでしょうか？

答えがイエスなのであれば、今すぐ手を止めてください！ これはおそらく、あなたがやりたいと思っていることではありません。

その理由を見てみることにしましょう。

背景

継承が登場したのは、1969 年に生み出された Simula 67 からです。これは同一リスト上に存在しているさまざまな型のイベントを待ち行列に入れる際の問題に対するエレガントなソリューションでした。Simula のアプローチは、「前置クラス」と呼ばれるものを使うためのアプローチでした。これは次のように記述することができます。

```
link CLASS car;
  ... car の実装

link CLASS bicycle;
  ... bicycle の実装
```

link は連結リストの機能を追加する前置クラスです。これにより自動車（car）と自転車（bicycle）を待ち行列、（例えば）信号待ちの行列に追加できるようになります。現在の言葉で表現すると、link は親クラスになります。

Simula プログラマーが用いたメンタルモデルは、クラス link のインスタンスデータと実装は、car と bicycle クラスの実装のふりをするというものです。link 部分は自動車と自転車を内包する「コンテナー」として考えられます。これによりポリモーフィズムという形態が生み出されます。つまり自動車と自転車の双方が link のコードを保持するために、link インターフェースを実装することになるのです。

Simulaの次にSmalltalkが生み出されました。Smalltalkの生みの親の1人であるAlan Kayは、2019 Quora answer*8のなかで、Smalltalkに継承を搭載した「理由」を答えています。

> このため私がSmalltalk-72を設計していた時（それはSmalltalk-71について考えていた時のちょっとした思いつきでしたが）、Lispライクな動的機構を使って「差分プログラミング」（つまり、「これとあれは〜以外よく似ている」という記述を可能にするさまざまな方法）の実験をするのは面白いだろうと考えたのです。

これは振る舞いにのみ着目したサブクラス化と言えます。

これら2種類の継承スタイル（実際のところ多くの共通点があります）はその後、数十年をかけて発展してきました。型を結合する手段として継承を捉えるSimulaのアプローチは、C++やJavaといった言語に受け継がれました。そして、振る舞いの動的な組織化として継承を捉えるSmalltalk流は、RubyやJavaScriptに受け継がれています。

そして現在、オブジェクト指向開発者のうちで継承を使う人たちは次のいずれかに大別されるようになっています。それは、タイピング（入力）が嫌いな人と、タイプ（型）が好きな人です。

タイピングが嫌いな人は継承によって`User`クラスと`Product`クラスの双方を`ActiveRecord::Base`のサブクラスにして、共通機能を基底クラスから子クラスに追加し、タイピング入力を節約します。

タイプ（型）が好きな人は継承によって、`Car` is-a `Vehicle`（自動車は乗り物の一種）のように関係を表現します。

残念ながら、どちらの継承にも問題があります。

コード共有のために継承を使う場合の問題点

継承は「結合」です。子クラスが親クラスに結合されるだけでなく、親の親とも、そのまた親とも結合していくだけでなく、子を「使用する」コードもすべての祖先に結合するのです。以下の例を見てみましょう。

*8　https://www.quora.com/What-does-Alan-Kay-think-about-inheritance-in-object-oriented-programming

```
class Vehicle
  def initialize
    @speed = 0
  end
  def stop
    @speed = 0
  end
  def move_at(speed)
    @speed = speed
  end
end

class Car < Vehicle
  def info
    "I'm car driving at #{@speed}"
  end
end

# top-level code
my_ride = Car.new
my_ride.move_at(30)
```

トップレベルの my_ride.move_at を呼び出した際に、Car の親クラスである Vehicle のメソッドが呼び出されます。

ここで Vehicle の開発担当者が API を変更し、move_at が set_velocity に、インスタンス変数@speed が@velocity になりました。

API の変更によって Vehicle クラスのクライアントが破壊されるのは自明です。しかし、トップレベルで使用しているのは Car であるため、破壊されたことは分かりません。Car クラス内で実装している内容は、トップレベルのコードの関知するところではありません。しかしコードは壊れているのです。

同様に、インスタンス変数の名前は、あくまで内部の実装に関する詳細であるにもかかわらず、Vehicle の変更によって Car も（ひっそりと）壊れてしまうのです。

これは大きな結合です。

型の構築のために継承を使う場合の問題点

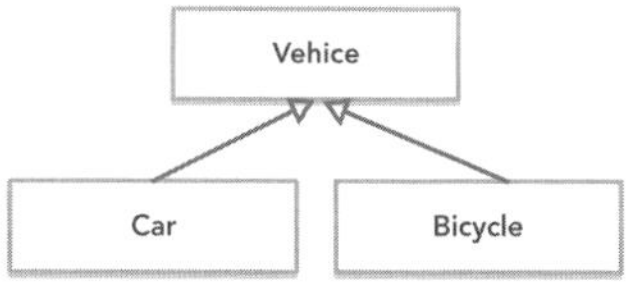

人によっては継承を、新たな型を定義するための方法として捉えています。こういった人々が好きな設計ダイアグラムはク

ラス階層図です。彼らは、ビクトリア時代の貴族階級の科学者が自然界をカテゴリーに細分化していくようなかたちで、問題解決に挑みます。

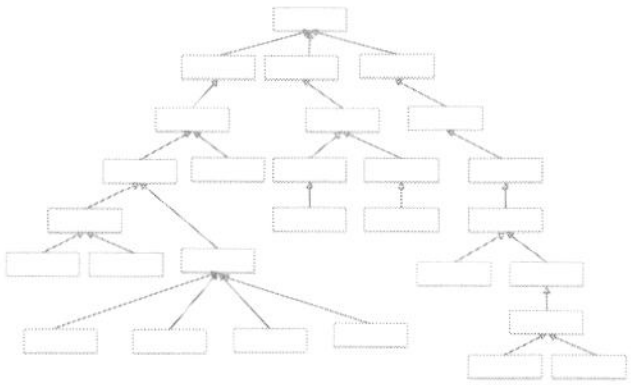

残念なことに、こういったダイアグラムはあっという間に、壁一面を覆うような大きなものになり、階層が階層を呼び、クラス間の微妙な違いを書き足さないといけないようになります。このようにして追加された複雑さによって、アプリケーションは脆いものとなり、変更が多くのレイヤーをまたがり、そして切り裂くようになるのです。

しかも、さらに悪いことに多重継承の問題があります。Car は Vehicle の一種ですが、それは Asset（資産）や InsuredItem（保険対象品目）、LoanCollateral（融資担保）といったものの一種ともなり得ます。こういったモデルを正しく構築するには多重継承が必要となります。

C++ は 1990 年代に、多重継承のあいまいさを解消するために不自然なセマンティックスを導入した結果、多重継承の悪名を高めてしまいました。その結果、現在の多くのオブジェクト指向言語は多重継承をサポートしていません。このため、複雑な型階層でも構わないという場合でも、その領域を正確にモデル化することはできないはずです。

Tip 51 インヘリタンス（相続）税を払わないこと

優れた代替が存在する

3 つのテクニックがあり、そのいずれかを使用すれば今後、いっさい継承を使わなくても済むようになるはずです。

- インターフェースとプロトコル
- 委譲
- mixin と trait

インターフェースとプロトコル

ほとんどのオブジェクト指向言語は、1 つ以上の振る舞いの集合を実装するクラスの定義が可能になっています。例えば、Car クラスは Drivable（運転可能）という振る舞いと Locatable（場所特定可能）という振る舞いを実装できます。これらを実装するためのシンタックスは言語によって異なっており、Java では以下のようになります。

```
public class Car implements Drivable, Locatable {

  // Carクラスのコード。 このコードにはDrivableと
  // Locatableの機能が含まれていなければならない。

}
```

Java では、Drivable と Locatable を「インターフェース」と呼んでおり、他の言語では「プロトコル」や「トレイト」（ただしこのトレイトは後ほど出てくる「トレイト」とは別モノです）と呼んでいます。

インターフェースは次のようにして定義します。

```
public interface Drivable {
  double getSpeed();
  void   stop();
}

public interface Locatable() {
  Coordinate getLocation();
  boolean    locationIsValid();
}
```

これらの宣言でコードは生成されません。つまりこの宣言は、Drivable を実装するクラスで getSpeed と stop という 2 つのメソッドを実装する必要がある、そして Locatable を実装するクラスで getLocation と locationIsValid という 2 つのメソッドを実装する必要があると述べているだけなのです。これは、先ほどの Car のクラス定義は、これら 4 つのメソッドすべてが含まれている場合にのみ有効になるということを意味しています。

インターフェースとプロトコルは型として扱え、これらを実装しているあらゆるクラスがその型と互換性あるものになるという強力な特長を備えています。Car や Phone の双方が Locatable を実装している場合、位置特定可能なアイテムのリスト（以下のコードでは items）内にどちらのオブジェクトも格納できるようになります。

```
List<Locatable> items = new ArrayList<>();

items.add(new Car(...));
items.add(new Phone(...));
items.add(new Car(...));
// ...
```

その後のリスト処理において、すべてのアイテムには getLocation と locationIsValid が実装されていることを前提にできます。

```
void printLocation(Locatable item) {
  if (item.locationIsValid() {
    print(item.getLocation().asString());
}

// ...

items.forEach(printLocation);
```

Tip 52 ポリモーフィズムの表現にはインターフェースを愛用すること

インターフェースとプロトコルは、継承を使わずにポリモーフィズムを実現できるのです。

委譲

継承によって、大量のメソッドを保持したクラスができてしまいがちになります。親クラスに 20 個のメソッドがあり、サブクラスでそのうちの 2 つだけを使用したいという場合であっても、そのオブジェクトには残りの 18 個のメソッドが呼び出せるかたちで存在することになるのです。言わばこのクラスは、インターフェースの統制を失った状態です。多くの永続化および UI フレームワークが、アプリケーションコンポーネントのサブクラスに対して基底クラスの機能を提供してしまっているという問題は、このようにして生み出されるのです。

```
class Account < PersistenceBaseClass
end
```

Account クラスは現在、永続化に必要となるクラスの API をすべて保持しています。では、委譲を用いた代替を以下の例で説明してみましょう。

```
class Account
  def initialize(. . .)
    @repo = Persister.for(self)
  end

  def save
    @repo.save()
  end
end
```

これで該当フレームワークの不要な API は、Account クラスのクライアントから「まったく」見えなくなりました。結合は破壊されたのです。しかも利点はこれだけではありません。今や使用しているフレームワークの API による制約がまったくなくなったため、自らが必要とする API を自由に作れるようになったのです。これは継承を用いた方法でも可能でしたがその場合、「追加で開発したインターフェース」によって、永続化 API が内部で使用しているインターフェースがオーバーライドされてしまう可能性がありました。委譲を使うことで、すべてを統制下に置けるようになるのです。

Tip 53　サービスに委譲すること：has-a は is-a に勝る

実際のところ、これをさらに推し進めることもできます。Account は自らを永続化させる方法を知っていなければならないのでしょうか？　その仕事は、アカウント面での業務規則を理解した上で、強制するというものではないのでしょうか？

```
class Account
  # アカウント関係のもののみ
end

class AccountRecord
  # アカウントに入出力の能力をラップする
end
```

これで本当に結合を分離することができましたが、同時にコストも発生します。より多くのコードを記述する必要があり、それらの多くは例えば、記録関係のクラスはすべて find メソッドを必要とするといったワンパターンの内容となります。

幸いなことに、ここで mixin や trait の出番がやってくるのです。

mixin、trait、カテゴリー、プロトコル拡張など

この業界の人間として我々は、ものに名前を付けるのが好きです。そしてしばしば同じものに多くの名前を付けてしまいます。多いほうがいいのですよね？

ここが mixin を検討すべきシチュエーションです。基本的な考え方は、継承を使用することなく、クラスやオブジェクトに新しい機能を追加したいという簡単なものです。このため、こういった機能一式を作成してそれに名前を付け、クラスやオブジェクトに何らかの方法で追加することになるわけです。その時点で、それら機能と元々のものを組み合わせ、すべてを混ぜ合わせた（mixin）新たなクラスやオブジェクトを作れたことになります。ほとんどの場合では、拡張したいと考えているクラスのソースコードにアクセスできなくても、こういった拡張を行うことができます。

こういった機能の実装と名称は言語によってまちまちです。本書では「mixin」と呼んでいますが、実際のところは言語を超越した機能だと考えてほしいのです。ここで重要なのは、「既存のもの」と「新たなもの」が持つ機能をマージする能力をこれら実装が有しているという点なのです。

例として、AccountRecord の例を思い出してください。AccountRecord はアカウントのことと、永続化フレームワークに対する双方の知識が必要だと先ほど説明しました。また、外の世界に公開するべき、永続化レイヤー内のすべてのメソッドを委譲する必要もあります。

mixin によって代替手段が与えられます。まず、（例えば）いくつかの標準的な検索手法を実装した mixin を記述します。その後 AccountRecord に mixin として追加します。次に、永続化のための新規クラスを記述し、それに mixin を追加することもできます。

```
mixin CommonFinders {
  def find(id) { ... }
  def findAll() { ... }
end

class AccountRecord extends BasicRecord with CommonFinders
class OrderRecord   extends BasicRecord with CommonFinders
```

さらにこれを推し進めることもできます。例えば、我々は皆、業務オブジェクトにおかしなデータが入ってきて計算処理に悪さをしないよう、検証コードが必要となることを知っています。しかし、「検証」とはどういった意味を持っているのでしょうか？

例えば、アカウントを受け取った場合、おそらく検証を適用するいくつものレイヤーが考えられるはずです。

- ユーザーが入力したパスワードとハッシュ化したパスワードの検証
- ユーザーがアカウント作成時に入力したデータ形式の検証
- システム管理者がユーザーの詳細を変更するために入力したデータ形式の検証
- 他のシステムコンポーネントによってアカウントに追加されたデータの検証
- 永続化する前に実施するデータの整合性検証

よくある（そして我々は理想的ではないと確信している）アプローチは、すべての検証を単一のクラス（業務オブジェクト／永続化オブジェクト）内にまとめあげ、どの状況が発生したのかを制御するフラグを追加するというものです。

我々は mixin を使用して、適切な状況に特化したクラスを作るのがより優れた解決策だと考えています。

```
class AccountForCustomer extends Account
     with AccountValidations,AccountCustomerValidations

class AccountForAdmin extends Account
     with AccountValidations,AccountAdminValidations
```

これで導出された双方のクラスには、すべてのアカウントオブジェクトに共通する検証（AccountValidations）が含まれます。そして、顧客用のアカウント（AccountForCustomer）には顧客が扱う API に対する適切な検証が、管理者用のアカウント（AccountForAdmin）には（おそらくはより制約のゆるい）管理者用の検証が保持されるようになります。

これで AccountForCustomer や AccountForAdmin のインスタンスをやり取りするだけで、コードは「自動的に」正しい検証を適用できるようになるのです。

Tip 54 機能の共有には mixin を使用する

継承が答えになることは滅多にない

ここまでで、従来の継承クラスに代わる 3 つの代替を駆け足で見てきました。

- インターフェースとプロトコル
- 委譲
- mixin と trait

これらの手法はそれぞれ異なった状況、型情報の共有が目標であるか、機能の追加が目標であるか、手段の共有が目標であるかに応じて優れた代替となるはずです。プログラミングにおけるその他の技法とともに、あなたの意図を表現する最善の技法を使用するようにしてください。

そしてジャングル全体を引きずり回さないようにしてください。

関連セクション

- 8 よい設計の本質（35 ページ）
- 10 直交性（49 ページ）
- 28 分離（164 ページ）

チャレンジ

- 次にサブクラスを作成しようと考えた場合、他の選択肢が使えないかを考えてみてください。インターフェースや委譲、mixin で、あるいはその組み合わせで同じ目的を達成できないでしょうか？　そうすることで結合を抑えられないでしょうか？

32 設定

物はすべて所を定めて置くべし。仕事はすべて時を定めてなすべし。（西川正身・松本慎一訳）

▶ベンジャミン・フランクリン、フランクリン自伝、十三徳樹立

アプリケーションが本番稼働に入った後でも、ある程度挙動を変えられるようにするには、アプリの外側でそういった挙動を指示する値を保持しておくことです。アプリケーションが異なった環境で実行される場合や、異なった顧客が実行する場合、そういった環境や顧客に依存する値をアプリの外側に置いておくのです。このようにして、アプリケーションにパラメーターを与えてやれば、実行の際にコードの側で適用できるようになります。

Tip 55　外部設定を用いてアプリをパラメーターに対応させる

設定データには以下のような内容を含めることが考えられます。

- 外部サービスの認証情報（データベースや、サードパーティーの API など）
- ログ出力レベルや、ログの出力先
- アプリが使用するポート番号や IP アドレス、マシン名、クラスター名
- 環境依存の検証パラメーター

- 税率などの外部で保持すべきパラメーター情報
- サイト固有のフォーマット詳細データ
- ライセンスキー

基本的に、変更する必要があると分かっているものは何でもコードの外に放りだして、設定データとして扱うことになります。

静的な設定

多くのフレームワーク、そしていくつかのカスタムアプリケーションは、設定情報をフラットなファイルやデータベースのテーブル上に保存しています。情報をフラットなファイルに保存する際の現在のトレンドは、すぐに使える既存のプレインテキスト形式を使用するというやり方です。現時点でよく使われているのが YAML と JSON です。また、スクリプティング言語で記述されたアプリケーションであれば、設定情報のみを保持した専用の、特殊用途のソースコードファイルを使用するという場合もあります。こういった情報が構造化されており、顧客の手によって変更される可能性がある（例えば売上税率など）場合、データベースのテーブルに保持しておくほうがよいかもしれません。また、設定情報を使用目的によって分割し、その双方を使用するということももちろん可能です。

どういった形式を使用するにせよ、設定情報はアプリケーションの起動時に、データ構造としてアプリケーション内に読み込まれます。通常の場合、こういったデータ構造は大域定数として参照できるようにされるため、コード中のあらゆる場所から参照することが可能になります。

しかし、これはお勧めできません。そうではなく、こういった設定情報は（薄い）API の裏側に隠しておくようにしてください。そうすることで設定の表現という詳細とコードを分離するのです。

サービスとしての設定（CaaS：Configuration-as-a-Service）

静的な設定は一般的であるものの、我々は現在異なったアプローチを推奨しています。設定データをアプリケーションの外部に保存するという点では今までと同じですが、フラットファイルやデータベースではなくサービス API の背後に保存するのです。これには以下のような多くのメリットがあります。

- 複数のアプリケーションで設定情報を共有でき、認証やアクセス制御によってそれぞれが参照できる内容を制限できる。
- 設定の変更が大域的に適用できる。
- 設定データを専用の UI 経由で管理できる。
- 設定データを動的に変更できる。

最後の項目ですが、設定を動的に変更できるというのは今後、アプリケーションの利用可能性を向上させる上で非常に重要となります。たった 1 つのパラメーターを変更する場合にも、アプリケーションを停止し、再起動するしか方法がないというのは現代のニーズを把握できていないと言ってもよいでしょう。設定サービスを用いることで、アプリケーションのコンポーネントは自らが使用しているパラメーターに変更があった際に通知を希望する旨、登録しておくことができるようになります。一方、サービスはそういったパラメーターに変更があったタイミングで、新たな値を保持した通知をコンポーネントに送付できるようになります。

どのような形式を採るにせよ、アプリケーションの実行時の振る舞いは設定データによって制御できるようになります。設定値が変更された場合、コードを再構築する必要はないのです。

ドードー鳥なコードは記述しない

外部での設定を採用しなければ、適応性の低い、柔軟性に欠けるコードになってしまうはずです。それは悪いことなのでしょうか？ 現実の世界に目を向けてみてください。適応性の低い種は滅ぶ運命にあるのです。

Image by OpenClipart-Vectors from Pixabay

ドードー鳥はモーリシャス島の人間やその家畜の出現に適応できず、またたく間に絶滅してしまいました[*9]。これは人間の手によって記録された初めての種の絶滅です。

＊9　このおとなしい（間抜けな）鳥を入植者たちがたわむれに棍棒で殴り殺したということで状況は加速されたかもしれません。しかし結局のところ、ドードー鳥は環境の変化に適応できなかったのです。

ドードー鳥と同じ道をあなたのプロジェクト（とあなたの経歴）に歩ませないようにしてください。

関連セクション

- 9 DRY 原則 — 二重化の過ち（38 ページ）
- 14 専用の言語（77 ページ）
- 16 プレインテキストの威力（95 ページ）
- 28 分離（164 ページ）

やり過ぎない

本書の第 1 版では、同様の考え方に従ってコードよりも設定を使用すると示唆していましたが、もう少し具体的に表現しておくべきでした。そして、どのようなアドバイスでも極端なかたちで、あるいは不適切なかたちで受け取られる場合があります。このため、いくつかの注意点を述べておきます。

やり過ぎてはいけません。我々の昔のクライアントは、アプリケーションのあらゆるフィールドを設定可能にするという決定を下しました。その結果、フィールドと、そのフィールドを保存／編集するための管理者コードの双方を実装しなければならなくなったのです。彼らは「4000」にも及ぶ設定変数を抱え、そのコーディングは手にあまるものとなってしまいました。

設定にまつわる意思決定の際には手を抜いてはいけません。ある機能がどのように動作すべきかをしっかりと議論するには、ユーザーを巻き込むしかありません。まず、彼らに何らかの方法を試してもらい、その意思決定が適切かどうかのフィードバックをもらうようにしてください。

6 並行性

Concurrency

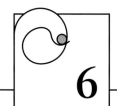

皆で認識を合わせるために、用語の定義から始めましょう。

「並行処理」とは、複数のコードが、あたかも同時に実行されているように振る舞うことです。そして「並列処理」とは、複数のコードが本当に同時に実行されることです。

並行処理を実行するには、実行中にコードの異なる部分に制御を切り換えられるような環境で、そのコードを実行する必要があります。これは多くの場合、ファイバーやスレッド、プロセスといったものを用いて実装されます。

並列処理を実行するには、2 つのものごとを同時に実行できるハードウェアが必要になります。これは複数のコアを搭載した CPU や、複数の CPU を搭載したコンピューター、複数のコンピューターを接続したシステムなどで実現されます。

すべては並行処理

それなりの規模のシステムを開発する場合、並行処理という観点を盛り込まずに進めることはほぼ不可能であり、明示的、あるいはライブラリーの内部に埋め込むことになるはずです。並行処理は、ものごとが非同期に発生するような現実世界とやり取りをする場合に必須となります。つまり、ユーザーとの対話や、データの取得、外部サービスによる呼び出しなどが順不同で発生するようなケースを取り扱う際の考え方です。このプロセスをある処理が終わってから次の処理に移るといったかたちで順々に処理するようにした場合、システムは鈍重な動きとなり、動作中のハードウェアの力をフルに発揮できないことにもなります。

この章では並行処理と並列処理について考察します。

開発者は、コードの塊の間での結合についてしばしば議論します。彼らは依存関係について言及し、そういった依存関係がいかにものごとを難しくするのかについて語り合います。しかし、この他にも結合が存在しているのです。

この「時間的な結合」は、手元の問題を解決するために必要ではないものごと一式がコードの実行中に追加された場合に発生します。時計の針が「タク」と刻まれる前に「チク」と刻まれる、ということを想定していないでしょうか？　柔軟であり続けるにはこれではだめなのです。あなたのコードは複数のバックエンドサービスを１つずつ順番に呼び出しているのでしょうか？　顧客を離さないようにするにはこれではだめなのです。「33 時間的な結合を破壊する (218 ページ)」では、この種の時間的な結合について考察しています。

並行処理や並列処理のコードの記述は、なぜ難しいのでしょうか？　その理由として、我々は逐次的システムを使ってプログラムを学習したという点と、使用している言語自体が逐次的であり、同時に複数の箇所を実行すると問題が引き起こされるという点を挙げることができます。ここでの最大の原因は「状態の共有」です。これは、大域変数について述べているだけではありません。ある時点で複数のコードの塊が、同一の変更可能なデータへの参照を保持している場合、状態を共有していることになるのです。そして、「34 共有状態は間違った状態 (223 ページ)」なのです。このセクションでは、状態の共有を回避する方法をいくつか解説しますが、最終的にそれらすべてはエラーを引き起こす可能性を秘めています。

やるせない気持ちになったかもしれませんが、「Nil desperandum!」（ラテン語で「気落ちするなかれ！」）です。並行処理アプリケーションを構築するよりよい方法があるのです。そのひとつは、データを共有しない独立したプロセスが、明確に定義されたシンプルなセマンティックスを用い、チャンネルを介して通信する「アクターモデル」を使用することです。「35 アクターとプロセス (232 ページ)」ではこのアプローチの理論と実際を考察します。

最後に、「36 ホワイトボード (239 ページ)」を解説します。これらはオブジェクトストアと、スマートな Publish/Subscribe の組み合わせとして機能するシステムです。これらのオリジナルの形態ではあまり実用的ではありませんでした。しかし、今日ではホワイトボードのようなセマンティックスを有したミドルウェア階層の実装が数多く登場しています。これらを適切に用いることで、大きな分離を達成できるはずです。

並行処理と並列処理のコードは、かつては風変わりなものでした。しかし現在では、必須のものとなっているのです。

33 時間的な結合を破壊する

「時間的な結合とは一体どういうことだろう？」と考えているかもしれません。説明の時間がやって来たようです。

ソフトウェアアーキテクチャーにおいて、時間という観点はしばしば無視されてしまっています。その結果、我々の頭の中にある時間はスケジュールにおける時間、すなわち出荷までの残り時間のみとなります。しかし、このセクションで扱う時間はそういったものではなく、ソフトウェア自身の設計要素としての時間です。我々にとって重要となる時間には２つの視点があります。それは並行性（同時に発生すること）と順序（時間軸上における相対的な位置関係）です。

通常の場合、こういった視点を頭に置いてプログラミングすることはあまりないはずです。腰を落ち着けてアーキテクチャーの設計に取りかかったり、プログラムを書いたりする際には、ものごとは線形になりがちです。それが大半の人々の考え方で、これをやった後にあれをする、という具合です。しかしこういったものの考え方は時間的な結合、すなわち時系列でものごとを考える方向へと流れていってしまうのです。メソッド A は常にメソッド B の前に呼び出さなければならず、レポート作成機能は常に１つずつ実行しなければならない、ボタンのクリックイベントは画面の描画完了を待ってからでないと受け取れない。時計の針の「チクタク」の「チク」は「タク」の前になければならない。

こういったアプローチでは柔軟性、現実性ともに乏しいものとなります。

我々は並行性を考慮し、時間や順序からの分離を考えるべきなのです。こうすることで、ワークフロー分析やアーキテクチャー、設計、配置計画等、さまざまな開発分野における柔軟性を向上させ、時間に関連した依存関係を削減できるようになるのです。その結果として、より迅速に、かつより信頼性に優れた、予測しやすいシステムが得られるはずです。

並行部分を探す

多くのプロジェクトでは、設計の一部としてアプリケーションのワークフローをモデル化し、分析する必要が出てきます。それと同時に、どういったことが「起こり得る」のかと、それがどういった順序で「起こらなければならない」のかを洗い出す必要があります。この作業を行う方法のひとつに「アクティビティー図」といった表記法を用いてワークフローを補足するという手があります[*1]。

Tip 56 並行性を向上させるためにワークフローを分析する

アクティビティー図は面取りされた四角形に囲まれたアクションの組からなる図です。アクションから出た矢印は別なアクション（最初のアクションが完了してから開始されます）か「同期バー」と呼ばれる太い線につながります。同期バーに入っているすべてのアクションが完了した段階で、同期バーから出る矢印に進めるようになります。矢印が入っていないアクションはいつでも開始できます。

並行実行可能なアクションを明記すれば、並行度を最大にしたアクティビティー図を記述することもできます。

例えば、ピニャコラーダを作るロボット向けのソフトウェアを開発する場合、各ステップは以下のようになります。

1. ブレンダーの蓋を開ける
2. ピニャコラーダミックスの袋を開ける
3. ミックスをブレンダーに入れる
4. ホワイトラムを 1/2 カップ計量する
5. ラムを入れる
6. 氷を 2 カップ入れる
7. ブレンダーの蓋を閉める
8. 1 分間かき混ぜる
9. ブレンダーの蓋を開ける
10. グラスを用意する

---

*1　UML は少しずつ見かけないようになってきていますが、その個々のダイアグラムの多くは「アクティビティー図」のように非常に有用なものを含め、さまざまなかたちで残っています。UML ダイアグラムすべての詳細な情報については、[Fow04] を参照してください。

11.　ピンクの傘を用意する
12.　サーブする

しかし、バーテンダーがこれらのステップを 1 つずつ順番に実行していたら、すぐにクビになってしまうでしょう。これらの手順が順番に記述されていたとしても、多くのものは並行して実行できるはずです。では、次のアクティビティー図で並行化できそうな手順を洗い出してみましょう。

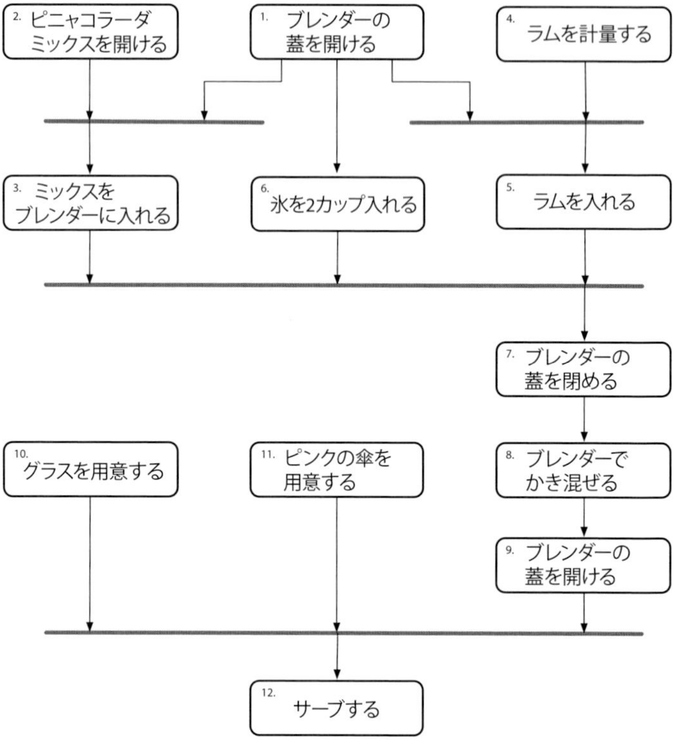

依存性が実際に存在するのを目の当たりにすることで、視界が広がるはずです。この例では、トップレベルの作業（1 と 2、4、10、11）を事前に並行処理できるはずです。その後、3 と 5、6 を並行で処理できます。もしあなたがピニャコラーダの早作りコンテストに出るのであれば、こういった最適化が大きな差となって現れてくることを知っておくべきでしょう。

迅速なフォーマット化

本書の執筆はプレインテキストで行いました。その後、テキストをプロセッサーのパイプラインに入力し、印刷版や電子書籍版などを作成しています。特定の部分（参考文献や引用、索引、ティップス用の特殊なマークアップなど）は、専用のプロセッサーを使用し、全体ドキュメントをまとめ上げるプロセッサーも使用しています。

パイプラインにおける多くのプロセッサーは外部情報（ファイルからの入力やファイルへの出力、外部プログラムを通じたパイプライン処理）にアクセスする必要があります。

さらに、処理の一部には高い CPU 能力を必要とするものもあります。そのうちのひとつが、数式の変換処理です。さまざまな歴史的経緯から、それぞれの数式の処理には最大で 500 ミリ秒程度の時間がかかります。このため、作業効率を上げるために我々は並列処理の利点を生かすことにしました。それぞれの数式は他の部分とは独立しているため、それぞれを並列処理に変換し、得られた結果を書籍内に取り込んでいくようにするわけです。

その結果、本書は複数のコアを搭載したマシン上でずっと高速に作成できるようになりました。

（そして、その過程で我々のパイプライン処理のなかで多くの並行処理にまつわる過ちを見つけることになりました。）

並行処理の機会

アクティビティー図は並行処理が可能な場所を洗い出して見せてくれるものの、これらすべてで並行処理を行うべきかどうかについては教えてくれません。例えば、ピニャコラーダの例において、バーテンダーは最初に実行できる手順をすべて実行しようとすれば、手が 5 本必要になるはずです。

ここで設計の腕の見せどころが出てきます。手順全体を見た場合、8 番目の作業が 1 分かかると分かるはずです。この時間を利用してバーテンダーはグラスと傘を用意する（手順 10 と 11）ことができ、おそらくは他の顧客のための作業もできるはずです。

並行処理を設計する際にはこういった作業が必要となるのです。我々のコード以外のところで時間のかかる手順を見つけ出したいわけです。データベースのキューイング、外部サービスへのアクセス、ユーザーからの入力待ちといったものすべては、完了するまで我々のプログラムを停止させるのが常です。ここで CPU に指をくわえて待たせておくのではなく、より有益な仕事をさせるようにするわけです。

並列処理の機会

並行処理はソフトウェアのメカニズムであり、並列処理はハードウェアの関心事です。この違いを間違わないようにしてください。ローカル環境かリモート環境に複数のプロセッサーがある場合、作業を分割してそれらに割り当てることで、全体的な処理時間を短縮できるようになります。

このような分割が適しているものごととは、分割した個々の作業が比較的独立しており、他の作業を待つという状況がないものです。よくあるやり方は、大きな作業の塊を独立した小さな塊に分割し、それぞれを並列に処理した後、結果を組み合わせるというものです。

これを実践している興味深い例が、Elixir のコンパイラーです。コンパイラーが起動した際、コンパイル対象のプロジェクトはモジュールに分割され、コンパイルは並列して実行されます。場合によってはモジュール間で依存関係がありますが、その場合は他方のビルド結果が利用可能になるまで、もう一方のモジュールは停止します。トップレベルのモジュールが完了した段階で、すべての依存モジュールがコンパイルされたことになるわけです。その結果、利用可能なすべてのコアを活用したスピーディーなコンパイルが可能になるのです。

機会の洗い出しは難しくない

では、アプリケーション開発に戻りましょう。並行処理や並列処理が効果を発揮する場所を見つけ出した後は、それらを如何に安全に実装するかです。それについては、この章の後半で解説しています。

関連セクション

- 10　直交性（49 ページ）
- 26　リソースのバランス方法（150 ページ）
- 28　分離（164 ページ）

- 36 ホワイトボード（239 ページ）

チャレンジ

- 朝一番に仕事の準備をする時、あなたはいくつのタスクを並列でこなしていますか？ それらはUMLのアクティビティー図で表現できるでしょうか？ 並行性を増し、より早く準備するために何らかの方法を見つけられるでしょうか？

34 共有状態は間違った状態

お気に入りのレストランで食事をしていたと考えてください。コースのメイン料理が終わり、ウェイターの人にデザートとしてアップルパイがあるかどうかを尋ねてみました。ウェイターは肩越しに陳列ケースを見て、アップルパイが１つ残っていることを確認し、ありますと答えました。あなたはアップルパイを注文し、満足して一息つきました。

ところが時を同じくして、レストランの離れた席に座っている客も別のウェイターに同じ質問をしていました。そして、そのウェイターも陳列ケースを見て１つ残っていると答え、客の注文を受けてしまっていました。

この場合、どちらかの客がガッカリすることになります。

レストランの陳列ケースを共有名義の銀行口座に、ウェイターをPOS端末に置き換えてみましょう。あなたとパートナーの双方は同時に新しいスマートフォンを買おうとしましたが、口座には１台分を買えるだけの残高しかありません。この場合、銀行かお店か、あなた、パートナーのいずれかが残念なことになります。

Tip 57　共有状態は間違った状態

この問題は、状態の共有によって引き起こされています。レストランのウェイターはそれぞれ、お互いのことを考慮せずに陳列ケースに目をやっています。それぞれのPOS端末は、お互いのことを気にせずに口座残高を調べにいっているのです。

非アトミックな更新

レストランの例をコードで表現してみましょう。

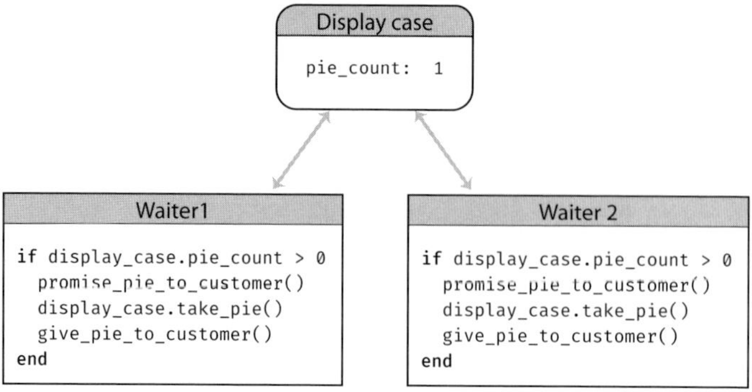

2 人のウェイターが並行（現実世界では並列）で動作します。そのコードは以下のようになります。

```
if display_case.pie_count > 0
  promise_pie_to_customer()
  display_case.take_pie()
  give_pie_to_customer()
end
```

ウェイター 1 は、陳列ケース（display_case）内のパイの数（pie_count）をチェックし、1 つ残っていることを確認します。そのウェイターはパイがあることを顧客に対して報告します。しかし、その時点でウェイター 2 が仕事を始め、同じようにパイが 1 つ残っていることを確認し、別の顧客に対して報告します。その後、どちらかのウェイターが最後のパイを客に出し、もう一方のウェイターはある種のエラー状態に陥るわけです（おそらくは平身低頭で謝ることになるでしょう）。

ここでの問題は、2 つのプロセスが同じメモリー領域に書き込めるというところにあります。つまり、どちらのプロセスも参照したメモリーの整合性を保証できないのです。実質的に、ウェイターが display_case.pie_count() を実行した際、陳列ケースの値を自らのメモリー内にコピーすることになります。その後、陳列ケース内の値が変更されてしまうと、（ウェイターの意思決定に用いられる）該当メモリーの内容は陳腐化してしまうのです。

これは値の取得と、その後に実行するパイの数の更新がアトミックな操作になっていないために起こるのです。その結果、元となる値が操作の途中で変わってしまうわけです。

それでは、こういった操作をアトミックなものにするにはどうすればよいのでしょうか？

セマフォー、そしてその他の相互排他形式

セマフォーは、ある時点で誰か１人しか占有できない「何らかのもの」です。セマフォーを作成しておけば、何らかのリソースへのアクセスを統制するために使用することができます。我々の例では、パイの入った陳列ケースへのアクセスを統制するためのセマフォーを作り、セマフォーを持っている場合にのみ陳列ケースの中身を更新できるようにしておくことになります。

レストランが、物理的なセマフォーを用いてこのパイの問題を解決しようとしたと考えてください。そしてパイの陳列ケースの上にプラスチック製の小さな妖精のフィギュアを置きました。ウェイターらはパイの販売に先立って、このフィギュアを手に握りしめていなければなりません。そして、注文が完了した時（つまりパイをテーブルに運び終えた時）に、フィギュアを元の位置に返し、次の注文が出てくるまで、陳列ケースの番人に戻ってもらうのです。

ではこのコードを見てみましょう。伝統的に、セマフォーを取得する操作は「P」と呼ばれ、セマフォーを返却する操作は「V」と呼ばれていました[*2]。今日では、「ロック／アンロック」や「取得／解放」といった名前が使われています。

＊2　P と V はオランダ語の単語の頭文字に由来しています。しかし、どの単語なのかについては議論が分かれています。このテクニックを生み出した Edsger Dijkstra は、P が「passering」（引き渡す）と「prolaag」（試みる）の双方であり、V が「vrijgave」（解放する）とおそらくは「verhogen」（増加させる）であると示唆しています。

```
case_semaphore.lock()

if display_case.pie_count > 0
  promise_pie_to_customer()
  display_case.take_pie()
  give_pie_to_customer()
end

case_semaphore.unlock()
```

このコードは、セマフォーが既に生成され、case_semaphore という変数に格納されていることを前提にしています。

2 人のウェイターがこのコードを同時に実行しようとしたと考えてください。彼ら双方はセマフォーのロックを試みますが、どちらかしか成功しません。成功した方は通常通りの処理を実行します。そして、セマフォーを取得できなかった方のウェイターは、セマフォーが利用可能になるまで、そこで待ち続けることになります（ウェイターがウェイトするわけです）。最初のウェイターが注文処理をすべて終え、セマフォーをアンロックした後で、2 人目のウェイターが作業を続けます。しかし、陳列ケースの中にパイは残っていないため、顧客に謝ることになります。

このアプローチにはいくつか問題があります。最も大きな問題はおそらく、この方法が陳列ケースにアクセスするウェイター全員に周知徹底されていなければならないというところにあります。誰かがルールを無視した場合（つまり、開発者の 1 人が規約に従わないコードを記述した場合）、状況は混沌としたものに逆戻りします。

リソースをトランザクション化する

現時点での設計は、陳列ケースへのアクセスという責務を、使用する人に委譲しているという点で貧弱なものとなっています。では、その制御を一元化してみることにしましょう。これにはまず API を修正し、パイの残数確認から給仕までを単一の呼び出しで実行するようにします。

```
slice = display_case.get_pie_if_available()
if slice
  give_pie_to_customer()
```

```
end
```

この機能を実現する上で、陳列ケース自体のメソッドも記述する必要があります。

```
def get_pie_if_available()      ####
  if @slices.size > 0              #
    update_sales_data(:pie)        #
    return @slices.shift           #
  else                             #  未完成状態!
    false                          #
  end                              #
end                             ####
```

このコードはよくある思い違いを示したものとなっています。リソースへのアクセスを一元化したのですが、このメソッドはいまだに並行動作している複数のスレッドから呼び出せるのです。このためセマフォーで保護することになります。

```
def get_pie_if_available()
  @case_semaphore.lock()

  if @slices.size > 0
    update_sales_data(:pie)
    return @slices.shift
  else
    false
  end

  @case_semaphore.unlock()
end
```

このコードもまだ完璧ではありません。update_sales_data が例外をスローした場合、セマフォーはアンロックされず、陳列ケースに対するすべてのアクセスは永久に待たされ続けることになります。このため例外を取り扱う必要があります。

```
def get_pie_if_available()
  @case_semaphore.lock()

  try {
    if @slices.size > 0
      update_sales_data(:pie)
      return @slices.shift
    else
      false
    end
  }
  ensure {
    @case_semaphore.unlock()
  }
end
```

これはとてもよく見かける間違いであるため、多くの言語ではこの種の作業を取り扱うライブラリーが用意されています。

```
def get_pie_if_available()
  @case_semaphore.protect() {
    if @slices.size > 0
      update_sales_data(:pie)
      return @slices.shift
    else
      false
    end
  }
end
```

複数リソースのトランザクション

次に、レストランはアイスクリーム用のフリーザーを設置しました。このため、顧客がパイアラモードを注文した時、ウェイターは陳列ケースと「合わせて」アイスクリームが利用可能かどうかを調べる必要があります。

ウェイターのコードは以下のように修正できそうです。

```
slice = display_case.get_pie_if_available()
scoop = freezer.get_ice_cream_if_available()

if slice && scoop
```

```
  give_order_to_customer()
end
```

しかし、これは正しく動作しません。パイを確保したものの、アイスクリームがなかった場合、何が起こるでしょうか？　ウェイターはパイを握りしめたまま、何もできなくなるのです（客にはアイスクリームを「供さなければならない」ためです）。そして、ウェイターがパイを握りしめているということは、他のアイスクリームのないパイを欲している（純粋にパイを食べたいという）客にもパイが供されないということをも意味しています。

この問題は、パイを返却するメソッドを追加することで修正できます。つまり例外を追加し、何かが失敗した場合にリソースを握り続けないことを保証する必要があるのです。

```
slice = display_case.get_pie_if_available()

if slice
  try {
      scoop = freezer.get_ice_cream_if_available()
      if scoop
      try {
        give_order_to_customer()
      }
      rescue {
        freezer.give_back(scoop)
      }
      end
  }
  rescue {
    display_case.give_back(slice)
  }
end
```

しかし、これは理想的とは言い難いものです。コードはとても醜いものとなっており、何をやっているのかが簡単には分からなくなっています。肝心の業務ロジックが、さまざまな雑事の中に埋もれてしまっているのです。

先ほどはリソースの取り扱いにまつわるコードをリソース自体に移して問題を修正しました。しかし、ここでは 2 つのリソースを扱っています。リソースまわりのコードは陳列ケースに入れるのでしょうか、それともフリーザーに入れるのでしょうか？

どちらの選択肢も「ノー」というのが我々の答えです。実践的なアプローチでは、「アップルパイ・アラモード」自体が独自のリソースだと考えます。このコードを新たなモジュールに移動して、クライアント側は単に「アップルパイ・アラモード」を要求し、その結果である成功か失敗を受け取るということになります。

もちろん、実世界ではさまざまな組み合わせ料理があるため、それぞれについて新たなモジュールを作るというのは現実的ではないはずです。そうではなく、それぞれの構成要素への参照を保持した、ある種のメニュー項目を用意しておき、`get_menu_item` という包括的なメソッドを通じてリソースをやり取りさせるのがよいでしょう。

トランザクション以外での更新

ここまででは、並行処理の問題が発生する理由として、共有メモリーに着目してきましたが、実際のところこの問題は、アプリケーションのコードが変更可能なリソースを共有している場所であれば、ファイルやデータベース、外部サービスなど、「どこででも」発生し得るのです。コードの複数のインスタンスが同時にそれらリソースにアクセスした場合、問題が発生する可能性が生み出されます。

場合によっては、リソース自体が明確でないこともあります。本書のこのエディションを執筆している際、スレッドを用いて多くの作業を並列に実行するよう、ツールチェーンを更新しました。これにより、予測のつかない場所でおかしなエラーが発生し、ビルドが失敗するようになりました。ファイルやディレクトリーが所定の場所にあるにもかかわらず、それらが見つからないというエラーが続出するようになったのです。

我々はコードを分析し、一時的にカレントディレクトリーを変更している複数の箇所に問題があると考えました。並列化をしていないバージョンでは、このコードは余裕のあるタイミングでディレクトリーを元通りにしていました。しかし並列化バージョンでは、あるスレッドがディレクトリーを変更した後、そのディレクトリーから別のスレッドが起動するようになっていました。そのスレッドは当初のディレクトリーにいることを期待していたものの、スレッド間でカレントディレクトリーを共有していたため、そこで矛盾が生じていたのです。

この問題の性質から、新たなティップスが導き出されました。

Tip 58 無秩序なエラーはしばしば並行処理によって引き起こされる

その他の排他的アクセス

ほとんどの言語には、共有リソースに対するある種の排他的アクセス機構がサポートされています。それらはミューテックス（mutex：これは「相互排他」を意味する MUTual EXclusion に由来しています）やモニター、セマフォーと呼ばれており、すべてライブラリーとして実装されています。

しかし、一部の言語は言語自体で並行処理をサポートしています。例えば Rust は、データの所有権に関するコンセプトを強制しています。つまり、変更可能なデータへの参照は、複数の変数やパラメーターに同時に格納できないようになっています。

関数型言語はすべてのデータを変更不能なものとするため、並行処理をシンプルにすると主張するかもしれません。しかしある種の状況では、現実的な変更可能な世界に足を踏み入れることになるため、同じ問題に直面します。

お医者さん！ 痛むのです……。

このセクションで得るものがなかったという方は、次の教訓を忘れないようにしてください。それは、共有リソース環境における並行処理は難しく、その管理は苦難の連続だというものです。

古いジョークをここで持ち出すのはそういう理由があります。

> お医者さん！ ここをこうすると痛むのです。
>
> では、そうしないことです。

次から始まるいくつかのセクションでは、痛みを感じることなく並行処理のメリットを得る代替手法について示唆していきます。

関連セクション

- 10 直交性（49 ページ）
- 28 分離（164 ページ）
- 38 偶発的プログラミング（252 ページ）

35 アクターとプロセス

作家がいなければ物語は生み出されない、俳優がいなければ物語は命を吹き込まれない。

▶アンジー=マリー・デルサンテ

アクターとプロセスによって、共有メモリーの同期という重荷を背負うことなく並行処理を実現する興味深い方法が提供されます。

しかし、その方法を考察する前に、それが持つ意味を定義する必要があります。定義する上で表現がアカデミックなものになりますが、すぐに終わるので我慢して読み進めてください。

- 「アクター」は、局所的かつ固有の（プライベートな）状態を保持した、独立した仮想プロセッサーです。そして、各アクターはメールボックスを備えています。メールボックスにメッセージが届いた際、そのアクターが待機中なのであれば、活動を開始しそのメッセージを処理します。処理が完了した場合、メールボックス中の別のメッセージを処理するか、メールボックスが空であれば待機状態に戻ります。

  メッセージを処理する際、アクターは他のアクターを生成したり、存在を知っている他のアクターにメッセージを送ったり、次のメッセージを処理する際に遷移する新たな状態を作り出したりすることができます。
- 「プロセス」は通常の場合、より汎用目的の仮想プロセッサーであり、並行処理を容易にする目的で、しばしば OS によって実装されます。プロセスは、（規約によって）アクターのように振る舞うような制約が課されており、ここではそれがプロセスの型となります。

アクターは並行状態のみが存在する

アクターの定義に「記述されていない」ものごとがいくつかあります。

- 統制されている「ものごと」は１つも存在していません。次に起こることを決めたり、生データから最終的な出力に情報を移送する上での調整役となるようなものは存在していません。
- システムにおける「唯一の状態」はメッセージと各アクターがローカルに保持する状態に格納されています。メッセージは受け取り側が読み出す以外の手段で内容を確認できず、ローカルの状態はアクターの外からアクセスすることはできません。
- すべてのメッセージは一方通行となり、応答という考え方はありません。アクターからの応答を要求する場合、メッセージ送信側は自らのメールボックスを用意し、メッセージ内にそのアドレスを含めておきます。これにより、まったく別のメッセージとして応答が（どこかの時点で）メールボックスに送られてきます。
- アクターによる各メッセージの処理は、１つずつ行われます。

その結果、アクターは並行かつ非同期で実行され、何も共有されなくなります。十分な数の物理プロセッサーがあれば、それぞれのプロセッサー上でアクターを１つ実行できます。プロセッサーが１つしかない場合、ある種のランタイムがそれらの間でコンテキストのスイッチを実行できるでしょう。いずれにせよ、アクター上で実行されるコードは同じものとなります。

Tip 59 共有状態を持たないアクターを並行処理で使用する

シンプルなアクター

レストランの例をアクターを用いて実装してみましょう。この場合、アクターの数は３種類（顧客とウェイター、陳列ケース）となります。

全体的なメッセージフローは以下のようになります。

- 我々（システムを超越したところにいる、ある種の神のような存在）が顧客に、「汝、空腹を感じるべし」と命じます。
- その応答として、顧客はウェイターにパイがあるかどうかを尋ねます。
- ウェイターは陳列ケースに対して、パイを顧客に提供するよう求めます。
- 陳列ケースがパイを提供できるのであれば、それを顧客に送り届けるとともに、ウェイターに対してパイを請求書に書き加えるよう通知します。

- パイがない場合、その旨をウェイターに伝え、ウェイターは顧客にお詫びします。

では、Nact ライブラリー*3と JavaScript を使用してこのコードを実装してみましょう。ここではちょっとしたラッパーを追加し、シンプルなオブジェクトとしてアクターを記述できるようにします。このオブジェクトは、受け取るメッセージ型をキーとし、特定のメッセージを受け取った際に実行する関数を値としています（ほとんどのアクターシステムには同種の構造が用意されていますが、その詳細はホストとなる言語によって異なっています）。

では顧客から始めてみます。顧客は以下の 3 つのメッセージを受け取ります。

- お腹を空かせる（システムを超越したところから到来するメッセージ）
- テーブルにパイがある（陳列ケースから送られるメッセージ）
- パイがないというお詫び（ウェイターから送られるメッセージ）

以下がそのコードです。

code/concurrency/actors/index.js

```
const customerActor = {
  'hungry for pie': (msg, ctx, state) => {
    return dispatch(state.waiter,
                    { type: "order", customer: ctx.self, wants: 'pie' })
  },

  'put on table': (msg, ctx, _state) =>
    console.log(`${ctx.self.name} sees "${msg.food}" appear on the table`),

  'no pie left': (_msg, ctx, _state) =>
    console.log(`${ctx.self.name} sulks…`)
}
```

興味深いのは「hungry for pie」メッセージを受け取った際に、ウェイターにメッセージを送るところです（顧客がいかにしてウェイターアクターのことを知っているのかについては、もう少し後で説明します）。

*3　https://github.com/ncthbrt/nact

次はウェイターのコードです。

code/concurrency/actors/index.js

```
const waiterActor = {
  "order": (msg, ctx, state) => {
    if (msg.wants == "pie") {
      dispatch(state.pieCase,
               { type: "get slice", customer: msg.customer, waiter: ctx.self })
    }
    else {
      console.dir(‘Don’t know how to order ${msg.wants}‘);
    }
  },

  "add to order": (msg, ctx) =>
    console.log(‘Waiter adds ${msg.food} to ${msg.customer.name}’s order‘),

  "error": (msg, ctx) => {
    dispatch(msg.customer, { type: ’no pie left’, msg: msg.msg });
    console.log(‘\nThe waiter apologizes to ${msg.customer.name}: ${msg.msg}‘)
  }

};
```

ウェイターが「order」メッセージを顧客から受け取った際、それがパイの要求かどうかを確認します。そうであれば、陳列ケースに要求を送信し、自らと顧客双方の参照を引き渡します。

陳列ケースには、保持しているパイが配列の状態で保持されています（パイがどのようにしてそこに置かれているのかについても、少し後で説明します）。ウェイターから「get slice」メッセージを受け取った場合、パイが残っているかどうかを確認します。残っている場合、顧客にパイを引き渡し、ウェイターに注文の更新を依頼した後、最後に状態を更新する、つまりパイの数を減らします。そのコードは以下のようなものです。

code/concurrency/actors/index.js

```
const pieCaseActor = {
  ’get slice’: (msg, context, state) => {
    if (state.slices.length == 0) {
      dispatch(msg.waiter,
               { type: ’error’, msg: "no pie left", customer: msg.customer })
      return state
```

```
    }
    else {
      var slice = state.slices.shift() + " pie slice";
      dispatch(msg.customer,
               { type: 'put on table', food: slice });
      dispatch(msg.waiter,
               { type: 'add to order', food: slice, customer: msg.customer });
      return state;
    }
  }
}
```

こういったアクターはしばしば、他のアクターによって動的に起動されますが、今回の例ではシンプルにするため、手作業で起動するようにしています。また、それぞれに初期状態を引き渡しておきます。

- 陳列ケースは初期状態としてパイのリストを受け取る。
- ウェイターには陳列ケースへの参照を与える。
- 顧客にはウェイターへの参照を与える。

code/concurrency/actors/index.js

```
const actorSystem = start();

let pieCase = start_actor(
  actorSystem,
  'pie-case',
  pieCaseActor,
  { slices: ["apple", "peach", "cherry"] });

let waiter = start_actor(
  actorSystem,
  'waiter',
  waiterActor,
  { pieCase: pieCase });

let c1 = start_actor(actorSystem,   'customer1',
                     customerActor, { waiter: waiter });
let c2 = start_actor(actorSystem,   'customer2',
                     customerActor, { waiter: waiter });
```

準備が完了したので、実行してみましょう。顧客らはお腹が空いているのか、customer1 はパイを 3 切れ、customer2 はパイを 2 切れ注文します。

code/concurrency/actors/index.js

```
dispatch(c1, { type: 'hungry for pie', waiter: waiter });
dispatch(c2, { type: 'hungry for pie', waiter: waiter });
dispatch(c1, { type: 'hungry for pie', waiter: waiter });
dispatch(c2, { type: 'hungry for pie', waiter: waiter });
dispatch(c1, { type: 'hungry for pie', waiter: waiter });
sleep(500)
  .then(() => {
    stop(actorSystem);
  })
```

実行すると、アクター同士が通信し合っていることが分かります*4。表示される順序は本書の実行例とは異なっているかもしれません。

```
$ node index.js
customer1 sees "apple pie slice" appear on the table
customer2 sees "peach pie slice" appear on the table
Waiter adds apple pie slice to customer1's order
Waiter adds peach pie slice to customer2's order
customer1 sees "cherry pie slice" appear on the table
Waiter adds cherry pie slice to customer1's order

The waiter apologizes to customer1: no pie left
customer1 sulks…

The waiter apologizes to customer2: no pie left
customer2 sulks…
```

明示的でない並行処理

アクターモデルでは、状態を共有しないため、並行処理を扱うコードを一切記述する必要がありません。また、アクターは自らが受け取ったメッセージベースで動作するため、エンドツーエンドでの「これを実行し、あれを実行する」といったロジックも明示的に記述する必要がありません。

基盤となるアーキテクチャーについての指示もありません。この種のコンポーネントは、単一プロセッサー上でも、複数コア上でも、ネットワーク上に配置された複数のマシンでも同様に機能するのです。

---

*4 このコードを実行するには、本書に記載されていないラッパー関数も必要となります。このラッパー関数は https://media.pragprog.com/titles/tpp20/code/concurrency/actors/index.js からダウンロードできます。

Erlang におけるアクターモデル

（Erlang の開発者はアクターのオリジナル論文を読んでいないにもかかわらず）Erlang という言語とそのランタイムは、アクターの素晴らしい実装例となっています。Erlang ではアクターのことを「プロセス」と呼んでいますが、これは OS における通常のプロセスではありません。Erlang のプロセスは、ここで考察してきたアクターのように軽量であり（単一のマシン上で大量のプロセスを実行できます）、メッセージの送信によって通信し合います。そしてそれぞれは独立しているため、状態の共有はありません。

さらに Erlang のランタイムは、プロセスの寿命を管理したり、プロセスを再起動したり、問題が発生した際にプロセスを設定する「スーパービジョン」システムを実装しています。また、Erlang はホットコードローディングもサポートしています。これにより実行中のシステムを停止することなく、コードの入れ替えが可能になります。その結果、Erlang システムは世界で最も高い信頼性（しばしば 99.9999999 %の可用性）が要求される分野で採用されています。

しかし、Erlang（とその後継の Elixir）だけがユニークだというわけではありません。ほとんどの言語にはアクターの実装が用意されています。並行処理を実現する必要が出てきた場合、これらの実装の採用を検討してみてください。

関連セクション

- 28 分離（164 ページ）
- 30 変換のプログラミング（186 ページ）
- 36 ホワイトボード（239 ページ）

チャレンジ

- 共有データを保護するために相互排他を使用しているコードはあるでしょうか？　あるのであれば、アクターを使って同じコードのプロトタイプを作ってみてはいかがでしょうか？
- レストランの例で記述したアクターを用いたコードは、パイの注文のみをサポートしていました。これを拡張して、パイとアイスクリームを管理する個別のエージェントを作成し、顧客が「パイ・アラモード」を注文できるようにしてください。そして、どちらか一方が品切れとなった際の状況を取り扱えるようにしてください。

36 ホワイトボード

その書き物は壁に書かれていた…
　▶ダニエル書（第 5 章）

刑事が殺人事件を解決するために、どのようにホワイトボードを使っているのかを考えてみましょう。まず警部が会議室に大きなホワイトボードを設置したと想像してください。そこに１つの疑問が書き出されています。

H. ダンプティ（男性、たまご）：事故か？　他殺か？

ハンプティは誤って落ちたのでしょうか、それとも誰かに突き落とされたのでしょうか？　刑事たちは、事実を洗い出し、証人からの証言を取り付け、法廷用の証拠を探し出すなどして、殺害の可能性を秘めたミステリーの捜査に貢献するものを書き込んでいきます。そして情報が集積されてくると、それらの関連に気付いた刑事が洗い出されたことや推理を書き込んでいくのです。多くの人々や捜査官、すべてのシフト要員がこのプロセスを捜査の終了まで続けていきます。ホワイトボードの例は**図 6.1**（240 ページ）を見てください（図では「黒板」風になっています）。

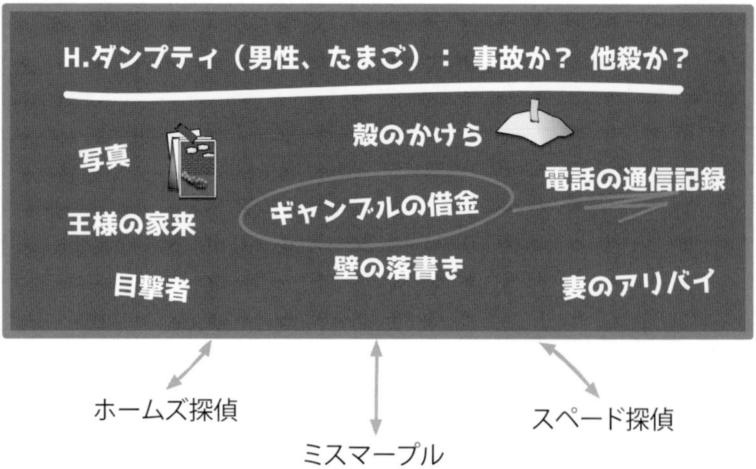

●図 6.1　誰かがハンプティのギャンブルによる借金と電話の記録の関連に気付いています。彼は電話で脅されていたかもしれません。

ホワイトボードによるこういったアプローチの持つ重要な特徴は、

- 刑事は誰もお互いの存在を知る必要がありません。彼らはホワイトボードから新たな情報を引き出し、自分の見つけたものをそこに書き込んでいくだけなのです。
- 刑事は異なった訓練所で養成されていても構わないし、異なった教育レベルや技術レベルであっても構わないし、同じ管轄地域に所属している必要さえないのです。彼らは事件を解決するという目標こそ共有しているものの、それがすべてなのです。
- 何人もの刑事がプロセスの過程で出入りすることもでき、また異なったシフトで捜査することもできます。
- ホワイトボードに記述する内容に関する制限はありません。絵でも文章でも物証でも何でも構わないのです。

これは並行処理におけるレッセフェール（自由放任主義）とでも言うべきものです。刑事らは独立したプロセスや、エージェント、アクターといったものに相当します。何人かの刑事がホワイトボードに事実を書き込み、他の刑事がその内容を見て、事実を組み合わせたり推理し、得られた内容をホワイトボードに書き加えていきます。このようにして事件は徐々に解決に向かっていくのです。

ホワイトボードというコンセプトのIT分野への応用は、音声認識や知識ベースの推論システムといった大規模かつ複雑な人工知能分野の問題を解決する手段として考え出された、ブラックボードシステム（Backboard System）に端を発しています。

初期のブラックボードシステムのひとつとして、David GelernterのLindaがあります。Lindaは事実を型付けされたタプルとして格納します。アプリケーションは新たなタプルを記述してLindaに登録し、パターンマッチングのかたちで既存のタプルに対して照会できるようになっています。

次にJavaSpacesやT Spacesといった分散型のブラックボード型システムが登場しました。こういったシステムを用いることで、単なるデータではなく、インスタンス化されたJavaのオブジェクトを格納しておき、（テンプレートやワイルドカードを用いて）フィールドの一部がマッチしたり、部分型が一致したオブジェクトを取得できるようになるのです。例えば、`Person`（人間）の下位型である`Author`（著者）という型があると考えてください。この場合、`lastName`（姓）に“Shakespeare”という値を保持した`Author`テンプレートを用いてブラックボード上の`Person`オブジェクトを検索できるわけです。その結果、庭師のFred Shakespeareではなく、作家のBill Shakespeareを取得できるというわけです。

これらのシステムが普及することはありませんでした。その理由は、この種の協調型並行処理に対するニーズがまだ生み出されていなかったためだと我々は考えています。

ホワイトボードの使用例

住宅ローンの受付処理を行うアプリケーションの開発を実施していると考えてください。この分野に適用される法律は、連邦、州、地方政府それぞれが言い分を持っており、いやらしいくらい複雑なものになっています。貸し手は約款の内容を開示していることを証明しなければならず、借り手に対して特定の情報を照会しなければなりませんが、その他の特定の質問は「してはならない」……といった具合です。

また、適用する法律の複雑な内容だけでなく、以下のような問題と取り組まなければなりません。

- データが到着する順序については何の保証もありません。例えば信用調査や土地所有権の調査に関する照会の結果は、名前や住所の照会とは異なり、かなり時間がかかります。
- データ収集は、時差も違う離れたオフィスにいる担当者によって行われているかもしれません。
- ある種のデータは、他のシステムによって自動的に収集されるかもしれません。また、このデータは非同期に着信するかもしれません。
- さらに、ある種のデータは他のデータに依存しているかもしれません。例えば、自動車の所有者証明や保険の確認ができなければ、土地の所有権調査を開始できないかもしれません。
- 新たなデータの入手によって新たな疑問や方針が出てくるかもしれません。信用調査があまりにも当たり障りのないものであったと考えてみてください。その時点で新たに追加フォーム 5 枚と血液サンプルが必要になるかもしれません。

ワークフローシステムを用いて、考えられ得るすべての組み合わせと状況を扱おうとすることも可能です。こういったシステムは既に数多く存在していますが、複雑かつプログラマーの介入が必要となっているはずです。規則が変わるとワークフローは再編成しなければなりません。つまり、手続きの変更とともに、定められた動作を記述していたコードは開発し直さなければなりません。

ここで挙げた問題を解決するためのエレガントなソリューションとして、ホワイトボードに、法的要求をカプセル化したルールエンジンを協調させるというものがあります。データの到来順序がバラバラであっても、事実が投稿されたタイミングで適切なルールが起動されるわけです。同様にフィードバックも簡単に取り扱えます。ルール群からの出力をホワイトボードに書き出すと、他の適用可能なルール群が呼び出されるようにしておくのです。

Tip 60　ワークフローを協調させるためにはホワイトボードというコンセプトを活用すること

メッセージシステムはホワイトボードのようになる

この第 2 版を執筆している時点で、多くのアプリケーションは小さな分離されたサービスを用いて構築されており、すべての通信はある種のメッセージシステムを介して実現されています。これらのメッセージシステム（Kafka や NATS）は単に A 地点から B 地点にデータを送る以上の作業を実行しています。特に、これらは永続性（イベントログの形式による）とパターンマッチング形式を通じてメッセージの取得能力を提供しています。このことは、ホワイトボードシステムとして、そして／あるいはプラットフォームとして利用しながらアクターを実行できることを意味しています。

とは言うものの、話はそう簡単ではない……

アーキテクチャーの構築に向けた、アクターそして／あるいはホワイトボードそして／あるいはマイクロサービスというアプローチによって、アプリケーションから並行処理の問題の芽は摘み取れます。しかし、そのメリットには代償がつきまといます。こういったアプローチは、多くのアクションが影響し合うため、予測しにくいものとなるのです。また、メッセージ形式そして／あるいは API の中央リポジトリーを設置しておくことも重要となるでしょう。リポジトリーがコードやドキュメントを生成する場合には特にです。また、メッセージや事実がシステムを通じてやり取りされるさまをトレースできる優れたツールも必要となります（お勧めのテクニックは、特定の業務機能が起動された際に固有の「トレース ID」を付加し、関係するアクターすべてに伝播させていくことです。これでログファイルを読むだけで、システム内で起こったことを再構築できるようになります）。

最後になりますが、この種のシステムではさまざまな要素が関係してくるため、配備や管理がより難しくなる可能性もあります。ただこういった問題は、システムの粒度を細かくでき、個々のアクターを置き換えることでシステム全体を止めることなくアップデートできるという利点とのトレードオフの関係にあります。

関連セクション

- 28 分離（164 ページ）
- 29 実世界を扱う（173 ページ）

- 33 時間的な結合を破壊する（218 ページ）
- 35 アクターとプロセス（232 ページ）

演習問題

問題 24 以下の各アプリケーションでは、ホワイトボードシステムが有効となるでしょうか、それともならないでしょうか？

イメージ処理： 複数の並列プロセスに画像の各部分を引き渡し、処理した後、各画像を元通りの部分に戻す。

グループのスケジュール管理： 世界中の時差が異なる地域に分散した、異なった言語を用いる人々向けに会議のスケジューリングを行うシステムを実装する。

ネットワーク監視ツール： システム内の問題を検出するためにエージェントを用いて、パフォーマンス統計とトラブル報告を収集するシステム。

（回答例は 383 ページ）

チャレンジ

- あなたは現実世界のホワイトボードシステム、例えば冷蔵庫の扉に貼ったメッセージボードや仕事場のホワイトボードを使っていますか？ それが効率的なのはなぜでしょうか？ 書き込んだメッセージは整合性のある形式となっていますか？ それは大事なことなのでしょうか？

7 コーディング段階

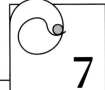

While You Are Coding

従来の知識では、プロジェクトがいったんコーディング段階に入ると、作業のほとんどは設計を機械的に実行可能なステートメントへと置き換えていく作業になるとしています。我々はこういった考え方こそが、ソフトウェアプロジェクトを失敗に導いたり、多くのシステムを醜く、あるいは非効率的、非構造的なものにして保守できない、ただただ悪いものにする最大の理由だと考えています。

コーディングは機械的な作業ではありません。もしそうであったら、1980年代初めに脚光を浴びたCASEツールがとっくの昔にプログラマーを駆逐しているはずです。プログラムを長期間にわたって正確かつ生産的なものに保つには、熟考や熟慮を要する意志決定が常に必要なのです。

すべての意思決定が意識的に行われるわけではありません。「37 爬虫類脳からの声に耳を傾ける（247ページ）」時、本能的で無意識の思考を活用できるようになるのです。同セクションでは、時にはささやくような小さな声により注意深く耳を傾け、積極的に対応するための方法を見ていきます。

しかし、本能に従うということは自動操縦で空を飛ぶという意味ではありません。コードについて積極的に考えようとしない開発者は、偶発的プログラミングを実践していると言えます。つまりそのコードが動作していたとしても、なぜ動いているのかを説明できないのです。「38 偶発的プログラミング（252ページ）」ではコーディングという作業に、より積極的に関わることを提唱しています。

我々の記述するコードのほとんどは十分高速に実行されますが、最速のCPUでさえも動きを止めてしまいかねないアルゴリズムを開発してしまう場合もあります。「39 アルゴリズムのスピード（260ページ）」ではコードのスピードを見積もる方法を解説し、問題が発生する前にその可能性を見抜くヒントを与えています。

達人プログラマーは自分自身のコードを含めたすべてのコードに対して常に

批判的な目を向けます。自身のプログラムや設計にも改善の余地がないかを常に見定めているのです。「**40 リファクタリング** (268 ページ)」では、既存のコードを継続的に修正していくことの重要性とその技法について解説しています。

テストは、バグを発見することではありません。これはコードのフィードバック、すなわち設計や API、結合といった観点を得るためのものです。要するに、テストの主な利点は、テストを実行している時ではなく、テストについて考え、テストを作り出している時に生み出されるのです。この考え方については「**41 コードのためのテスト** (274 ページ)」で考察します。

しかし、自らのテストを実行している際には、その作業に偏見を持ち込んでしまう可能性があるのはもちろんです。「**42 プロパティーベースのテスト** (287 ページ)」では、あなたに代わってコンピューターに幅広いテストを実施させる方法と、洗い出されたバグを取り扱う方法について考察します。

可読性が高く、予測しやすいコードを記述するよう、常に心がける必要があります。現実の世界は厳しく、システムに侵入して害をなそうとあの手この手を画策する悪人で満ちあふれています。「**43 実世界の外敵から身を守る** (296 ページ)」では、こういった世界に立ち向かっていく上での基本的なテクニックとアプローチについて考察しています。

最後に、ソフトウェア開発で最も難しいものごとのひとつに「**44 ものの名前** (305 ページ)」があります。我々はさまざまなものに名前を付けることになりますが、そういった名前によって、我々の作り出す現実そのものがさまざまなかたちで定義されることになるのです。このためコーディング中には、意味が変質していく可能性についても意識しておく必要があります。

我々が車を運転する際は、単に「減速して右折」と考えるだけで無意識に体が動き、意識的に足でペダルを踏んだり腕でハンドルを回したりということはしていないはずです。しかし、安全な運転を心がける優れた運転手は、常に状況を再検討し、問題の可能性をチェックし、不測の事態に備えているのです。同じことがコーディングにも当てはまります。多くの場合は決められたかたちになりますが、常に自ら気を配っておくことで、災害を避けられるようになるのです。

37 爬虫類脳からの声に耳を傾ける

人間だけが、何かを直視でき、正確な予測を導き出す上で必要なすべての情報を得て、おそらくは一瞬のうちに正確な予測を導き出した上で、そうではないと断言できる。

▶ギャヴィン・ディー・ベッカー、恐怖の贈り物

Gavin de Becker のライフワークは、人々に自らを守る力を与えるというものです。同氏の著書 [de 98] には、そのメッセージが詰まっています。その書籍に一貫して流れているテーマは、洗練された人間として我々は、自らの動物的な面、すなわち本能、そして爬虫類脳を無視するように学習してきたというものです。同氏は、街中で暴力被害に遭った人のほとんどは、その直前に何らかの居心地の悪さを感じていたり、ナーバスになっていたと主張しています。こういった人々は、後々振り返ってみて、自らの思慮が足りなかっただけだったと述べています。そして、物陰から怪しい人物が姿を現したというのです。

本能は我々の無意識を司る脳に格納されているパターンに反応しているだけです。あるものは先天的に、そしてあるものは繰り返しを通じて後天的に学習したものです。プログラマーとして経験を積んでいくとともに、あなたの脳には暗黙知、すなわち日々の作業を通じて、うまく行くものごとと、うまく行かないものごと、問題が起こりそうな状況が蓄積されていきます。そしてあなたが誰かとのおしゃべりを止めた時に、無意識のうちに脳の「ファイル保存」ボタンが押されているのです。

その源が何であれ、本能は言葉で表せないという共通点があります。本能は考えるものではなく、感じるものなのです。そして、本能が何かを語りかけた時、吹き出しの中に電球がひらめくような絵柄が見えるわけでもありません。そうではなく、ドキドキ、ハラハラを感じ、これは何かが間違っているという気がするのです。

その際には、まず何かが起こりつつあるという点に気付き、その後で理由を探し出すことになります。まずは内なる爬虫類脳が何かを伝えようとする、いくつかのよくあるシチュエーションを見てみることにしましょう。その後、その本能から何かをつかみ取る方法について考察します。

空白ページの恐怖

真っ白な画面や、何もないところでカーソルだけが点滅しているという状況を恐れない人はいません。新たなプロジェクト（あるいは既存プロジェクトの新規モジュールであったとしても）を開始するというのは、不安なものです。多くの人たちは、最初に踏み出す一歩を遅らせようとするのです。

こういったことが起こる原因は 2 つあり、解決策はいずれも同じです。

この問題は、爬虫類脳が何かを伝えようとするために起こっています。つまり、知覚できない部分で何らかの疑いがあるということです。これは見過ごせません。

あなたは開発者として、どれが機能し、どれが機能しないのかを試しつつ見極めてきているはずです。つまりあなたは、経験と知恵を蓄積してきているのです。ある作業を前にして何か疑いが感じられる場合や気が進まない場合、過去の経験が何かを伝えようとしているのかもしれません。その忠告に耳を傾けてください。どこに問題があるのか見当も付かないかもしれませんが、時間をかけていけば、その疑いは何らかの形をなし、対応策が見えてくるかもしれません。本能を糧にして生産性を上げるようにしましょう。

もう 1 つの問題は、単に失敗することを恐れているという、少し平凡なものです。

これは理にかなった恐れです。我々開発者はコードに全身全霊を傾け、コードのエラーを自らの能力が反映されたものとして受け止めます。おそらくそれが「インポスター症候群」のきっかけとなり、手元のプロジェクトが手に負えないものだと考えるのかもしれません。また、プロジェクトの最後までの工程を思い描くことができず、行き着くところまで進んでから、道に迷ったと認めざるを得なくなるのです。

自らと戦う

あなたの頭の中からコードがエディターに飛翔しているように感じ、アイデアがそのままコードになっていくことがあります。

その一方で、コーディングがぬかるんだ上り坂を登っていくように感じられる時もあります。足取りは重く、1 歩進むたびに 2 歩後退しているようにも感じられます。

しかし、あなたは仕事を抱えており、プロフェッショナルとしてぬかるんだ道を兵士のように進んでいくのです。残念ながら、こういった行動は採るべきではありません。

こんな時は、あなたのコードが何かを伝えようとしているのです。これは思っているよりも難しく、おそらくは構造や設計が間違っている、あるいは誤った問題を解決しようとしている、あるいは星の数くらい多くのバグを作ろうとしているのです。どのような理由があるにせよ、あなたの爬虫類脳はコードからのフィードバックを検知し、あなたが耳を傾けてくれるよう試みているのです。

爬虫類脳との対話方法

ここまでで本能に耳を傾ける、つまり無意識を支配する爬虫類脳に耳を傾ける重要性について語ってきました。そのテクニックは常に同じです。

Tip 61 爬虫類脳に耳を傾ける

まずは作業の手を止めることです。一息ついて、頭をすっきりとさせましょう。コードのことを考えるのを止め、キーボードから離れ、しばらく他の作業をしてみてください。散歩をする、昼食をとる、誰かと話すといった何でも構いません。おそらく睡眠をとるのもよいでしょう。あなた自身の脳の各層にアイデアが染み渡るのを待つのです。無理強いしてはいけません。最終的に、何らかの考えが意識に浮かび上がってきて、「なるほど！」とうなずける時が来るはずです。

これでうまくいかないのであれば、問題を具体的な形にして表現してみましょう。開発中のコードに関することをチラシの裏に書き付けてみたり、同僚（プログラマー以外がお勧めです）やゴムのアヒルちゃんに説明してみるのです。問題を具体的な形で表現する際には、脳の違った部分を用いるようにし、あなたを悩ませている問題が他のやり方で扱えるかどうかを見極めてください。今までに内面で行ってきたさまざまな心の対話を再現することで、突如として「あぁ、そうだった！」と考えつく瞬間がやってくるはずです。そこを手がかりに軌道を修正すればよいのです。

しかし、こういった手段をとったにもかかわらず、まだ出口が見あたらない場合もあります。そういった時には、行動に出ましょう。行動に出ることで、今からやろうとしていることは、さほど大きな話ではないと脳に伝えるのです。このような行動としては、プロトタイピングがお勧めです。

お遊びの時間！

Andy と Dave は 2 人とも真っ白なエディターの画面を見つめて時間を過ごした記憶があります。少しばかりコードを入力した後、天井を見つめ、ドリンクのおかわりを取りにいき、また少しコードを入力し、すべてを選択して削除した後、初めに戻るのです。そしてそれを繰り返し、またさらに繰り返し……といった具合です。

その後、我々は何年もかけて、有効なブレインハッキングの方法を見つけ出しました。それは、あなた自身に向けて、何らかのプロトタイプの必要性を呼びかけるというものです。まっさらな画面を目にしているのであれば、プロジェクトで探求したいある種の側面に目を向けてください。新しいフレームワークを使っており、データの束縛方法について深掘りするのもよいでしょう。あるいは、新たなアルゴリズムで境界条件の動作を探求してみるのもよいかもしれません。さらに、ユーザーインタラクションの方法を今までとは違ったかたちにしてみるのもありでしょう。

既存のコードを相手に作業しており、手こずっているのであれば、それをどこか横に置いておいて、代わりに似たようなもののプロトタイピングを実行しましょう。

以下のことを行ってください。

1. ポストイットに「現在プロトタイピング中」と書いて、画面の横に貼っておきましょう。
2. プロトタイピングは失敗するために実施するということを忘れないようにします。そして、失敗しなかったとしてもプロトタイプは捨て去るということも忘れないようにします。いずれにせよ、実行することで問題は起こらないのです。
3. 実行することや学習したいことを 1 行にまとめ、まっさらなエディターの画面にコメントとして記述します。
4. コーディングを開始します。

迷いが生じたら、ポストイットコードに目をやります。

コーディングの最中に、ぼんやりした不安がいきなり具体化したのであれば、その問題に取り組みます。

実験が完了し、それでも不安が残っているのであれば、散歩やおしゃべり、休みのところからやり直してください。

とは言うものの、我々の経験では最初のプロトタイプを実行しているところで、鼻歌を歌いながら、楽しくコードを記述していることに驚くはずです。そして不安はどこかに消え去り、早く作業に戻りたいという気持ちになるはずです。そこで作業に戻ればよいのです！

この段階ではもう、何をすべきかが分かっているはずです。プロトタイプしていたコードをすべて消し去り、ポストイットも捨て、まっさらなエディターの画面に新たなコードを入力していくだけです。

「あなたのコード」だけではない

我々の作業の多くは既存のコード、しばしば他人のコードと格闘することです。人はそれぞれ、異なった本能を有しているため、その意思決定も異なったものとなります。それは必ずしも悪いことではありません。ただ異なっているだけなのです。

彼らのコードを機械的に読み進め、最後まで進めてから、重要と思われる内容をコメントしていくことができます。この作業は退屈ですが、無益ではありません。

あるいは、ちょっとした実験を試してみることができます。見知らぬ方法で実装されているところを見つけた際には、それを手早くメモするのです。これを続けていき、パターンを見つけ出します。パターンを産み出す根源となるものが明らかになれば、コードへの理解が一挙に深まります。そして意図的にそういったパターンを適用できるようにもなるはずです。

その過程で、あなたも新たな方法を学ぶことができるかもしれません。

コードに留まらない

本能に耳を傾けながらコーディングするというのは、日頃から訓練して身に付けておくべきスキルです。しかも、これはより大きなスケールで応用が利きます。場合によっては設計時に何かが間違っていると感じられ、要件定義時に不安を感じることもできるようになります。こういった感覚があるのなら、立ち止まって分析してください。周囲の理解が得られるのであれば、それを口にするのもよいでしょう。そして探求してください。おそらく何らかの問題が潜んでいるはずです。本能に耳を傾け、問題が襲いかかってくる前に避けるようにするのです。

関連セクション

- 13　プロトタイプとポストイット (72 ページ)
- 22　エンジニアリング日誌 (128 ページ)
- 46　不可能なパズルを解決する (324 ページ)

チャレンジ

- やるべきだと分かってはいるものの、恐怖心や困難さを感じて先送りにしているものごとはあるでしょうか？ このセクションで紹介したテクニックを適用してみてください。1〜2 時間という枠を設けて、時間が来たらやった内容をすべて消去するようにするのです。何を学習できたでしょうか？

38　偶発的プログラミング

昔の白黒戦争映画で、このようなシーンを見たことがあるでしょうか？ 疲れ果てた兵士が用心深く茂みの中から進み出てきます。前方は切り開かれた空き地になっているようですが、地雷があるのでしょうか、それとも安全に向こう側へと行けるのでしょうか？ 標識があるわけでもなく、有刺鉄線が張り巡らされているわけでもなく、爆発跡があるわけでもなく——そこが地雷原であるような形跡は一切ありません。兵士は自分の銃剣で地面をおそるおそるつつきながら爆発しないかどうかを確かめます。でも爆発はしません。彼はしばらくの間そうやって地面をつつきながら少しずつ進んでいきます。そしてついにこの空き地に地雷がないことを確信した兵士は誇らしげにまっすぐ行進していき、木っ端みじんに吹き飛ばされてしまうのです。

この兵士が最初に行った地雷探査は、単に幸運だったということ以外何も意味していません。彼は誤った結論に導かれ、悲惨な結末を迎えたのです。

我々開発者も地雷原で働いているようなものです。毎日、我々を陥れようと何百もの罠が仕掛けられているのです。このため、兵士の話を頭に刻み込み、誤った結末に陥らないよう細心の注意を払わなければなりません。我々は幸運と行き当たりばったりの成功に頼るような偶発的プログラミングを避け、「慎重なプログラミング」を選ぶべきなのです。

偶発的プログラミングの方法

Fred が、あるプログラミングを指示された時のことです。まず Fred は、少しだけコードを記述し、それをテストしました。どうやら動いているようです。Fred はもう少しコードを追加し、またそれをテストしてみました。大丈夫、動いているようです。このようなコーディングを何週間か続けたある日、プログラムが突然動かなくなってしまいました。その後何時間も修正を試みたのですが、彼には何が起こったのかが分かりませんでした。Fred はこのコードを追跡するために長い時間を費やしましたが、修正することはできませんでした。彼が何をどうやっても、プログラムは動いてくれなかったのです。

Fred は、なぜこのコードが最初のうちは動いていたのかを理解していなかったため、動かなくなった時もその理由が分からなかったのです。動いているように見えたのは、Fred の行った「制限つきのテスト」がたまたま偶然動いていただけなのです。誤った自信に元気づけられ、Fred は破滅に向かって突進していったというわけです。世の中の多くの人は Fred のような人間を知っているはずです。ですが、我々は Fred よりも賢く立ち回れるはずです。我々は偶然になんて頼りませんよね？

偶然の結果と意図的な行為の結果をごちゃまぜにしてしまうこともあります。そういった例をいくつか見てみましょう。

実装の事故

実装の事故とは、コードが現在そのように記述されているという、ただそれだけの理由で発生するものです。つまり、ドキュメント化されていないエラーや境界条件に頼ってしまっている点からくるものなのです。

ある機能を、その作者が想定していないデータを用いて呼び出していた場合を考えてみましょう。その機能はあらかじめ規定された処理を行い、結果を返すようになっています。あなたのコードはその結果を元にして動作します。しかしその機能の著者は、あなたが考えているような目的で使用されるとは夢にも思っていませんでした。このような場合、その機能が「修正」されると、あなたのコードは動かなくなるかもしれません。さらにひどい場合には、あなたの要求する機能ではないにもかかわらず、ちゃんと動作しているように「見える」ことすらあります。誤った順序での呼び出しや、誤ったコンテキストからの呼び出しも、同じような問題を発生させます。

以下のコードを見てください。Fred はある GUI 描画フレームワークを用いて画面に何かを表示させようと四苦八苦しています。

```
paint();
invalidate();
validate();
revalidate();
repaint();
paintImmediately();
```

しかし、上記のメソッドはこういった呼び出し方を想定して設計されているわけではありません。このコードが動作していたとしてもそれは本当に単なる偶然なのです。

そして何かが描画されるようになった後も、Fred はこの誤った呼び出しを取り去ることはせず、傷口に塩を塗り込んでしまうのです。「とにかく今動いているんだから触らないほうがいいな」と……。

ともすれば、簡単にこういった考え方に陥ってしまいます。では、なぜ動いているものを台無しにする危険性を犯さなければならないのでしょうか？　これには、いくつかの理由が考えられます。

- 本当は動いているように見えているだけで動いていないのかもしれません。
- あなたが前提としている境界条件は単なる偶発的なものであるかもしれません。異なった状況下（例えば異なった画面解像度や、CPU コア数）では、違った動作をするかもしれません。
- ライブラリの次のリリースでは、ドキュメント化されていない動作が変更になるかもしれません。

- 不必要な呼び出しが余分にあるとコードの実行が遅くなります。
- 余計な呼び出しによって、新たなバグを混入させてしまう危険性があります。

あなたが他人の使うコードを開発しているのであれば、正しいモジュール化の基本原則と、コンパクトかつ上手にドキュメント化されたインターフェースの背後に実装を隠すという基本原則を適用するべきでしょう。また、契約（「23 契約による設計（DbC）（131 ページ）」を参照）をうまく記述することによって、誤解を避けることもできるはずです。

もし何らかの機能を呼び出す場合には、ドキュメント化されている振る舞いのみを前提とするようにしてください。そして、何らかの理由でそれができないのであれば、あなたの置いた仮定をドキュメント化しておいてください。

十分近い……というのは外れも同じ

我々は昔、さまざまな現場に設置された大量のハードウェアからのデータを集積してレポートを出力するという大規模プロジェクトに参加したことがあります。これらの機器は州やタイムゾーンをまたがっており、さまざまな物流上や歴史上の理由によってそれぞれの機器は現地時間に設定されていました*1。タイムゾーンの解釈の齟齬と、サマータイムポリシーによる整合性のなさによって、結果はほとんど常にと言っていいほど 1 時間だけずれていました。プロジェクトの開発者らもずれているのは特定のケースにおける「たったの」1 時間だということで、正しい値を取得するために 1 を足したり引いたりするという作業に慣れっこになってしまっていました。その後、こういった機能を呼び出す機能の側で、また 1 を足したり引いたりして元の値に戻すような処理が出てきました。

しかし、一部の時間が「たったの」1 時間だけずれるというのは偶然の結果であり、より深く、より基本的な欠陥を隠していただけだったのです。時間の取り扱いに関する適切なモデルがなかったために、時とともに大規模なコードベース全体に意味不明な +1 や-1 を実行する処理が増えていきました。最終的に、この問題はまったく修正されず、プロジェクトは破棄される結果に終わっ

＊1　その戦争で傷を受けた英雄からのコメント：協定世界時（UTC）は無駄に存在しているわけではありません。使ってください。

たのです。

幻のパターン

人は単なる偶然の場合であっても、パターンと原因を見極めようとします。例を挙げると「つるふさの法則」というものがあります。これは、ロシア帝政時代から現在に至るまでの 200 年近くにわたり、同国の指導者は頭髪のない（あるいはそのように見える）人物と、頭髪のある人物が交互に務めているという法則です*2。

ロシアの次期指導者の頭髪があるか無いかに依存するコードを記述することはないと思いますが、我々は常に似たようなことを行っています。ギャンブラーは、統計的に独立したイベントであるにもかかわらず、ロトくじの当たり番号や、サイコロの目、ルーレットの数字を予想します。金融市場の株や債券の取引においても、現実的に認められるパターンではなく、偶然性がはびこっています。

1000 回目のリクエストごとにログファイル上にエラーが書き込まれている場合、見つけにくい競合条件が発生しているのかもしれず、ただの昔からのバグかもしれません。あなたの環境上でテストに合格し、他の環境では合格しないのも、環境の違いから来ているのかもしれず、単なる偶然かもしれません。

仮定ではなく証明が必要なのです。

コンテキストの事故

「コンテキストの事故」というものもあります。例えば、ユーティリティーモジュールを開発中だと考えてください。現在のコーディング環境が GUI 環境であるからといって、このモジュールが GUI を前提としたものであると仮定して構わないのでしょうか？　また、ユーザーはすべて日本語を話すということを前提にしていないでしょうか？　読み書きができるユーザーを前提にしていないでしょうか？　あなたが前提としていることで、保証できないものはありませんか？

カレントディレクトリーが書き込み可能であることを前提にしていないでしょうか？　ある種の環境変数や設定ファイルの存在が前提になっていないで

*2　https://en.wikipedia.org/wiki/Correlation_does_not_imply_causation

しょうか？　サーバーが正常に動作している際、どの程度の許容度があるのでしょうか？　ネットワークの可用性と速度に依存しているのではないでしょうか？

どこか他のところからコードをコピーしてくる場合、そのコードは同じコンテキストにあるものだという確信があるでしょうか？　さもなければ、あなたが開発しているのは中身を伴わない、単に見かけだけを模倣した「カーゴカルト」*3なコードになってしまっているのではないでしょうか？

ぴったりと適合する答えが見つかったとしても、それが本当の答えとは限りません。

Tip 62　偶発的プログラミングを行わないこと

暗黙の仮定

偶然というものは、要求確定からテストに至るまでのさまざまな段階で我々を過ちへと導いていきます。特にテストの段階は、誤った因果関係や偶然の結果で満ちあふれています。*X* が *Y* となることを推測するのは簡単ですが、「20 デバッグ (113 ページ)」で述べているように、仮定ではなく証明が必要なのです。

すべての段階で、人々は心の中に多くの仮定を置いて作業を進めています。しかし、こういった仮定がドキュメント化されることはほとんどなく、開発者間で矛盾している場合も散見されます。しっかりとした事実に基づいていない仮定は、すべてのプロジェクトにとって有害なものとなるのです。

慎重なプログラミングの方法

我々は、コードとにらめっこをする時間を減らし、できるだけ開発サイクルの早い時期で過ちを発見、修正することで問題の発生を抑えたいと考えています。これを実現するには、まず慎重なプログラミングを行うことです。

- 常に何をやっているのかを意識してください。Fred は、「4 石のスープとゆでガエル (11 ページ)」で出てきた蛙のように、煮物になってしまうまで

*3　「50 ココナツでは解決できない (346 ページ)」を参照してください。

自分のプログラムをゆっくりと手に負えない状態にしていったのです。

- 新人プログラマーに対して、コードの詳細を説明できるでしょうか？ できないのであれば、偶発的プログラミングに頼っているのかもしれません。
- 目隠しでコーディングしてはいけません。完全に理解していないアプリケーションを作成しようとしたり、なじみのない技法を使おうとするのは、偶発的なプログラミングに通じる近道なのです。うまく実行できている理由を説明できないのであれば、おかしな動作をする理由も説明できないはずです。
- 明確なプランがあなたの頭の中にあるか、ナプキンの裏に書かれているか、ホワイトボードに描かれたものであるかどうかは別にして、まずプランから進めるようにしてください。
- 信頼のおけるものごとだけを前提としてください。偶然や仮定に依存してはいけません。特定の状況下にあってそういった区別が行えない場合は、最悪の仮定を置いてください。
- 仮定をドキュメント化してください。他のメンバーとのコミュニケーションを効率化したり、あなたの心の中にある仮定を明確にするには、「23 契約による設計（DbC）(131 ページ)」を参考にしてください。
- 単にコードをテストするのではなく、あなたの置いた仮定もテストしてください。推量は抜きにして、実際に試してみるのです。あなたの置いた仮定を試すため、表明（「25 表明を用いたプログラミング(145 ページ)」を参照）を記述してください。その表明が正しいものであれば、それだけでコード中のドキュメントの質が向上したことになります。そしてその表明が間違っていたと分かった場合、運がよかったのだと考えるようにしてください。
- 作業に優先順位をつけてください。そして重要な部分（比較的難しい部分となるはずです）に時間をかけてください。もし基礎やインフラが正しくないのであれば、本質的でない部分は何の意味も持ちません。
- 過去のしがらみにとらわれてはいけません。既存のコードによって未来のコードが影響されないようにしてください。陳腐化したコードがあれば、それが全部であっても置き換えるのです。あなたの行った作業が、次に行う作業の制約になってはいけません。リファクタリング（「40 リファクタリング(268 ページ)」を参照）の準備を整えるのです。この決定はプロジェクトのスケジュールに重大な影響を与えるかもしれません。しかしその影響は、変更を行わない場合のコストに比べると小さなものでしかないと仮定できるはずです*4。

次の機会から、ちゃんと動いているように見えるものの、動作している理由が分からない場合、それが単なる偶然なのかどうかを見極めるようにしてください。

関連セクション

- 4 石のスープとゆでガエル（11 ページ）
- 9 DRY 原則 ― 二重化の過ち（38 ページ）
- 23 契約による設計（DbC）（131 ページ）
- 34 共有状態は間違った状態（223 ページ）
- 43 実世界の外敵から身を守る（296 ページ）

演習問題

問題 25 ベンダーからのデータフィードによって、キーバリューペア形式のタプルのアレイ（配列）を受け取ります。DepositAccount（預入口座）というキーに対応する値には、口座番号が文字列形式で格納されています。

```
[
  ...
  {:DepositAccount, "564-904-143-00"}
  ...
]
```

これは開発者が使用している 4 コアのノート PC と、12 コアのマシンを用いたテストで期待通りに機能しました。しかし、コンテナ上で稼働する本番サーバー上ではおかしな口座番号が返ってくるようになりました。何が起こっているのでしょうか？

（回答例は 384 ページ）

*4 さらに極端な行動も可能です。我々は、プログラムが自らの考えている名前付け規約に従っていないという理由ですべてのソースを書き直した開発者を知っています。

問題 26　あなたは音声アラートの自動ダイヤラーをコーディングしており、連絡先情報のデータベースを管理する必要があります。国際電気通信連合（ITU）の仕様によると、電話番号は 15 桁以下となっているため、15 桁の数字を保持する数値フィールドで連絡先電話番号を格納するようにしました。北米全土を対象にしたテストは終了し、問題はまったくないように見受けられました。しかし、世界展開後、各国から苦情が嵐のように舞い込んできました。なぜでしょうか？

（回答例は 384 ページ）

問題 27　あなたはありふれたレシピを元に、5000 人乗りのクルーズ船の食堂で供される食事のレシピに変換するアプリの開発を請け負いました。しかし、その材料の比率が正確ではないというクレームが寄せられました。コードをチェックしたところ、コードは 16 カップを 1 ガロンに換算していました。これは正しい処理でしょうか？　（回答例は 384 ページ）

39 アルゴリズムのスピード

「15 見積もり (84 ページ)」では、街を横断するにはどれだけ時間がかかるのかや、プロジェクトが終了するまでどれだけかかるのかといった見積もりについて解説しています。しかし、この他にも達人プログラマーがほぼ毎日行っている見積もりがあります。それはアルゴリズムが消費する時間やプロセッサー、メモリーといったリソースの見積もりです。

この種の見積もりは、しばしば致命的な問題へと発展します。何かを行うために 2 つの方法が考えられる場合、どちらを選択するべきでしょうか？ 1,000 件のレコードでの処理時間が分かっている場合、レコード数が 1,000,000 件になれば処理時間はどうなるのでしょうか？ また、コードのどの部分に最適化が必要となるのでしょうか？

こういった疑問には、常識、何らかの分析、O 記法と呼ばれる概算表示方法で答えられる場合もしばしばあります。

アルゴリズムの見積もりとは？

たいていのアルゴリズムは、n 個の文字列をソートしたり、m 行 n 列の行列の逆行列を取得したり、n ビットキーによってメッセージを復号するといったある種の可変入力を伴っています。そして通常の場合、この入力のサイズが大きくなればなるほど、より多くの実行時間やメモリが必要となり、アルゴリズムの差が大きく出てきます。

この関係が常に線形であれば（時間が値 n に正比例してくれれば）、本セクションはさほど重要なものとはなりません。しかし実際に使われているアルゴリズムというものは、ほとんどが非線形になっているのです。ただ多くのものは、ほぼ線形になるのが救いです。例えばバイナリサーチは、条件に合致するものを検索する場合、すべての候補を参照する必要がありません。しかし一部のアルゴリズムは、実行時間やメモリ要求が n の増加よりもはるかに大きなペースで増大していくという、線形とはほど遠いものとなっています。10 件のデータだと 1 分で終わったアルゴリズムが 100 件のデータにすると一生かかってしまうのです。

ループや再帰呼び出しを含むコードを記述する際、我々はいつも無意識のうちに実行時間とメモリ要求の妥当性を判断しているはずです。これは明確なプロセスとはなっていないかもしれませんが、状況に応じて直感的に行っている作業なのです。しかし時には、より詳細な分析を行う必要もあるのです。O 記法が有効になるのはそんな時です。

O 記法

O 記法とは、$O()$ とも表記される、概算を取り扱う際の数学的な表記法です。n 件のソートを行うソートルーチンがあり、その実行時間が $O(n^2)$ だと表現された場合、そのソートは最悪の場合 n の自乗に比例して処理時間がかかるということを意味します。つまり、データ件数が 2 倍になると実行時間は 4 倍ほどに膨れあがるのです。O というのは「オーダー（Order）」の頭文字だと考えてください。

O 記法は測定対象（時間、メモリ等）の上限値を表すものです。ある機能が $O(n^2)$ 時間かかると表現された場合、時間の上限は n^2 であり、それを超えることはないと分かるわけです。時折、極めて複雑な $O()$ となる関数がありますが、n の増加によって大きな影響を受ける項は限られているため、それ以外の項や定数の乗率を省略するのが決まりとなっています。

$$O\left(\frac{n^2}{2}+3n\right) \quad \text{は右の式と等価} \quad O\left(\frac{n^2}{2}\right) \quad \text{は右の式と等価} \quad O(n^2)$$

これが $O()$ 記法の特徴です。このため、ある $O(n^2)$ のアルゴリズムは別の $O(n^2)$ のアルゴリズムの 1,000 倍速いという場合もある得るのですが、この記法からそれを伺い知ることはできません。O 記法は実際の時間やメモリーといった数字を教えてくれるわけではありません。単に、入力が変わった場合に、どのような変化が生まれるのかを教えてくれるだけなのです。

図 7.1 (263 ページ)は、あなたが出会うであろういくつかの一般的な $O()$ 記法を、カテゴリごとのアルゴリズム実行時間として比較したグラフです。$O(n^2)$ では、すぐに我々の手に負えない状態になってしまうということが分かるはずです。

例えば、100 件を処理するのに 1 秒かかる処理があったとしましょう。では、1,000 件を処理するにはどれだけかかるでしょうか？ あなたのコードが $O(1)$ であった場合、1 秒かかります。次に $O(\lg n)$ の場合は約 3 秒待たなければならないでしょう。$O(n)$ だと線形なので 10 秒なのに対し、$O(n \lg n)$ だと 33 秒かかります。そして、不幸なことにコードが $O(n^2)$ であった場合、100 秒も待たなければなりません。さらに指数アルゴリズム $O(2^n)$ であった場合、とりあえずコーヒーを淹れてきたほうがよいかもしれません――その処理はきっと 10^{263} 年後には終わるはずですから。宇宙の最期がどのようなものであったか分かったら我々に教えてください。なお、$O()$ 記法は時間以外の見積もりにも適用できます。アルゴリズムが使用する他のリソースも表現することができるのです。例えば、メモリー消費をモデル化する際にも役立ちます(演習問題を参照)。

$O(1)$	定数（配列の要素へのアクセス、単純なステートメント）
$O(\lg n)$	対数（バイナリサーチ）対数の底はあまり関係なく、これは $O(\log n)$ と等価になります。
$O(n)$	線形（シーケンシャルサーチ）
$O(n \lg n)$	線形よりも悪いが、最悪というわけでもない（クイックソートやヒープソートの平均処理時間）
$O(n^2)$	2 乗（選択ソートや挿入ソート）
$O(n^3)$	3 乗（2 つの行列 $n \times n$ の積）
$O(C^n)$	指数（巡回セールスマン問題、集合分割）

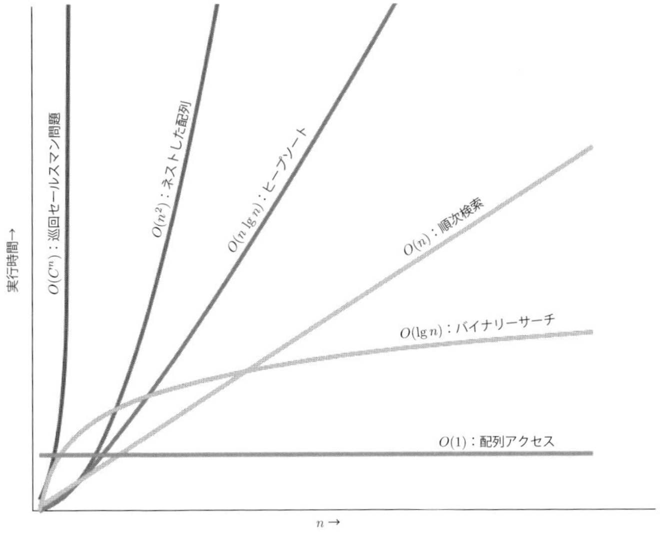

●図 7.1　さまざまなアルゴリズムの実行時間

見積もりについての一般心得

以下の一般的な心得を用いることによって、多くの基本的アルゴリズムのオーダーを見積もれるようになるはずです。

単純なループ

1 から n までの繰り返しを実行する単純なループがある場合、そのアルゴリズムは $O(n)$ に近いもの、つまり n とほぼ同じ線形増加となります。例としては、順次検索、配列中の最大値取得、チェックサムの生成などがあります。

ネストしたループ

ループの中にネストしたループがある場合、そのアルゴリズムは 2 つのループの上限値を m、n とした $O(m \times n)$ になります。これはバブルソートのような単純なソートアルゴリズムで、外側のループが配列の各要素を順に走査しながら内側のループでソート結果の要素を配置する場所を決定していくような場合に見られる一般的なものです。こういったソートアルゴリズムは $O(n^2)$ に近いものとなります。

二分割

各ループ中で対象データを二分割していくようなアルゴリズムの場合、それは対数 $O(\lg n)$ に近いものとなります。昇順に並んだデータのバイナリサーチ、バイナリツリーのトラバース、マシンワード中の最初のセットビットを検索するものすべては $O(\lg n)$ となります。

分割統治法

入力を分割し、それら 2 つをそれぞれ独立したものとして操作した後、結果を結合するようなアルゴリズムは $O(n \lg n)$ となります。古典的な例としては、データを 2 つに分割し、それぞれを再帰的にソートしていくクイックソートがあります。ただし、クイックソートの平均実行時間は $O(n \lg n)$ なのですが、あらかじめソートされたデータを与えた場合は性能が低下し、厳密には $O(n^2)$ となります。

組み合わせ

データの順列を調べるアルゴリズムの場合、実行時間は手に負えないものとなります。これは順列が階乗計算（1 から 5 の順列には、$5! = 5 \times 4 \times 3 \times 2 \times 1 = 120$、つまり 120 種類の組み合わせが存在します）を含むためです。6 要素の順列アルゴリズムの計算時間は 5 要素の計算と比べると 6 倍多くかかります。また 7 要素の場合では 42 倍多くかかります。例としては、巡回セールスマン問題、ナップサック問題、数値の集合を分割して各集合の合計を同じにするといった類の難解さで有名な数多くの問題が挙げられます。特定の問題領域中では、こういったアルゴリズムの実行時間を低減させるために、発見的手法を用いる場合がしばしばあります。

現実的なアルゴリズムのスピード

ソートの処理を仕事で開発するようなことは、まずないはずです。ちゃんとした知識なしに開発するよりも、ライブラリで提供されているものを使うほうがずっと優れているためです。しかし上述したような基本的なアルゴリズムは何度も繰り返し現れてくるはずです。このため、単純なループを記述している場合であっても、それが $O(n)$ アルゴリズムであるということを意識するようにしてください。ループの内側にループがあれば、それは $O(m \times n)$ になるのです。この値が常にどれくらいになるかを自問するべきでしょう。数が固定であれば、コードの実行にどれだけかかるか分かるはずです。その一方で、数値が外部要因によって変動する（例えば夜間バッチの実行によるデータ件数や名簿記載人数）のであれば、実行時間やメモリー消費が膨大なものになる可能性がないか、立ち止まって熟考したほうがよいでしょう。

Tip 63　アルゴリズムのオーダーを見積もること

潜在的な問題に取り組めるアプローチがいくつかあります。$O(n^2)$ のアルゴリズムがある場合、分割統治法を使ってそれを $O(n \lg n)$ にする方法を考えてみるのです。

コードの実行時間やメモリー使用量が分からないのであれば、入力件数や実行時間に影響を与えそうなものを変えて実行してみて、その影響を実際に確認してみることもできます。そして結果をグラフ化するのです。そうすればカーブの形状からイメージをつかめるはずです。入力サイズの増加にともなってカーブは、上向きになるのか、直線的に伸びるのか、平板的なままになるのでしょうか？ 3〜4 点をプロットしてみるだけでイメージが見えてくるはずです。

またコード自身が何を行っているのかも考慮してください。n が小さい場合、単純な $O(n^2)$ ループのほうが複雑な $O(n \lg n)$ よりも（特に $O(n \lg n)$ アルゴリズムの内部ループが重たいものである場合）速くなる場合があります。

この理論の中心には現実的なものの考え方があることを忘れないようにしてください。少ない入力件数のうちは実行時間が線形増加しているように見える場合があるかもしれません。しかし入力を 100 万件に増やすと、突然実行時間が増え、システムがスラッシングを始める場合もあるのです。また、ランダムな順に並んだ入力を用いてソートを実行した後、順序の揃った入力を与えてみると、びっくりするような結果が出てくるかもしれません。達人プログラマーは理論面および現実面の双方でものごとを考えなければならないのです。つまり、こういった見積もり本来の目的は、本番環境上で実際のデータを使ってそのコードを実行した時の速度なのです。こういったことから次のティップスが生まれてきます。

Tip 64　見積もりの検証を行うこと

もし正確な時間を計測するのが難しいのであれば、「コードプロファイラー」を使ってアルゴリズムの実行ステップを計測し、入力サイズと対比したグラフ化を行ってみましょう。

最善は常に最善ではない

また、現実的な観点に立って適切なアルゴリズムを選択する必要があります。最高速のアルゴリズムが、今の仕事にとって最善のものであるとは必ずしも言えないのです。入力件数が少ない場合、直接的な挿入ソートでも、クイックソートに引けを取ることはありません。しかも、挿入ソートのほうがコーディングやデバッグ時間が少なくて済むはずです。また選択するアルゴリズムのオーバーヘッドについても注意する必要があります。入力件数が少ない場合、オーバーヘッドのほうが実行時間を圧迫してしまい、結果的に不適切なアルゴリズムになってしまうのです。

また、時期尚早な最適化にも注意が必要です。アルゴリズムの改良は、それが本当にボトルネックになっていることを確認してから行うべきです。貴重な時間を無駄遣いしないようにしてください。

関連セクション

- 15 見積もり（84 ページ）

チャレンジ

- 開発者であれば、どのようにアルゴリズムを設計、分析するかという感覚を必ず身につけるべきです。Robert Sedgewick はこういった題材の書籍シリーズを出版しています（[SW11] [SF13] など）。同氏の著作はお勧めです。
- Sedgewick が提供している話題からさらに踏み込んでみたい方には、さまざまなアルゴリズムの分析を行っている Donald Knuth の名著「*Art of Computer Programming*」シリーズ [Knu98] [Knu98a] [Knu98b] [Knu11] がお勧めです。
- 先の演習問題では長整数配列のソートを扱っています。キーがより複雑になっていき、キー比較のオーバーヘッドが大きくなると、どういった影響が出てくるでしょうか？ キーの構造は、ソートアルゴリズムの効率に影響を与えるでしょうか？ あるいは、最速のソートは常に最速なのでしょうか？

演習問題

問題 28 我々は Rust で簡単なソート処理[*5]を作成しました。これらをあなたの利用できるさまざまなコンピュータ上で実行してみてください。期待どおりのカーブを描いたでしょうか？ あなたのコンピュータの相対的な

＊5 https://media-origin.pragprog.com/titles/tpp20/code/algorithm_speed/sort/src/main.rs

速度についてどういったことが推測できるでしょうか？ コンパイラのさまざまな最適化設定がどのように影響するでしょうか？

（回答例は 385 ページ）

問題 29 「見積もりについての一般心得」では、二分割が $O(\lg n)$ だと説明しました。このことを証明できるでしょうか？

（回答例は 386 ページ）

問題 30 図 7.1（263 ページ）では、$O(\lg n)$ は $O(\log_{10} n)$ と同じ（実際のところ対数の底は何でも構わない）と説明しました。その理由を説明できるでしょうか？

（回答例は 386 ページ）

40 リファクタリング

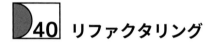

変化と衰退は至るところにある……

　　▶H. F. ライト、「賛美歌 39 番 日暮れて 四方は暗く」

プログラムの進化に伴って、初期の意思決定を見直し、コードの一部を変更する必要が出てきます。これはとても自然な流れです。コードはいったん完成すれば、それ以降不変のものになるのではなく、進化していかなければならないのです。

ソフトウェア開発で最も一般的なメタファーは、残念なことに「ビルの建築」というものになっています。Bertrand Meyer の古典的書籍である『*Object-Oriented Software Construction*』[Mey97] では「ソフトウェアコンストラクション」（ソフトウェアの建築）という言葉を使っていますし、我々も 2000 年代の初期に *IEEE Software* 誌で「Software Construction」というコラム*6を編集していました。

しかし建築というメタファーによって、以下のような手順に従えるという意味が内包されてしまうのです。

1. アーキテクトが設計図を描き上げる。

---

*6　建築という言葉に対する懸念は、そのコラムでももちろん表明していました。

2. 請負業者が基礎を掘り、上部構造を建築し、配線、配管を行い、最後の仕上げを行う。
3. テナントが引っ越してきて、めでたしめでたし。何か問題が起こればビルメンテナンスを呼んで修理してもらう。

でもソフトウェア開発はこんな具合にはいきません。ソフトウェアは建築というよりもガーデニング（つまりコンクリートではなく、より有機的なもの）に近いのです。まず、初期の計画と条件に従って、庭にさまざまな植物を植えます。すると、あるものは力強く育ち、あるものは枯れて肥料になってしまいます。また、日当たりや雨風の関係で植物の位置を植え替えるようなことも行います。育ちすぎた植物は、株分けしたり剪定し、配色の合わないものは美的感覚を満足できる場所に移動させます。雑草を抜き、必要に応じて肥料もやります。常に庭の健康状態を監視して、必要な調整（土壌、植物、レイアウト）を行うのです。

ビジネス畑の人々はビルの建築メタファーが望ましいと考えています。それはガーデニングよりも科学的であり、繰り返し可能であり、マネジメントの指示／報告階層が厳格になっているといった理由からです。しかし我々が作り出そうとしているのは高層ビルではありません。我々は、物理法則や現実世界の制約によってそれほど縛られているわけではないのです。

ガーデニングのメタファーはソフトウェア開発の現実にかなり近いものです。ある機能が肥大化したり、さまざまなことを実現しようとし過ぎている場合、2 つに株分けする必要があるのです。また、計画どおりに機能しない場合、雑草を抜いたり剪定してやらないといけないのです。

このようなコードの書き直し、再作業、アーキテクチャーの見直しを総称して「リファクタリング」と呼びます。

Martin Fowler による『*Refactoring*』[Fow19] での定義は以下のようになっています。

> 既存コードの本体を再構築するための規律あるテクニックにより、外部から見た振る舞いに変化を来すことなく、内部の構造を変更すること。

この定義で重要な点は以下の 2 つです。

1. このアクティビティーは規律あるものであり、勝手気ままに進めるものではない。
2. 外部から見た振る舞いを変えることは許されていない。リファクタリングは機能追加をする場ではない。

リファクタリングは、庭全体の植え替えに向けて全体を耕し直すような、ごくたまにしか実行しない特別かつ高尚な儀式的アクティビティーというものではありません。むしろ、雑草抜きや落ち葉をかき集めるような、リスクの低い、ちょっとした作業を日々実施するアクティビティーなのです。勝手気ままにコードベース全体を大々的に書き直すのではなく、コードの変更を容易にするために、目標を絞った緻密なアプローチを心がけるのです。

外部から見た振る舞いが変わらないよう保証するには、自動化された優れたユニットテストによってコードの振る舞いを検証する必要となります。

いつリファクタリングを行うべきなのか？

1 年前よりも、あるいは昨日よりも、さらには 10 分前よりもよい考えが浮かんだ時、つまり何かを学んだ時がリファクタリングの時です。

コードがうまくなじんでいないと感じたり、まとめるべき 2 つの事柄を見つけたりといった何か「おかしなもの」に遭遇した場合、手を入れることを躊躇してはいけません。今がその時なのです。コードをリファクタリングする際のきっかけとして、以下のようなものが考えられます。

二重化

DRY 原則に反しているものを発見した場合。

直交していない設計

直交性をより高められる場合。

時代遅れの知識

万物は流転し、要求は変わり、問題意識も向上していきます。それに従ってコードに手を入れる必要が出てきた場合。

使用方法

システムが現実世界の本物のユーザーによって使用され、以前は必須だと考えられていた機能よりも一部の機能が重要であると分かった場合。

パフォーマンス

パフォーマンスを向上させるために、システムの一部機能を別の部分に移動させる必要がある場合。

テストの合格

そうです。真面目な話です。先ほどリファクタリングは優れたテストに支えられた小規模なアクティビティーだと説明しました。このため、新たなコードを追加し、それに関するテストに合格したタイミングは、今記述したコードをきちんと整理するためのまたとない機会となるはずです。

コードのリファクタリングを行い、機能の移動や初期段階における決定の見直しは実際のところ、苦痛を管理する作業そのものです。それに正面から取り組み、ソースコードを変更することは苦痛以外の何ものでもありません。問題なく動作しているものを、そっとしておくのではなく文字どおり引き裂くのです。このため、多くの開発者は何らかのおかしさを感じるというだけで、コードの修正に踏み切るようなことをしたがらないのです。

現実世界の複雑さ

では同僚や顧客のところに行き、「このコードはちゃんと動作しているのですが、リファクタリングしたいので時間を１週間ください」と言ってみてください。

その答えは、ここに書くまでもないでしょう。

リファクタリングを避ける言い訳として、納期というプレッシャーがよく用いられます。しかし、そういった理由でリファクタリングをやめてはいけません。今リファクタリングすることをやめれば、将来問題が発生した際、今以上に多くの依存関係を考慮しながら問題修復をするための大量の時間投資が必要となるのです。その時にそんな時間があると思いますか？　そんな時間などないはずです。

この原則を医学になぞらえて、上司に訴えかけることもできます。リファクタリングの必要なコードを「腫瘍」と考えるのです。除去するには外科的な摘出手術が必要となります。今作業を行えば小さなうちに摘出することが可能です。それを行わないと肥大化、転移していき、いざという時になってそれを摘出するのは高価でかつ危険の伴う作業となるのです。さらに対処が遅れると、患者は命を失いかねないのです。

Tip 65　早めにリファクタリングすること、そしてこまめにリファクタリングすること

コードの問題は、他の部分を巻き添えにして広がっていきます（「**3 ソフトウェアのエントロピー** (7 ページ)」を参照）。リファクタリングは他の多くのものごとと同様に、問題が小さいうちはコーディング中のアクティビティーとして容易に実行できます。ちょっとしたコードであれば、「1 週間ものリファクタリング」など必要ありません。もしも、そういったレベルのまったくの書き直しに近い状況が発生するというのであれば、すぐに着手しないほうがよいでしょう。まず、ちゃんとしたスケジュールを立案し、影響を受けるユーザーにそのスケジュールと、どういった影響が及ぶのかを「知らせておく」ようにしてください。

どのようにリファクタリングするか？

リファクタリングは Smalltalk のコミュニティから生み出されたものであり、本書の第 1 版を参照した際には多くの人々に受け入れられ始めたばかりでした。その功績はリファクタリングに関する最初の名著（『*Refactoring*』[Fow19] は現在、第 2 版が出版されています）によるところが大きいでしょう。

核心を突けば、リファクタリングとは再設計のことです。あなたやチームの他のメンバーが設計してきたものを、新たな真実、深まった理解、変更された要求といった光を当てることによって再設計するのです。しかし、それまでに放置されてきた膨大な量のコードを一気に引き裂くというやり方では、始めた時よりも悪い状態をもたらしてしまうはずです。

リファクタリングが徐々に、そして慎重かつ丁寧に行っていく必要のある作

業であることは明らかです。Martin Fowler は、悪影響を与えないリファクタリングのやり方について、以下のような簡潔なヒントを提示しています*7。

1. リファクタリングと機能の追加を同時に行ってはいけません。
2. リファクタリングを始める前に、しっかりしたテストが用意されていることを確認します。また、できる限り頻繁にテストを行います。そうすれば変更によって何かが壊れた場合、それをすぐに検知できるようになります。
3. 各作業は、あるクラスから別のクラスにフィールドを移動させたり、メソッドを分割したり、変数をリネームしたりといった具合に小さな単位にまとめ、慎重に進めるようにします。リファクタリング作業が、局所的な変更を数多く行って大規模な変更につなげていくという作業になる場合もしばしばあります。各作業を小さな単位にまとめ、各単位ごとにテストすることで、長々としたデバッグ作業を避けられるようになります*8。

自動リファクタリング

第 1 版には、「このテクノロジは Smalltalk の世界から外に出てきていませんが、状況は高速に変わっていくと考えられます」と記しておきました。その通りに状況は変わり、今や多くの IDE でほとんどの主流言語に対する自動リファクタリング機能がサポートされるようになっています。

これらの IDE は、変数やメソッド名のリネームや、大きな機能を小さなものに分割したり、必要とされる変更を自動的に実施したり、コードの移動をドラッグ＆ドロップで可能にするといったことを実行できるようになっています。

このレベルでのテストについては「41 コードのためのテスト（274 ページ）」で、また大規模なテストについては「容赦ない継続的テスト（352 ページ）」でさらに踏み込んで考察していますが、Fowler 氏が述べているように、優れた回

*7 原典は『*A Brief Guide to the Standard Object Modeling Language*』[Fow00] にあります。
*8 これは素晴らしい一般規則です（「27 ヘッドライトを追い越そうとしない（159 ページ）」を参照）。

帰テストを維持するのがリファクタリングの安全性を高める鍵になります。

リファクタリングの域を超えて、外部から見た振る舞いやインターフェースを変更するという場合、意図的にビルドを破壊するという手もあります。これにより該当コードを使用しているコードはコンパイルできなくなります。つまり、どこを修正する必要があるのかが分かるというわけです。次におかしなコードを見かけた場合、修正してください。苦痛を管理するのです。今は痛むかもしれませんが、後になればさらに痛むようになるし、修正すれば問題はなくなるのです。そして「3 ソフトウェアのエントロピー（7 ページ）」の教訓を思い出してください。割れた窓を放置しておいてはいけないのです。

関連セクション

- 3 ソフトウェアのエントロピー（7 ページ）
- 9 DRY 原則 — 二重化の過ち（38 ページ）
- 12 曳光弾（65 ページ）
- 27 ヘッドライトを追い越そうとしない（159 ページ）
- 44 ものの名前（305 ページ）
- 48 アジリティーの本質（332 ページ）

41 コードのためのテスト

本書の第 1 版はとても原始的な時代に執筆されており、ほとんどの開発者は自分からテストを記述していませんでした。開発者らはなぜそんなことをする必要があるのかと考えていたのです。しかし、そういった時代は 2000 年に終わりを迎えました。

第 1 版にはテストしやすいコードの記述方法というセクションがありました。これは実際のところ、開発者の方たちにテストの記述を納得してもらおうという、小ずるい裏の目的がありました。

しかし、今はもう原始時代ではありません。このため、もしもテストを記述していない開発者がいるのであれば、その態度を改めるべきだということを少なくとも知っておく必要があります。

しかし、それでもまだ問題は残っています。開発者たちに「なぜ」テストを記述するのかを尋ねると、まるでいまだにパンチカードを使ってプログラミングしているのかと尋ねられた時のように、「コードがちゃんと動くことを確認するためです」と答え、「そんなことも分からないのか」という顔をするのです。しかし、その答えは間違っていると考えています。

では、「我々」は、テストの重要性が何だと考えているのでしょうか？ そして開発者はどうするべきだと考えているのでしょうか？

手始めとして、大胆な表明をしてみましょう。

Tip 66　テストとはバグを見つけることではない

テストの主な利点は、テストについて考え、テストを記述している時にあり、テストを実行している時ではないと我々は確信しています。

テストについて考える

今は月曜の朝。あなたは新たなコードの作業に取りかかろうとしています。開発するコードは、データベースに対してクエリーを発行し、「世界のオモシロ食器洗浄機ビデオ」サイトを週に10時間以上視聴している人（avid viewer）のリストを返すというものです。

あなたはまずエディターを起動し、クエリーを実行する関数を記述し始めます。

```
def return_avid_viewers do
  # ... うーむ ...
end
```

ちょっと待ってください！ これが適切なインターフェースだという確信はあるのでしょうか？

その答えは、確信を持つことはできないというものです。しかし、テストについて考えることでその確信を持てるようになります。以下ではそのことについて、順を追って説明していきます。

まず、この関数の記述が完了し、テストする段階になったと考えてください。どのようにすればよいでしょうか？ まず、何らかのテストデータを使いたいと考えるでしょう。それは自らが自由にできるデータベースで作業するということを意味しているはずです。この場合、テストデータベースを使ったテストを可能にするようなフレームワークが考えられますが、それにはテスト時に大域的なデータベースインスタンスではなく、テスト用のインスタンスを使えるよう、関数側にデータベースインスタンスを引き渡す必要があります。

```
def return_avid_users(db) do
```

次に、テストデータをどのように作成するかについて考える必要があります。要求は「『世界のオモシロ食器洗浄機ビデオ』サイトを週に 10 時間以上視聴している人」を検索するというものでした。このため、データベーススキーマに着目し、どのフィールドを検索対象にするのかを考えます。すると、誰が何を視聴しているのかというテーブル上に「オープンした動画ファイル」（opened_video）と「視聴を終えた動画ファイル」（completed_video）というフィールドがありました。テストデータを作成するうえで、どちらのフィールドを用いるのか決定しなければなりません。しかし、要求の詳細が分からず、顧客の窓口担当者もつかまりません。このような場合、フィールドの名前を引き渡しておくという手が考えられます（これにより手持ちのデータでテストが可能になるとともに、後々の変更も容易になります）。

```
def return_avid_users(db, qualifying_field_name) do
```

テストについて考えることで、処理コードの記述を始める前の段階で、メソッドの API を変更する 2 つのことがらを発見できたわけです。

テスト駆動コーディング

先ほどの例は、テストについて考えることで、（グローバルなデータベースを用いるのではなく、データベース接続を引き渡すことで）コードの結合度を低下させ、（テスト対象のフィールド名をパラメーターにすることで）柔軟性を向上させるというものでした。メソッドのテスト記述を考えることで、コードの開発者ではなく、ユーザーという観点に立ち、外部からメソッドを客観的に捉えられるようになるのです。

Tip 67　テストはコードのユーザー第１号である

これはテストがもたらす最大の利点と言ってもよいでしょう。テストは、コーディングの指針を与えてくれる極めて重要なフィードバックなのです。

他のコードと緊密に結合している関数やメソッドは、それらを実行する前にすべての環境を設定しなければならないため、簡単にテストすることができません。このためコードをテスト可能にすることは、結合を低下させることにもなるのです。

そして、何かをテストする前には、それを理解しなければなりません。これはたわいない話のように聞こえますが、実際のところ我々はやるべきことについてあいまいな理解に基づいてすべてを始めています。手を動かしているうちに何かが分かるだろうと高をくくっているのです。そして後になって、「あっそうだ、境界条件に関するコードが必要だ」とか「エラーの取り扱いも必要だ」といったかたちで条件式や特殊ケースが追加され、最終的にコードはあるべき量の５倍くらいの長さになってしまうのです。しかし、コードにテストという光を投げかけることで、ものごとはより明確になります。テストの境界条件と、それがどのように機能するのかを「コーディングの前」に考えておけば、関数をコンパクトにまとめるためのパターンが見えてくるのです。また、テストに必要となるエラー条件を考えておけば、関数の構造をすっきりとしたものにできるのです。

テスト駆動開発

事前にテストのことを考える利点を挙げた上で、さらにテストそのものを先に書き上げるといいのではないかという主張を掲げる開発手法もあります。これは「テスト駆動開発」（TDD）や「テストファースト開発」と呼ばれています*9。

TDD の基本サイクルは以下の通りです。

---

*9　人によっては、テストファースト開発とテスト駆動開発は別の開発方法論であり、目的が異なっていると主張しています。しかし、歴史的に見た場合、テストファースト（これはエクストリームプログラミング（XP）から来ています）は、現在 TDD と呼ばれているものと同じです。

1. 追加したいごく一部の機能を決定します。
2. 機能が実装された時にパスするテストを記述します。
3. すべてのテストを実行してみて、今記述したテストが失敗することを確認します。
4. テストがパスするだけの最小限のコードを記述し、それが正しく実行されることを検証します。
5. コードのリファクタリングを行います。今記述したもの（テストまたは機能）を改善する方法があるかどうかを調べます。終わった段階でテストが依然としてパスすることを確認します。

このサイクルは、常にテストを記述し、その結果を確認できるよう、非常に短い間隔、つまり分単位で実行されるべきものです。

テストから開始するという、TDD のメリットが理解できたと思います。TDD のワークフローに従った場合、コードのテストが常に用意されているようになるわけです。これが、常にテストのことを考えているという本当の意味なのです。

とは言うものの、TDD の落とし穴にはまった人たちもいます。それは以下のような状態です。

- テストのカバレージが常に 100 %となるよう、法外な時間をテストに費やしてしまう。
- 冗長なテストを数多く用意してしまう。例えば、最初にクラスを記述する前に、クラス名の参照に失敗するテストを記述し、失敗することを確認してから、空のクラス定義を記述し、パスするかどうかを確認するというのです。これによってまったく意味の無いテストができてしまいます。つまり、次にテストを記述する際にも該当クラスを参照することになるため、無意味なものとなってしまうのです。その結果、後でクラス名を変更することになった場合、多くの箇所を変更することになります。こういったケースがさまざまな局面で出てくるようになるのです。
- 設計がボトムアップなものになりがちとなります（囲み記事「**ボトムアップ VS. トップダウン VS. 本来あるべき方法** (279 ページ)」を参照）。

ボトムアップ VS. トップダウン VS. 本来あるべき方法

コンピューティングの黎明期には、トップダウン設計とボトムアップ設計という 2 つの流派が存在していました。トップダウン派の人たちは、解決すべき全体的な問題を小さな複数の部分に分割するところから始めるべきだと主張していました。その後、それら部分をより小さな部分に分割するという作業を繰り返し適用し、コードとして表現できる十分な大きさにするというわけです。

ボトムアップ派の人たちは、家を建てる時のようにコードを作っていきます。つまり解決しようとしている問題に近い、何らかの抽象が得られるコードのレイヤー（層）を作るところから始めるのです。その後、より高い抽象レベルのレイヤーを追加していきます。このようにして、最終的なレイヤーが問題を解決できる抽象レベルになるまで作業を繰り返していく、つまりピカード艦長風に言えば「そう（動作するように）し給え」というわけです。

どちらの流派も決定打を放つことはできませんでした。というのも、双方ともソフトウェア開発における最も重要な観点の 1 つを無視していたためです。その観点とは、「開発の開始時点では、自らが何をやっているのか分からない」という点です。トップダウン派の人たちは、要求すべてが事前に表現されているという前提を置いていますが、それは無理な相談というものです。ボトムアップ派の人たちは、最終的にトップレベルに位置する単一の解決策に行き着くような一連の抽象を構築できるという前提を置いていますが、目的地が分からない状態でどのようにして機能の階層を決定できるのでしょうか？

Tip 68　トップダウンでもボトムアップでもなく、エンドツーエンドで構築していく

我々は、ソフトウェアを構築する唯一の方法はインクリメンタルに進めていくというものだと強く確信しています。エンドツーエンドの小さな機能を構築し、そこから作業を進めながら問題について学習していくのです。そしてコードに肉付けしていく際に、各段階で顧客を巻き込み、プロセスのガイド役となってもらいながら学んだ内容を反映していくのです。

とにかく TDD を実践してください。その際には、ちょくちょく立ち止まり、全体的な展望を見失わないようにしてください。緑色で表示される「テス

トはパスしました」というメッセージに誘惑され、実際のソリューションに近づいていかないようなコードを大量に記述することがないように。

TDD：目的地を知っておく必要がある

昔からあるなぞなぞに「象を 1 匹食べるにはどうすればよいか？」というものがあります。その答えは「1 口ずつ食べる」です。この考え方は、TDD のメリットを語る上でも有効です。問題の全貌を把握できない場合、少しずつ、何度もテストしながら進んでいくのです。しかしこのアプローチは、あらぬ方向にあなたを導き、本来の開発目的を無視して簡単な問題を際限なく洗練させていくよう促してしまうという落とし穴もあります。興味深い例を挙げてみましょう。アジャイルムーブメントの旗手である Ron Jeffries は 2006 年、数独の答えを導き出すプログラムをテスト駆動開発によって開発するプロセスを記したブログ投稿を開始しました*10。同氏は 5 回ほど投稿したところで、ベースとなる枠の表現に手を加え、満足するまでそのオブジェクトモデルを何度もリファクタリングすることになりました。しかしその後、同氏はプロジェクトを放棄しました。同氏のブログを順に読み進めてみてください。どれだけ頭の切れる人であってもささいな点が気になって、テストをパスさせることに執着していくのかが分かると思います。

対照的に、Peter Norvig は代替アプローチ*11を解説しています。このアプローチは一風変わっており、テスト駆動を採用せずに、従来この手の問題に使われてきた（制約伝播）手法ではどのように解決するのかという理解をベースに出発し、アルゴリズムの洗練に力を注いでいます。そして同氏は枠の表現にあたり、表記法の考察から直接得られた数十行に及ぶコードを記述しています。

テストが開発時の力になることは間違いありません。しかし、明確な目的地を心に描けていなかった場合、どのような方法論であっても、堂々巡りになってしまう可能性があるのです。

---

*10　本書でこの話を紹介することを快く許していただいた Ron に心から感謝します。
https://ronjeffries.com/categories/sudoku

*11　http://norvig.com/sudoku.html

テストしやすいコード

ソフトウェア開発におけるコンポーネントベースの開発というのは、遠大な目標として長い間人々が探し求めてきました*12。この考え方は、ソフトウェアコンポーネントも集積回路（IC）のように汎用化され、ICを接続していくようにソフトウェアのコンポーネントも接続していけるようになるべきだというものです。しかし、ICでこういったことができるのは、使っているコンポーネントの信頼性が高く、電圧や接続時の規格、タイミングといったものが合致しているためです。

チップというものは、工場内や配線時だけでなく、実際に配備されている環境でもテストできるようにあらかじめ設計されています。より複雑なチップやシステムでは、基本的な診断を内部で実行できる完全な組み込み型自己検査機構（BIST）を備えていたり、外部環境からチップに信号を送り込み、応答を受け取れるようにする検査用アクセス機構（TAM）を備えています。

同じ考え方はソフトウェアに対しても適用できます。我々もハードウェア技術者のように、初期の段階からソフトウェア中にテスト機構を組み込んでおき、ソフトウェアを接続する前にテストできるようにしておくべきなのです。

ユニットテスト

ハードウェアにおけるチップレベルのテストは大まかに言えばソフトウェアのユニットテストに相当します。つまり、モジュールごとにそれぞれ独立したかたちでその振る舞いを検証するわけです。このようにして、一定の条件下でモジュールに対する包括的なテストを行えば、現実世界でどのように反応するかという感触が見えてくるのです。

ソフトウェアの場合、ユニットテストはモジュールのテストを実行するコードになります。通常の場合、ユニットテストは何らかの人工的な環境を設定し、テストするモジュール内の機能を呼び出すかたちで行います。そして返ってきた結果を、既知の値や前回分のテスト結果（回帰テストの場合）と比較するわけです。

「ソフトウェアIC」を組み上げ、完全なシステムとした後は、個々のパーツ

---

*12　こういった探求は、CoxとNovobilskiが『*Object-Oriented Programming*』[CN91]というObjective-Cの書籍内で「ソフトウェアIC」という言葉を生み出した1986年から少なくとも続けられています。

が期待どおり動作したという点と、システム全体としても同じユニットテスト機能を使用できるという点を自信を持って主張できます。こういった大規模なシステムのチェックについては「容赦ない継続的テスト（352 ページ）」で解説しています。

しかし、そこに行き着くまでには、まずユニットレベルで何をテストするのかを決めなければなりません。通常の場合、プログラマーは適当にデータをいくつか作成し、それをコードに引き渡して、テストと呼びます。しかし、それよりも優れたテストを実行できるはずです。

契約に対するテスト

ユニットテストを「契約に対するテスト」（「23 契約による設計（DbC）（131 ページ）」を参照）であると考えてみましょう。我々は、契約が遵守されていることを確認するためのテストケースを記述しなければなりません。これはコードが契約に合致しているのか、そして契約の意味が我々の考えている通りのものなのかという 2 つの意味を含んでいます。そして我々は、さまざまなテストケースと境界条件を通じて、モジュールが約束通りの機能を実現しているかどうかをテストするのです。

これは現実的にはどういったことを意味しているのでしょうか？　まず簡単な数値計算として、平方根を計算する機能を見てみることにしましょう。その契約は単純なものです。

```
pre-conditions:
  argument >= 0;

post-conditions:
  ((result * result) - argument).abs <= epsilon*argument;
```

これは何をテストすべきかを教えてくれます。

- 負の引数を引き渡すと拒絶されることが保証されています。
- 0 を引数として引き渡すと受理されることが保証されています（これは境界値です）。
- 0 から引数が表現できる最大値までの値を引き渡すと、結果の 2 乗と元の引数の差は計算機イプシロンよりも小さい値になることが保証されています。

この契約によって、該当処理は自分自身で事前条件と事後条件をチェックしていると仮定できるため、平方根機能をテストするための基本的なテストスクリプトを記述できるようになります。

そして、以下のようにして平方根機能をテストするための処理を呼び出せます。

```
assertWithinEpsilon(my_sqrt(0), 0)
assertWithinEpsilon(my_sqrt(2.0),   1.4142135624)
assertWithinEpsilon(my_sqrt(64.0),  8.0)
assertWithinEpsilon(my_sqrt(1.0e7), 3162.2776602)
assertRaisesException fn =>  my_sqrt(-4.0) end
```

これは非常に単純なテストです。しかし現実世界では、ちょっとしたモジュールであれば他の数多くのモジュールに依存しているはずです。そういった場合、組み合わせのテストについてはどう考えればよいのでしょうか？

DataFeed（データのフィード）と LinearRegression（線形回帰）を使用する A というモジュールがあると考えてください。この場合、以下の順番でテストを行っていきます。

1. DataFeed のすべての契約
2. LinearRegression のすべての契約
3. 直接明示されていない他の契約に依存している A の契約

このテスト形式では、まずモジュールのサブコンポーネントをテストする必要があります。いったんサブコンポーネントを検証できれば、モジュール自体のテストも可能になります。

DataFeed と LinearRegression のテストがパスしたものの、A のテストが失敗したという場合、A、または A が呼び出しているサブコンポーネントの「使用方法」に問題があると分かるわけです。このテクニックはデバッグの労力を削減するとても優れた方法です。我々は即座にモジュール A に潜む問題の元凶に集中でき、サブコンポーネントの再調査に無駄な時間を費やす必要がなくなるのです。

こういったことは難しくないはずです。とにかく我々は、知らないうちにコードに埋め込まれ、開発工程が押し詰まってきた頃の都合の悪いタイミングを見計らって爆発するような「時限爆弾」を作り込まないようにしたいのです。契約に対するテストを重点的に行うことにより、下流工程の災害の数々をできる限り避けられるようになるのです。

Tip 69　テスト設計を行うこと

アドホックなテスト

「アドホック」（Ad hoc）は「オッドハック」（odd hack：奇妙なハック）ということではありません。アドホックなテストとは、コードを手作業でつつき回して実行する、その場限りのテストです。これには、`console.log()` といった簡単なものから、デバッガーや IDE 環境、REPL から対話的にコードを入力して行われるようなものまでさまざまです。

こういったアドホックなテストであっても、デバッギングセッションの最後には、それを形式化する必要があります。コードが一度壊れたということは、また壊れる可能性があるのです。作り込んだテストを捨てるような真似をしてはいけません。既存のユニットテストとして活用するようにしてください。

テストウィンドウを構築する

最高のテストをもってしても、すべてのバグを発見し尽くすことはできません。木工製品をじめじめとした暖かいところに置いておけば、虫が湧いて出てきます。それと同じです。

これは、ソフトウェアが本番環境に配備されてからも実世界のデータを流し込むテストが必要であるということを意味しています。電子回路やチップと違ってソフトウェアには「テスト用端子」こそありませんが、モジュールのさまざまな内部状態をデバッガーなしで観察できるさまざまなビューを提供できるはずです（デバッガーは本番環境では使用しづらい、あるいは使用できないことが多いはずです）。

こういったメカニズムのひとつとして、トレースメッセージを書き込んだロググファイルが考えられます。ログメッセージは、プログラムの処理時間やロジックの流れが推測できるよう、自動的に解析可能な、規則正しい、整合性のあるフォーマットとなっている必要があります。貧弱で整合性の取れていない診断フォーマットは、単なる「たれ流し」でしかなく、可読性に劣り、実用的な解析も望めないのです。

実行コードの内部を観察するためのもう1つのメカニズムとして「ホットキーシーケンス」やマジックURLというものもあります。これは、ある特定の組み合わせでキーを押下する、あるいはURLを入力すると、状態メッセージを表示した診断制御ウィンドウがポップアップするというものです。これは、エンドユーザーに公開するような機能ではありませんが、ヘルプデスクにとっては便利な機能となるでしょう。

さらに汎用的な手段として、特定のユーザーやユーザーグループが別途診断機能を利用できるよう、「機能スイッチ」を用いることもできるでしょう。

告白

私（Dave）は、今ではテストを記述していません。そのことは多くの人々が知っています。私がテストを記述していないのには、テストを何らかの儀式のように考えている人たちに、無批判で受け入れることの是非を問うという理由があります。また、テストが（ある意味において）本当に儀式なのではないかとも思えたためです。

私は45年にわたってコードを記述してきており、テストの自動化は30年以上続けてきました。テストについて考えるというのは、コーディングに対する私のアプローチの奥深いところに刻み込まれているのです。私はそれが快適だと感じていました。しかし、何かが快適だと感じた時には新しいことを始める時だというのが私の信条です。

このため私はテストの記述を数カ月間やめてみて、自らのコードに何が起こるのかを見てみることにしました。その結果、驚くことにさほど多くの変化はないということが分かりました。このため、時間をかけてその理由を考えることになったのです。

その答えは、（私にとって）テストの利点のほとんどは、テストと、それがコードに及ぼす影響について考えることから来ているという「確信」につながりました。そして、テストを長い期間にわたって実践してきた結果、実際にテストを記述することなしに、テストについて考えられるようになっていたのです。私のコードはテストを記述する前から既にテスト可能な状態になっていたのです。

しかしこれは、テストが他の開発者らとのコミュニケーションの接点になって

> いるという事実を無視しています。このため、私は他の人と共有するコードや、外部との何らかの依存関係が存在するコードではテストを「記述しています」。
> 　Andy はこのコラムを書くことにためらいを感じていました。彼は、このコラムによって経験の浅い人たちがテストを記述しないようになるのではないかと心配していたのです。このため、ここで重要な点を明記しておきたいと思います。
> 　テストは記述するべきなのでしょうか？ その通りです。ただ、30 年ほどテストを記述した後であれば、テストがあなたにとって何をもたらしてきたのかを肌で感じるために、少しだけ実験してみても構わないだろうということです。

テスト文化

あなたの記述したソフトウェアはすべてテストの対象になります。あなたやあなたのチームの人間がテストをしなければ、最終的にユーザーがテストを強いられるのです。このため、テストの計画を徹底的に練る必要があります。しかし、事前にものごとを少し考えておくだけでメンテナンスのコストとヘルプデスクへの呼び出しを大幅に削減できるのです。

考えられる選択肢はたった 3 つです。

- 最初にテスト
- 開発中にテスト
- テストしない

現在の状況を考えた場合、テスト駆動開発（TDD）を含む「最初にテスト」という考え方はテストが保証されるという点で最も優れた選択肢と言えます。しかし、場合によってはさほど便利でも、有益でもありません。このため、ほんの少しコードを記述し、テストを記述してテスト実行を行った後、次のコードに進むという「開発中にテスト」という考え方は次善の策となり得ます。最悪の選択肢は「後でテスト」というものであり、これは「後でテスト」ではなく「テストしない」になるのが一般的です。

テストの文化というものは、常にテストにパスするということを意味しています。「常に失敗する」一連のテストを無視することで、「すべてのテスト」を無視するという罠に簡単にはまり、負の連鎖が始まるのです（「3 ソフトウェアのエントロピー（7 ページ）」を参照）。

テストコードは本番のコードと同じくらい慎重に扱ってください。結合を低く抑え、クリーンかつ堅牢にしておくのです。また、GUI システムにおけるウィジェットの位置は絶対に変わらないとか、サーバーログのタイムスタンプは正確だとか、エラーメッセージの意味は正確だという前提を置いてしまい、信頼できないものを信頼してはいけません（「38 偶発的プログラミング（252 ページ）」を参照）。誤った前提を置くことで、テストは脆弱なものになってしまうのです。

Tip 70 ソフトウェアをテストすること、さもなければユーザーにテストを強いることになる

テストはプログラミングの一部であることを忘れないようにしてください。これは他部門や他の人に任せる作業ではないのです。

テスト、設計、コーディング——これらはすべてプログラミングなのです。

関連セクション

- 27 ヘッドライトを追い越そうとしない （159 ページ）
- 51 達人のスターターキット （351 ページ）

42 プロパティーベースのテスト

Доверяй, но проверяй　（信ぜよ、されど確認せよ）

▶ロシアの格言

関数を開発する場合、自らでユニットテストを記述するようにしてください。これはテストしようとしているものに対するあなたの知識に基づいて、問題になりそうなことを考えるという行為によって実行されるのです。

とは言うものの、このパラダイムには些細ながら重大な問題が潜んでいる可能性もあります。あなたがコードを記述し、テストを記述するという場合、その双方に誤った仮定がまぎれこんでしまわないのでしょうか？　あなたの理解

に基づいてものごとが進む以上、コードはテストをパスするはずです。

この問題を回避する1つの方法は、別の人にテストを記述してもらってコードのテストを実施するというものですが、我々はこの方法を好ましいと考えていません。というのも、「41 コードのためのテスト（274ページ）」で書いたように、テストについて考えることで、記述するコードが適切なものになっていくという大きな利点があるためです。テストとコーディングを分割してしまえば、この利点が失われてしまうのです。

そうではなく我々は、あなたの抱く予想を共有していないコンピューターが、あなたのためにテストを実施するという代替が適切だと考えています。

契約と不変性、プロパティー

「23 契約による設計（DbC）（131ページ）」ではコードに「契約」、すなわち入力として許される条件と、出力が保証する内容を保持させるという考え方を解説しました。

またコードの「不変性」というものが存在します。これは、ある機能の処理を通じて変化することのないものごとを指します。例えば、リストをソートする場合、結果となるリストの要素数は、元のリストの要素数と同じになります。つまり、要素数は不変となるわけです。

いったん契約と不変性を見つけ出したのであれば（これらをひとまとめにして「プロパティー」と呼ぶことにします）、それらを使ってテストを自動化できるようになります。これを我々は「プロパティーベースのテスト」と呼んでいます。

> **Tip 71**　仮定を検証するためにプロパティーベースのテストを使用すること

人工的な例ですが、前述のソートしたリストのテストを記述してみましょう。ソートされたリストの要素数は、元のリストの要素数と同じになるというプロパティーは、既に洗い出しています。また、ある要素の直後に続く要素は、同じかより大きな値を持つということも言えるはずです。

これらをコードで表現してみましょう。ほとんどの言語には、何らかのかたちでプロパティーベースのテストをサポートするフレームワークが用意されています。ここでの例はPythonと、Hypothesisというツール、pytestを使用していますが、その原理は普遍的なものです。

以下は、このテストの完全なソースです。

code/proptest/sort.py

```
from  hypothesis import given
import hypothesis.strategies as some

@given(some.lists(some.integers()))
def test_list_size_is_invariant_across_sorting(a_list):
    original_length = len(a_list)
    a_list.sort()
    assert len(a_list) == original_length

@given(some.lists(some.text()))
def test_sorted_result_is_ordered(a_list):
    a_list.sort()
    for i in range(len(a_list) - 1):
        assert a_list[i] <= a_list[i + 1]
```

以下は、実行結果です。

```
$ pytest  sort.py
====================== test session starts ======================
...
plugins: hypothesis-4.14.0

sort.py ..                                                  [100%]

=================== 2 passed in 0.95 seconds ====================
```

ここには驚きなどありません。舞台裏でHypothesisが2種類のテストに毎回異なったリストを引き渡し、100回テストを行うというものです。リストの長さは可変長であり、内容も異なっています。つまりランダムな200のリストを用いてテストを200回実施することになります。

テストデータの生成

ほとんどのプロパティーベースのテストライブラリーと同様に、Hypothesisは生成するデータを描写するためのミニ言語を用意しています。この言語は、

hypothesis.strategies モジュール内の関数を呼び出すという形式になっており、ここでは可読性を追求するために some という別名を付けています。

以下のように記述した場合、

```
@given(some.integers())
```

このテスト関数は複数回実行され、毎回異なった整数を引き渡します。また、以下のように記述することもできます。

```
@given(some.integers(min_value=5, max_value=10).map(lambda x: x * 2))
```

これで 10～20 の間の偶数を引き渡すようになります。

合成型も使用できます。

```
@given(some.lists(some.integers(min_value=1), max_size=100))
```

これは最大 100 個の要素を保持した自然数のリストになります。

このセクションは特定フレームワークのマニュアルではないため、他の素晴らしい機能の詳細は割愛します。現実世界の例を探してみるのもよいでしょう。

まずい仮定を見つけ出す

ここでは簡単な注文処理と在庫管理のシステムを扱っています。これは Warehouse（倉庫）オブジェクトの在庫をモデル化したものです。そして倉庫に在庫の有無を照会し、在庫から商品を取り出し、現在の在庫状況を取得できるようになっています。

以下がコードです。

code/proptest/stock.py

```
class Warehouse:
    def __init__(self, stock):
        self.stock = stock
```

```
    def in_stock(self, item_name):
        return (item_name in self.stock) and (self.stock[item_name] > 0)

    def take_from_stock(self, item_name, quantity):
        if quantity <= self.stock[item_name]:
            self.stock[item_name] -= quantity
        else:
          raise Exception("Oversold {}".format(item_name))

    def stock_count(self, item_name):
        return self.stock[item_name]
```

そして、基本的なユニットテストを記述します。このテストでは以下を引き渡します。

code/proptest/stock.py

```
def test_warehouse():
    wh = Warehouse({"shoes": 10, "hats": 2, "umbrellas": 0})
    assert wh.in_stock("shoes")
    assert wh.in_stock("hats")
    assert not wh.in_stock("umbrellas")

    wh.take_from_stock("shoes", 2)
    assert wh.in_stock("shoes")

    wh.take_from_stock("hats", 2)
    assert not wh.in_stock("hats")
```

その後、倉庫から注文品を取得するための要求を処理する関数を記述します。これは、最初の要素が"ok"か"not available"、その後に商品と要求された量からなるタプルを返します。また、テストと引数も記述します。

code/proptest/stock.py

```
def order(warehouse, item, quantity):
    if warehouse.in_stock(item):
        warehouse.take_from_stock(item, quantity)
        return ( "ok", item, quantity )
    else:
        return ( "not available", item, quantity )

def test_order_in_stock():
    wh = Warehouse({"shoes": 10, "hats": 2, "umbrellas": 0})
    status, item, quantity = order(wh, "hats", 1)
```

```
    assert status   == "ok"
    assert item     == "hats"
    assert quantity == 1
    assert wh.stock_count("hats") == 1

def test_order_not_in_stock():
    wh = Warehouse({"shoes": 10, "hats": 2, "umbrellas": 0})
    status, item, quantity = order(wh, "umbrellas", 1)
    assert status   == "not available"
    assert item     == "umbrellas"
    assert quantity == 1
    assert wh.stock_count("umbrellas") == 0

def test_order_unknown_item():
    wh = Warehouse({"shoes": 10, "hats": 2, "umbrellas": 0})
    status, item, quantity = order(wh, "bagel", 1)
    assert status   == "not available"
    assert item     == "bagel"
    assert quantity == 1
```

表面上はすべて問題ありません。しかし、コードをデプロイする前にもう少しプロパティーテストを追加してみましょう。

在庫はトランザクションをまたがって出現したり消失したりはしないということが分かっています。これはつまり、倉庫から品物を取り出した場合、取り出した品物の数と現在倉庫にあるその品物の数の合計は、倉庫に元々あった品物の数と一致するということを意味しています。次のテストでは、"hat"か"shoe"からパラメーターとしての品物をランダムに選択し、1～4 個を選んでテストするようになっています。

code/proptest/stock.py

```
@given(item     = some.sampled_from(["shoes", "hats"]),
       quantity = some.integers(min_value=1, max_value=4))

def test_stock_level_plus_quantity_equals_original_stock_level(item, quantity):
    wh = Warehouse({"shoes": 10, "hats": 2, "umbrellas": 0})
    initial_stock_level = wh.stock_count(item)
    (status, item, quantity) = order(wh, item, quantity)
    if status == "ok":
        assert wh.stock_count(item) + quantity == initial_stock_level
```

では実行してみましょう。

```
$ pytest stock.py
. . .
stock.py:72:
_ _ _ _ _ _ _ _ _ _ _ _ _ _ _ _ _ _ _ _ _ _ _ _ _ _ _ _ _ _ _ _ _ _
stock.py:76: in test_stock_level_plus_quantity_equals_original_stock_level
    (status, item, quantity) = order(wh, item, quantity)
stock.py:40: in order
    warehouse.take_from_stock(item, quantity)
_ _ _ _ _ _ _ _ _ _ _ _ _ _ _ _ _ _ _ _ _ _ _ _ _ _ _ _ _ _ _ _ _ _

self = <stock.Warehouse object at 0x10cf97cf8>, item_name = 'hats'
quantity = 3

    def take_from_stock(self, item_name, quantity):
      if quantity <= self.stock[item_name]:
        self.stock[item_name] -= quantity
      else:
>       raise Exception("Oversold {}".format(item_name))
E       Exception: Oversold hats

stock.py:16: Exception
--------------------------- Hypothesis ---------------------------
Falsifying example:
 test_stock_level_plus_quantity_equals_original_stock_level(
      item='hats', quantity=3)
```

これによって warehouse.take_from_stock の在庫が底を尽いてしまいます。帽子（hat）は 2 点しか在庫がないにもかかわらず、3 点取り出そうとしているのです。

このプロパティーベースのテストによって誤った仮定が見つかりました。in_stock 関数は指定した商品が少なくとも 1 つあることをチェックしているだけなのです。そうではなく、注文を満足できるだけの十分な在庫があるかどうかを確認する必要があるのです。

code/proptest/stock1.py

```
    def in_stock(self, item_name, quantity):
        return (item_name in self.stock) and (self.stock[item_name] >= quantity)
```

また、order 関数も変更します。

code/proptest/stock1.py

```
def order(warehouse, item, quantity):
    if warehouse.in_stock(item, quantity):
        warehouse.take_from_stock(item, quantity)
        return ( "ok", item, quantity )
    else:
        return ( "not available", item, quantity )
```

これでプロパティーテストはパスするようになりました。

プロパティーベースのテストがしばしばもたらす驚き

先ほどの例では、在庫の量が正しく変化しているかどうかをチェックするためにプロパティーベースのテストを用いました。このテストはバグを発見できたものの、在庫量が正しいかどうかというものではありませんでした。そうではなく、in_stock 関数内のバグを見つけたのです。

これがプロパティーベースのテストが持つ力と不満という諸刃の剣です。入力を生成するルールを設定し、出力を検証する何らかの仮定を設定し、テストするという点でこれはパワフルなツールです。しかし、何が起こるか分からないのです。テストはパスするかもしれません。仮定は失敗するかもしれません。あるいは指定した入力を取り扱えずに、コード自体が停止するかもしれません。

つまり、何が失敗の原因なのかを特定しづらい場合があるのです。

ここでのヒントは、プロパティーベースのテストが失敗した場合、テスト対象の関数にどのようなパラメーターを引き渡したのかを調べ、その値を用いて一般的なユニットテストを個別に作成するというものになります。このようなユニットテストは 2 つのことを行ってくれます。まず 1 つ目は、これによってプロパティーベースのテストフレームワークによって実行される追加の呼び出しを一切経ることなく、問題に集中できるようになるというものです。そして 2 つ目は、ユニットテストが「回帰テスト」として機能するというところにあります。プロパティーベースのテストは、テスト時にランダムな値を生成するため、次にテストを実行した際に同じ値が使用されるとは限りません。ユニットテストを使用することで、問題を引き起こした時の値が確実に使用されるようになるのです。

プロパティーベースのテストによる設計支援効果

ユニットテストを解説した際に、その最も大きな利点の1つとしてコードについて考えさせてくれることだと述べました。ユニットテストはあなたのAPIを使用するユーザー第1号なのです。

プロパティーベースのテストについても同じことが言えますが、少し流れが異なっています。プロパティーベースのテストは、不変性と契約という観点からコードについて考えさせてくれるのです。つまり、変更してはいけないものは何かと、本当のものは何かということを考えさせてくれるわけです。こういった洞察を加えることで、コードに魔法がかかり、境界条件の曖昧さが消え去り、整合性のない状態にデータを置く機能に光が当たるのです。

我々はプロパティーベースのテストがユニットテストを補完するものだと確信しています。プロパティーベースのテストはさまざまな懸念に取り組み、それぞれ固有の利点をもたらしてくれるのです。まだ実行したことがないのあれば、是非とも実行してみてください。

関連セクション

- 23 契約による設計（DbC）（131ページ）
- 25 表明を用いたプログラミング（145ページ）
- 45 要求の落とし穴（313ページ）

演習問題

問題31 倉庫の例を使ってみましょう。テスト可能なその他のプロパティーはあるでしょうか？ （回答例は386ページ）

問題32 あなたは大型機械の出荷担当者です。それぞれの機械は木箱に収められており、木箱自体は直方体ですが、そのサイズはまちまちです。あなたの仕事は、これら木箱に入った機械を配送トラックの荷台にできるだけ多く敷き詰めるためのコードを記述するというものです。コードの出力は、すべての木箱のリストであり、そのリストには木箱が配置される荷台の位置とともに、幅と長さが格納されます。出力のどのようなプロパティーをテストできるでしょうか？ （回答例は387ページ）

チャレンジ

現在作業しているコードについて考えてみてください。プロパティー、すなわち契約と不変性は何でしょうか？　プロペティーベースのテストフレームワークを使って、それらを自動的に検証できるでしょうか？

43 実世界の外敵から身を守る

良い塀は良い隣人を作る
　　▶ロバート・フロスト、「壁の修理」

本書の第 1 版では、コードの結合に関する考察のなかで、我々は「スパイや反体制者のような偏執的なモジュールを作るべきだというわけではありません」という、短絡的かつ大胆な主張をしていました。しかし、この主張は間違っていました。実際のところあなたは毎日、偏執的になる「必要がある」のです。

これを書いている今も、毎日のように大規模なデータの漏えいやシステムのハイジャック、サイバー犯罪の報道が流れています。数億件のレコードが一度に盗み出され、数十億ドルの損失と対策費が費やされ、毎年その規模は急激に大きくなっています。これらの内容を見ると、そのほとんどは犯罪者が驚くほど巧妙であったというわけではなく、むしろ能力など持ち合わせていなかったような場合すらあるのです。

こういったインシデントは、開発者の不注意によって発生しているのです。

その他の 90 %

コーディングの際、「うまく動いてる！」とか「どうして動かないのだろう？」という状況を何度も繰り返しているかもしれません。場合によっては、「こんなことが起こるわけない……」という状況もあるかもしれません[*13]。このような上り下りを何度も繰り返した後で、「ふぅ、すべてうまく動作している！」と息をつき、コーディングの完了を宣言するのは簡単です。もちろんのことながら、これは完了していないのです。あなたは作業の 90 %を完了させたのですが、次は「その他の 90 %」を考慮しなければならないのです。

＊13　「20 デバッグ（113 ページ）」を参照。

次にやらなければならないのは、うまくいかなかった手順についてコードを分析することと、テスト一式にそれを反映することです。誤ったパラメーターの指定や、リソースのリーク、利用できないリソースの利用といったことを検討するわけです。

古き良き時代では、内部でのエラーを評価するだけで十分でした。しかし今日では、内部でのエラー評価に加えて、それが外部のアクターによって意図的にシステムを混乱させる目的で悪用されるかどうかについても検討しなければならないのです。ここで「こんな重要性の低いコードに攻撃しようとする人間など誰もいない。このサーバーがあることすら誰も知らない」と考えてしまうかもしれません。しかし世界は広く、その隅々までネットワークは繋がっているのです。地球の裏側にいて時間を持てあましている子どもから、国家の後ろ盾を得ているテロリスト集団、犯罪組織、産業スパイ、さらには恨みを持っている元従業員に至るまでがコードを狙っているのです。ネットワークに接続されている、パッチを適用していない時代遅れのシステムが無事にいられる時間は数分単位、下手をするとそれよりも短いと考えてください。

物陰に潜むセキュリティという考え方はまったく役に立たないのです。

セキュリティの基本原則

達人プログラマーは、健全なレベルで偏執性を保っています。我々は自らが過ちを犯すとともに、自らに限界があることを自覚していることだけでなく、外部の攻撃者が我々のシステムのあらゆるポートを押さえており、攻撃を仕掛けようとしていることを熟知しています。あなたが使用している開発環境や配備環境には、独自のセキュリティニーズが用意されているでしょうが、常に心に留めておくべき基本的な原則もいくつかあります。

1. アタックサーフェス（攻撃界面）を最小化する。
2. 最小権限の原則を厳守する。
3. デフォルトをセキュアなものにする。
4. 機密データを暗号化する。
5. セキュリティアップデートを適用する。

では、それぞれを詳しく見ていきましょう。

アタックサーフェス（攻撃界面）を最小化する

システムの「アタックサーフェス」とは、攻撃者がデータを入力できたり、データを抽出したりサービスの実行を起動できるすべての場所を指します。以下がそのいくつかの例です。

複雑なコードは攻撃ベクターにつながる

複雑なコードによって、予期しない副作用をもたらす機会とともにアタックサーフェスが大きくなります。複雑なコードはアタックサーフェスを穴だらけにし、感染の危険を増やすものだと考えてください。ここでも、シンプルで小さなコードが優れていると言えます。コードが小さいというのは、バグが少なく、危険なセキュリティホールも少ないという意味を持っています。より簡潔に、より強固に、より単純なコードは、理解しやすく、潜在的な弱点も洗い出しやすいのです。

入力データは攻撃ベクターとなる

外部からのデータを信頼してはいけません。データベースに引き渡したり、プレビューしたりといった処理をする前には常に、サニタイズするようにしてください*14。ある種の言語では、こういった処理のためのサポートが存在しています。例を挙げると Ruby では、外部からの入力を保持している変数は「汚染されている」（tainted）と解釈され、その変数に対する操作を制限できます。例えば、以下のコードはファイル中の文字数を報告するために wc ユーティリティーを使用していますが、ファイル名は実行時に与えられるようになっています。

code/safety/taint.rb

```
puts "Enter a file name to count: "
name = gets
system("wc -c #{name}")
```

＊14　xkcd というウェブコミックに登場した Bobby Table 坊やの話（https://xkcd.com/327）を憶えているでしょうか？　（知らない方のために書いておくと、学校の生徒情報データベースを壊された教師と、その元凶となった生徒の親との電話でのやり取りが 4 コマ漫画になっています。この親は自らの子どもに「Robert'); DROP TABLE Students;–」という名前を付けていたのです。）なお、https://bobby-tables.com には、データベースクエリーとして引き渡されるデータのサニタイズ方法がまとめられています。

極悪なユーザーは、以下のような入力を与えることで、ルート以下のファイルシステムをすべて削除してしまうという破壊活動を仕掛けられるのです。

```
Enter a file name to count:
test.dat; rm -rf /
```

しかし、SAFE レベルを 1 に設定しておくことで、汚染されている外部データを危険なコンテキストで使用できないようにできます。

```
$SAFE = 1

puts "Enter a file name to count: "
name = gets
system("wc -c #{name}")
```

このスクリプトを実行すると、セキュリティエラーで処理が終了します。

```
$ ruby taint.rb
Enter a file name to count:
test.dat; rm -rf /
code/safety/taint.rb:5:in ‘system’: Insecure operation - system (SecurityError)
from code/safety/taint.rb:5:in ‘main
```

認証の不要なサービスは攻撃ベクターとなる

認証の不要なサービスはその性質上、世界中のどこからでも、誰からでも呼び出すことができるため、何らかの対策や制限を講じておかなければ、少なくともそれだけで「サービス拒否（DoS）攻撃」の機会を提供することになってしまいます。また、最近発生したデータ漏えい事件の多くは、開発者が誤って認証の不要なデータをクラウド上の誰でもアクセスできるデータストアに格納してしまったがために発生しているのです。

認証を要するサービスは攻撃ベクターとなる

権限を付与するユーザーの数は最小限度にとどめてください。もはや利用されていない、あるいは古い、時代遅れとなっているサービスやユーザーを削除するのです。また、ネットワーク接続機能を搭載した多くのデバイスには、シンプルなデフォルトパスワードや、使用されていない、保護されていない管理者アカウントがあります。こういったアカウントに侵入された場合、ネットワーク全体が脅威にさらされるのです。

出力データは攻撃ベクターとなる

「そのパスワードは他のユーザーによって使用されています」というメッセージを律儀に出力するシステムがあったという話を聞いたことがあります（本当にあったかどうかは未確認ですが）。むやみに情報を提供してはいけません。出力するデータがそのユーザーの認証に適切かどうかを確認するようにしてください。社会保障番号や政府の発行する ID 番号といった危険を呼び起こす可能性のある情報は、切り落としたり曖昧なかたちにするのです。

デバッグ情報は攻撃ベクターとなる

近所に設置されている ATM や、空港のキオスク、クラッシュしたウェブページのデータと完全なスタックトレースほど心温まるものはありません。デバッギングを容易にするために体系立てられた情報は、ハッキングも容易にしてしまいます。「テストウィンドウ」（「41 テストウィンドウを構築する（284 ページ）」を参照）や実行時の例外レポートは盗み見されないようにしてください[*15]。

Tip 72 KISS の原則を守り、アタックサーフェスを最小化する

＊15　既知の脆弱性によってデバッギング情報や管理者権限を取得するというテクニックは、CPU のチップレベルでも有効であることが実証されています。いったん侵入されてしまうと、マシン全体が脆弱なものとなってしまうのです。

最小権限の原則を厳守する

もう１つの重要な原則は、あっという間に実行できる「最小権限の原則」です。つまり、何も考えずに root や Administrator といった最大の権限を使ってはいけません。最大の権限が必要となった場合、その作業で本当に必要な部分だけをその権限に昇格し、終わった時点ですぐに元の権限に戻してリスクを最小化するのです。この原則は 1970 年代の初頭からあるものです。

> システムのすべてのプログラムとすべての特権ユーザーは、作業を完了する上で必要となる最小限度の権限を用いて操作を実施するべきだ。——Jerome Saltzer, 「*Communications of the ACM*」（1974 年）

UNIX 系のシステムにおける login プログラムを考えてみましょう。このプログラムは、始めに root 権限で処理を開始します。しかし、正しいユーザーであることが認証できた段階で、その権限を該当ユーザーのものへと降格するのです。

これは単に OS の特権レベルに適用するだけの話ではありません。あなたのアプリケーションには異なるアクセスレベルが実装されているのでしょうか？　それは「管理者」VS.「ユーザー」という大雑把なツールなのでしょうか？　もしそうならば、より粒度を細かくし、高い権限が必要な部分を別途分け、それぞれに適切な権限のみを与えるようにすることを検討してください。

このテクニックは、時間と権限レベルの双方を最小化することで、アタックサーフェスを最小化するという考えにも通じています。つまり、小さくすることがより必要となるのです。

デフォルトをセキュアなものにする

アプリや、サイトにおけるユーザーのデフォルト設定は最もセキュアな値にしておくべきです。それは最もユーザーフレンドリーな値ではなく、勝手のよい値でもないかもしれませんが、そういったことはセキュリティと便利さのトレードオフとしてユーザー自身に決めてもらうのが一番です。

例えば、パスワード入力のデフォルトは、入力された内容を隠すために、それぞれの文字をアスタリスクで置き換えるようにします。不特定多数の人たちがいるところでパスワードを入力する場合や、多くの聴衆を前にして、スクリーンに画面イメージを投影している場合、これは適切なデフォルトと言えます。しかし、ハンディキャップを抱えているなどの理由で、入力した文字を見たいというユーザーもいるはずです。誰かが肩越しに画面を覗く可能性がほとんどないのであれば、これも十分あり得る選択肢となるでしょう。

機密データを暗号化する

個人を特定できる情報や、金融関連のデータ、パスワード、その他の認証情報は、データベースであろうと何らかの外部ファイルであろうとプレインテキストのままで放置しておいてはいけません。データが外部に流出した場合であっても、暗号化によって悪用される危険を減らすことができます。

「19 バージョン管理 (107 ページ)」では、プロジェクトに必要なすべてのものをバージョン管理の対象としておくよう強くお勧めしました。ただ、「すべて」と言っても例外があります。以下は、このルールに対する最大の例外です。

秘密にしておきたい情報や、API の鍵、SSH の秘密鍵、暗号化パスワード、その他の認証情報が書き込まれたソースコードはバージョン管理にチェックインしてはいけません。

鍵や秘密の情報は、たいていの場合、設定ファイルや環境変数といった、ビルドやデプロイの一部として個別に管理する必要があります。

パスワードのアンチパターン

セキュリティの根本的な問題の 1 つに、優れたセキュリティは、一般常識や慣習とまったく相反している場合がしばしばあるというものがあります。例えば、厳格なパスワードを要求することでアプリケーションやサイトのセキュリティが強化されると思われるかもしれませんが、そうではないのです。

厳格なパスワードポリシーによって、セキュリティは「低下」します。以下は、NIST が推奨していた悪い考え方と推奨事項を一覧化したものです*16。

- パスワードの長さを 64 文字未満に制限してはいけません。NIST は 256 を優れた最大長として推奨しています。
- ユーザーが選択したパスワードを切り詰めてはいけません。
- []();&%$#/ などの特殊文字の使用を制限してはいけません。先ほど紹介した Bobby Tables 君の話を思い出してください。パスワード中の特殊文字がシステムの脆弱性を引き起こした場合、より大きな問題に繋がります。NIST は、ASCII 文字や空白、Unicode のあらゆる印字可能な文字を受け付けるよう求めています。

- パスワードのヒントを信頼できないユーザーに提供したり、特定種類の情報をプロンプトとして提示してはいけません（例えば、「初めて飼ったペットの名前は？」など）。
- ブラウザー内で paste 関数を無効化してはいけません。この機能やパスワードマネージャーを抑止しても、システムのセキュリティは強化されません。実際のところ、これによりユーザーはずっと単純で短いパスワードを作り出すようになるため、攻撃が簡単になるのです。この理由により、米国の NIST や英国の National Cyber Security Centre は監査担当者に対してペースト機能を許可するよう特に要求しているのです。
- その他の組み合わせ規則を追加してはいけません。例えば、大文字や小文字、数字、特殊文字の組み合わせや、文字の繰り返しなどを指定してはいけません。
- 一定期間後にパスワードの変更をユーザーに強いてはいけません。パスワードの変更は正当な理由（侵害行為があった場合など）がある場合にのみ実行するようにします。

長くランダムで複雑なパスワードを推奨してください。人為的な制約は複雑さに制限を加え、悪いパスワード習慣を醸成し、ユーザーのアカウントを脆弱なものにするのです。

セキュリティアップデートを適用する

コンピューターのアップデートは大きな手間がかかります。セキュリティパッチは必要ですが、副作用によってアプリケーションの一部が動作しなくなる可能性もあります。このためアップデートを少し待つか、遅らせるという選択もできます。しかしこれは、今まさにシステムが既知の脆弱性を抱えているということになるため、まずい考え方と言えます。

Tip 73　セキュリティパッチはすぐに適用すること

*16　NIST Special Publication 800-63B: Digital Identity Guidelines: Authentication and Lifecycle Management（米国立標準技術研究所（NIST）特殊刊行物 800-63B：デジタルアイデンティティーガイドライン：認証およびライスサイクル管理）――これは https://doi.org/10.6028/NIST.SP.800-63b で閲覧できます。

このティップスは、スマートフォンや自動車、電化製品、個人用ノート PC、開発マシン、ビルド用マシン、本番サーバー、クラウドイメージを含む、ネットに接続されているすべてのデバイスに適用すべきものです。ありとあらゆるものすべてです。もしもどうでもいいと考えているのであれば、（今までのところ）史上最大のデータ侵害は、アップデートを遅らせていたマシンから始まったということを思い起こしてください。

こういったことを許してはいけないのです。

常識 VS. 暗号

暗号学という観点から見ると、常識というものは当てにならない場合があるという点を憶えておいてください。まず最も大事なのは、暗号化機能を「自らで作り出そうとしてはいけない」という点です[*17]。パスワードのような簡単なものであっても、常識は誤った考えとなります（囲み記事「**パスワードのアンチパターン**（302 ページ）」を参照）。いったん暗号の世界に足を踏み入れてしまうと、ささいな、まったくどうでもいいようなミスであっても、すべてに影響を与える重大な結果を招くのです。あなたが知恵を絞って作り出した自作の暗号化アルゴリズムは、エキスパートに一瞬で破られるはずです。暗号化機能は自らで手がけるものではないのです。

以前にも書いたように、入念に調査し、徹底的に評価した上で、しっかりと管理され、アップデートも頻繁に行われており、願わくばオープンソース化されたライブラリーやフレームワークとなっている信頼できるものだけを使用するようにしてください。

暗号化機能についてだけではなく、あなたのサイトやアプリケーションにおけるその他のセキュリティ関連機能にも厳しい目を向けてください。例えば、認証について考えてみましょう。

独自のパスワードや生体認証を実装するには、ハッシュやソルトがどのように機能するのか、クラッカーがレインボーテーブルなどをどのように使用するのか、なぜ MD5 や SHA1 を使ってはいけないのかといったさまざまなことについて理解しておく必要があります。そして、すべてを正しく実装したとして

＊17　暗号学の博士号を取得した上で、大々的なピアレビューやバグ報奨金制度を利用した大規模なフィールドテストを実施し、長期的な保守に向けた予算を確保している場合にのみ、こういったことは可能になるのです。

も、それでもデータをしっかりとセキュアなかたちで保持しておく責任が課され、新たな法律や責務といったものが出てきた際に対応が必要となるのです。

あるいは実践的なアプローチとして、この問題に詳しい専門家に頼んでサードパーティーの認証プロバイダーを利用するのもよいでしょう。これは社内で利用するオフザシェルフ型のサービスでも、クラウド上のサードパーティーでも構いません。認証サービスは電子メールや携帯電話、ソーシャルメディアのプロバイダーによって提供されている場合も多く、あなたのアプリケーションに適切なものもあれば、そうでないものもあるはずです。いずれにせよ、彼らはシステムをセキュアにすることだけに日々まい進しているため、あなたが独自で取り組むよりも優れた成果を発揮してくれるはずです。

実世界にいる外敵から身を守ってください。

関連セクション

- 23 契約による設計（DbC）（131 ページ）
- 24 死んだプログラムは嘘をつかない（142 ページ）
- 25 表明を用いたプログラミング（145 ページ）
- 38 偶発的プログラミング（252 ページ）
- 45 要求の落とし穴（313 ページ）

44 ものの名前

ものごとに適切な名前を付けることが知恵の源となる。
▶孔子

名前にはどういったものが含まれているのでしょうか？ プログラミングという枠の中で見た場合、その答えは「すべてのもの」となるのです！

我々はアプリケーションやサブシステム、モジュール、関数、変数に名前を付けます。常に新たなものごとに対する名前を生み出し、それに付与します。そして、そういった名前はあなたの意図と確信を表現しているという点で非常に重要なものなのです。

我々は、コード内での役割に沿った名前を付けるべきだと考えています。つまり、何かに名前を付ける際には、いったん立ち止まり、「これを作る動機は何だったっけ？」と考える必要があるのです。

これは、手元の問題解決に向けて考えているあなたの心を、あっという間により大きな観点に立たせてくれるパワフルな疑問なのです。変数や関数の役割を考える際、その特殊性についてや、それができること、何とやり取りするのかを考えることになります。適切な名前を考えつくことができないため、やろうとしていたことが無意味だと気付くこともよくあります。

名前には深い意味があるという考え方には科学的な根拠があります。人間の脳は単語を目にした際に、脳内における他のどんなアクティビティーよりも迅速に知覚し、理解するという力を持っています。つまり、何かを知覚しようとする際、単語は最優先で処理されるのです。これはストループ効果[*18]という有名な現象でも示されています。

以下の図を見てください。この図にはさまざまな色の名前が、さまざまな色合いで描かれています。しかし、色の名前と描かれている色合いは必ずしも一致していません。ここで 1 つ目のチャレンジです。それぞれの単語を順番に読んでみてください[*19]。

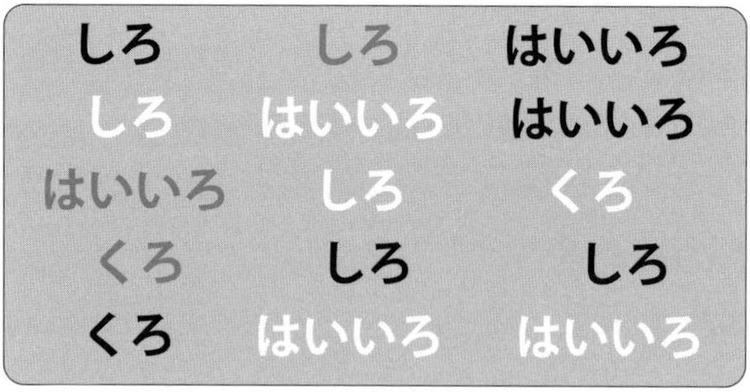

次は 2 つ目のチャレンジとして、それぞれの単語が描かれている色を順番に読んでみてください。これは難しかったでしょう？ 目に入ってきた単語に影響されて、色の認識がおろそかになってしまうことが分かると思います。

---

*18　『*Studies of Interference in Serial Verbal Reactions*』[Str35]

*19　この図には 2 種類のバージョンがあります。1 つはさまざまな色で描かれたものであり、もう 1 つは白黒で印刷されたものです。両方のバージョンを見たい場合には、https://pragprog.com/the-pragmatic-programmer/stroop-effect にアクセスしてください。

あなたの脳は、書かれている単語を優先すべきものとして扱っているのです。このため、名前が表すものが正しい概念であることを保障すべきなのです。

それでは、いくつか例を見てみることにしましょう。

- 旧式のグラフィックカードから作ったアクセサリーを販売している企業のサイトにアクセスするユーザーを認証する場合：

```
let user = authenticate(credentials)
```

  この変数は、「常にユーザー」だという理由で user となっています。しかしなぜでしょうか？
  これでは何も意味していないように見えます。customer（顧客）や buyer（バイヤー）ではいけないのでしょうか？
  コードに取り組む際に、その人物がやろうとしていることや、その意味合いを常に考えるようにしてください。

- 注文の割引を処理するインスタンスメソッドの場合：

```
public void deductPercent(double amount)
// ...
```

  ここには注意点が 2 つあります。1 つ目は、deductPercent という名前が「何を実行するのか」を表しており、「何のために実行するのか」を表していない点です。2 つ目は、amount というパラメーターの名前が誤解を呼ぶものとなっている点です。これは割引額でしょうか、それとも割引率でしょうか？
  おそらく、次のように記述したほうが優れていると言えるでしょう。

```
public void applyDiscount(Percentage discount)
// ...
```

  このシグネチャであれば意図は明確に伝わるはずです。パラメーターの型を double からユーザー定義型の Percentage に変更しています。ただ、このパラメーターの値が 0〜100 なのか、0.0〜1.0 なのかは分かりません。それはこの型のドキュメントを見ることで理解できるはずです。

- フィボナッチ数を扱うモジュールがあり、その中にフィボナッチ数列の n 番目の値を計算するという関数があります。その関数にどのような名前を付けるべきか考えてみてください。

  多くの人は fib という名前を付けるかもしれません。これは一見すると妥当ですが、通常の場合モジュール名を付加したかたちで呼び出されることを考えると Fib.fib(n) ということになってしまいます。この場合、以下のように of や nth という名前にしてみてはどうでしょうか？

```
Fib.of(0)    # => 0
Fib.nth(20)  # => 6765
```

何かに名前を付ける場合は常に、自らの意図を明確にする方法を探し求めるようにしてください。そうすることで、自らが記述しているコードの理解も深まっていくのです。

とは言うものの、すべての名前で文学賞を狙う必要はありません。

規則に対する例外

コードで使用する名前に明確さは必要ですが、ブランディングはまったく別の話となります。

プロジェクトやプロジェクトチームの名前には、曖昧で「気の利いた」名前を付けることが昔からの伝統として受け継がれてきています。例えば、ポケモンの名前や、マーベルのスーパーヒーロー、かわいい哺乳類、「指輪物語」の登場人物といったものなどが考えられます。

これは好き勝手にしていい例外となるはずです。

文化を尊重する

コンピューターサイエンスの分野で難しいものごとは 2 つしかない。それは、キャッシュの無効化と名前の付け方だ。

プログラミング言語の入門書では、i や j、k といった 1 文字の変数名を付けないようにと教えています[*20]。

我々は、ある意味において、この考えが間違っていると考えています。

実際のところ、これはプログラミング言語や環境によって異なってくる文化的な問題なのです。プログラミング言語Cの場合、iやj、kはループのカウンター変数として、またsは文字列の先頭アドレスとして昔から用いられてきています。こういった環境でプログラムを開発する場合では、上述したような変数に遭遇するでしょうし、そういった慣習に違反しようとは思えないはずです（思ってはいけません）。一方、そういった慣習が存在していない環境では、純粋な悪として捉えられます。例えば、Clojureのプログラムを記述する場合、変数iに文字列を代入するような悪質なまねをしてはいけません。

```
(let [i "Hello World"]
   (println i))
```

言語のコミュニティーによっては、変数名が複数の単語で構成される場合に各語の先頭を大文字にする「キャメルケース」が好まれるところと、各語をアンダースコア（_）で区切る「スネークケース」が好まれているところがあります。言語自体はどちらの形式も受け入れるのですが、だからと言って自由にして良いわけではありません。自分が属するコミュニティーの文化を尊重してください。

また、名前にUnicodeのサブセットを許す言語もあります。ɹəsnやεξέρχεταιといった気取った名前を付ける前に、コミュニティーの文化を知るようにしてください。

首尾一貫性

ラルフ・ワルド・エマーソンは「愚かな首尾一貫性は狭い心が化けた物である」という名言で有名ですが、エマーソンはプログラマーチームに属していませんでした。

＊20　ループ変数として「なぜ」iが多用されているのか知っていますか？ その答えは、60年以上前のFORTRANという言語の仕様にあります。同言語ではIからNで始まる変数は整数型と決められていたのです。なお、FORTRANの仕様がそうなっているのは代数学からの影響です。

あらゆるプロジェクトには、チームにとって特別な意味を持った独自の専門用語がボキャブラリーとして存在しています。“order” という言葉は、オンラインストアを開発しているチームにとっては「注文」となりますが、宗教団体の序列を可視化するアプリを開発しているチームにとっては「階位」となります。チームの全員が、こういった単語の持つ意味を理解しており、首尾一貫したかたちで使用することが重要となるのです。

その実現方法として、多くのコミュニケーションを奨励するというものがあります。全員でペアプログラミングを実施し、ペアを頻繁に組み変えていけば、専門用語はチーム内に浸透していくはずです。

もう 1 つの方法は、プロジェクトの用語集、つまりチームにとって特別の意味を持った用語の一覧を作り出すことです。これは非公式なドキュメントであり、Wiki で管理したり、どこかの壁に付箋を貼り付けたりして管理していけるはずです。

しばらく運用していくと、プロジェクトの用語集は独自の進化を遂げていくでしょう。全員がそういったボキャブラリーに慣れ親しめれば、そういった専門用語を使って首尾一貫性のあるかたちで迅速かつ正確に意思疎通を行えるようになります（まさにこれが「パターンランゲージ」になるというわけです）。

名前の変更はかなり難しい

コンピューターサイエンスの分野で難しいものごとが 2 つある。それは、キャッシュの削除と名前の付け方、Off-by-one エラーだ。

前もってどれだけの努力を重ねたとしても、ものごとは変わっていきます。コードはリファクタリングされ、利用方法は変わり、名前の持つ意味も微妙に変わっていきます。こういった変化に気を配っていないと、名前はすぐに「誤解を呼ぶ名前」という無意味な名前よりもひどい問題を生み出していきます。誰かから「`getData` という名前の機能を調べていたら、実際にはアーカイブファイルへの出力を実行していた」なんて不満を聞いたことがあるのではないでしょうか。

「3 ソフトウェアのエントロピー (7 ページ)」で考察したように、問題を見つけたのであれば、その時にその場で修正してください。意図から外れた名前を見かけたり、誤解を呼んだり混乱する名前を見つけたのであれば、修正するのです。完璧な回帰テストがあれば、ミスを犯したとしてもすぐに分かるはずです。

Tip 74 適切な名前を付け、必要に応じてリネームすること

おかしくなってしまった名前があるにもかかわらず、何らかの理由で変更できないという場合、ETC 原則（「8 よい設計の本質 (35 ページ)」を参照）に違反しているという大問題を抱えていることになります。まずその何らかの理由を修正した後、おかしな名前を変更してください。リネームしやすい状態を作り、何度も実行するようにするのです。

そうしないと、チームに新たなメンバーが加わるたびに、真面目くさった顔で「getData はファイル出力を行っている」と説明する羽目になります。

関連セクション

- 3 ソフトウェアのエントロピー (7 ページ)
- 40 リファクタリング (268 ページ)
- 45 要求の落とし穴 (313 ページ)

チャレンジ

- 名前を一般化しすぎた関数やメソッドを見つけた場合、実際に行っていることを示す名前にリネームしてみてください。今がリファクタリングの好機です。
- このセクションの例では一般的な「user」という名前よりも「buyer」といったより具体的な名前のほうが優れていると述べました。普段よく使用しているものの、より具体的にできる名前として、他にどのようなものが考えられるでしょうか？
- システム内の名前は、その分野のユーザーが使用している専門用語と調和しているでしょうか？ していないのであれば、なぜでしょうか？ これによってストループ効果のような混乱がチームにもたらされてはいないでしょうか？
- システム内の名前は変更しづらいでしょうか？ 特定の割れた窓を修正するにはどういったことができるのでしょうか？

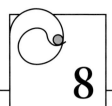

8 プロジェクトを始める前に

Before the Project

プロジェクトの冒頭で、あなたとチームは要求を学ぶ必要があります。この場合、やることを告げられる、あるいはユーザーの言うことに耳を傾けるだけでは十分とは言えません。「45 要求の落とし穴 (313ページ)」に目を通し、よくある罠や落とし穴を避ける方法を学んでください。

「46 不可能なパズルを解決する (324ページ)」では、旧来の知恵と制約の管理についての話題を扱っています。難しい問題というものは、要求確定時、分析時、コーディング時、テスト時を問わず、突発的に発生するはずです。たいていの場合、その問題は最初に感じたほど難しいものではなかったはずです。

また、不可能とも思えるプロジェクトに遭遇した時には、「47 共に働く (328ページ)」という伝家の宝刀を抜くことになるでしょう。ここでの「共同作業」は、大量の要求文書を共有したり、多くの人々と同報メールをやり取りしたり、長時間にわたる会議を続けるといったことを意味しているわけではなく、コーディング作業のなかで協力して問題を解決するということを意味しています。そのためにはどういった人が必要で、どのように始めるのかを解説しています。

アジャイルソフトウェア開発宣言が「プロセスやツールよりも個人と対話」に価値を置くと認めているとしても、実際上すべての「アジャイル」なプロジェクトはどのプロセスを採用し、どんなツールを使うのかという議論から始まります。しかし、どれだけ周到に考えたとしても、またどの「ベストプラクティス」を採用したとしても、「考える」という手法を置き換えることはできません。これには特定のプロセスやツールは要らず、「48 アジリティーの本質 (332ページ)」が必要となるだけです。

プロジェクトを立ち上げる「前」にこれらの重要な課題を片付けておけば、「Analysis Paralysis」というアンチパターンを避け、成功に向けたプロジェクトを立ち上げ、そして完了できるための優位な位置に付くことができるはずです。

45 要求の落とし穴

完璧というものは、何も追加するものがなくなった時に達成できるものではなく、何も取り去るものがなくなったときに達成できるものである。

▶アントワーヌ・ド・サン＝テグジュペリ、『風、砂、そして星』（1939 年）

多くの書籍や入門書では、プロジェクトの初期段階における作業として「要求収集」という語を使っています。この「収集」という言葉は、幸せな分析家たちが牧歌的な交響曲の流れる中、辺り一面に落ちている知恵の固まりを拾い集めるといった行為のように聞こえます。「収集」は要求が既にそこにあるということを暗に表現しているのです。つまり、要求を単に見つけるだけで、あとはそれをバスケットに入れて陽気に家路を急ぐだけなのです。

そんなふうにはいきません。要求が表面上に現れていることなどほとんどありません。要求とは通常の場合、さまざまな仮定、誤解、政策の奥底深くに埋められているのです。さらにひどいことに、まったく存在していないという場合もしばしばあります。

Tip 75 自らが欲しているものを正確に認識している人などいない

要求の神話

ソフトウェア開発の黎明期には、コンピューターはコンピューター関連の従事者の時間単価よりも（時間あたりの償却コストが）高価でした。このため、コストをかけないよう 1 回で成果を出すよう求められていました。これには、マシンに実行させたいことを正確に定義するというプロセスが含まれています。まず最初に要求仕様を作り出し、それを基に設計文書を作成し、フローチャートや擬似コードを開発した後、最後にコーディングに取りかかるのです。そして、その結果をすぐにコンピューターに入力するのではなく、机上でのチェックにじっくり時間をかけるという工程も用意されていました。

これには多大なコストがかかります。そして、このようなコストがあるがゆえに、人々は自らが欲しているものが確実に分かった際に、それらを自動化しようとしました。とは言うものの初期のコンピューターは極めて制約が多かったため、人々が解決する問題のスコープは限られてしまっていました。結局のところ、作業を始める前に問題を理解することは「可能だった」はずなのです。

しかしそれは、現実の世界ではあり得ない話です。現実世界は乱雑で、矛盾に満ちあふれ、未知の事柄がそこかしこに散らばっています。そういった世界できっちりとした仕様を作り出すことなど、不可能とは言わないまでも極めて難しい話なのです。

ここでプログラマーの出番がやってきます。我々の仕事は、人々自身が欲しているものを自らで気付いてもらえるように支援することなのです。本当のところ、これが我々の仕事で最も価値があると言えるはずです。大事なことなので、もう一度書いておきます。

> **Tip 76**　プログラマーの仕事は、人々自身が欲しているものを自らで気付いてもらえるように支援すること

セラピーとしてのプログラミング

我々にソフトウェアを開発してくれと依頼するクライアントのことを、我々の相談者と呼ぶことにしましょう。

たいていの相談者は、何らかのニーズを携えてやって来ます。そのニーズは戦略的なものかもしれませんが、現在抱えている問題の解決策を求めているという点で戦術的な問題とも言えます。こういったニーズは、既存システムの手直しであったり、新たな解決策の作成であるかもしれません。また、このようなニーズは、業界用語で表現されたり、技術的な専門用語で語られる場合もあります。

経験を積んでいない開発者は、こういったニーズを言葉通りに真に受けて、そのソリューションを実装してしまうという失敗をやってしまいがちです。

我々の経験では、ニーズとして最初に語られるこれらの言葉は本当の要求ではありませんでした。相談者すらそのことに気付いていないのです。つまりこれらの言葉は実際のところ、探求に向けた招待状に過ぎないのです。

簡単な例を見てみることにしましょう。

あなたは紙の出版物と電子出版物を扱う出版社の仕事を請け負いました。そして次のような要求が出されたと考えてください。

50 ドル以上の注文で送料は無料にします。

ここでちょっと立ち止まって、その意味を考えてみましょう。まずどういったことが考えられるでしょうか？

以下のような疑問が出てくるはずです。

- 50 ドルは税込み価格で考えるのか？
- 50 ドルは送料込みで考えるのか？
- 50 ドルは紙の出版物の値段なのか、同時に購入する電子書籍の価格を含めるのか？
- どの発送形態をとろうとしているのか？ 通常便？ それとも速達便？
- 発送先が海外の場合はどうするのか？
- 50 ドルというしきい値は、どれくらいの頻度で変更されるのか？

こういったことを考えてほしいのです。一見すると簡単な内容だったとしても、それを聞いた時に上記のような境界条件を探し出し、相談者に尋ねることになるわけです。

相談者はこれらの質問のいくつかについて、既に考えたことがあり、答えを用意しているでしょう。つまり、こういった疑問を投げかけることで、より詳しい情報が得られるのです。

しかし、相談者が考えたこともなかったような質問もあるはずです。ここが重要なところであり、開発者の腕の見せどころとも言える部分です。

あなた：50 ドル以上の注文というところで質問があります。この金額には通常配送料金を含むのでしょうか？

相談者：もちろんです。お客様が我々に支払う総額ということです。

あなた：それは良心的で、お客様にとっても分かりやすいですね。お客様も喜ぶと思います。ただ、そうすると思いがけない使い方をするお客様も出てくると思います。

相談者：どういった使い方ですか？

あなた：例えば、25 ドルの書籍を購入し、翌日配送という最も高価な配送形態を選んだと考えてください。そうすると送料はおよそ 30 ドルになり、総合計は 55 ドルになります。この送料が無料になるとすると、25 ドルの書籍が 25 ドルで、しかも翌日に手に入ってしまうことになります。

（経験豊富な開発者は、ここでしばらく間を空けます。事実を伝えた上で、相談者に意思決定を任せるわけです。）

相談者：うーん。そういった使われ方は想定していませんでした。これでは我々が損することになってしまいます。何か手はあるでしょうか？

ここから探求が始まります。ここでのあなたの役割は、相談者が述べたことから引き起こされる結果を相談者にフィードバックすることです。これは双方にとって知的かつ創造的な作業となります。あなたが自らの観点から考えることで、あなたや相談者が 1 人で考えていた時よりも優れたソリューションに発展する可能性が高まるのです。

真実の要求はプロセスの中にある

先ほどの例で、開発者は要求を聞き、それがもたらす結果を相談者にフィードバックしました。これにより探求が始まります。そしてその探求中、相談者がさまざまなソリューションをフィードバックとして返してくることになります。これが要求の収集という作業の本当の姿なのです。

Tip 77　要求はフィードバックループの中で学んでいくものである

あなたの仕事は、相談者自らが述べた要求によって引き起こされるものごとを相談者自身に理解してもらえるよう支援することです。そのためにフィードバックを返し、そのフィードバックを用いて自らの思考を洗練してもらうわけです。

先ほど見ていただいた例では、フィードバックが言葉で表しやすいものでした。しかし、うまく言い表せない場合もあります。また、聞いた内容の分野について、十分な知識が無いかもしれません。

こういった場合、達人プログラマーは「それはこういうことですか？」形式のフィードバックを使います。つまり、モックアップやプロトタイプを作成し、相談者に使ってもらうのです。これには、相談者との議論のなかで「そこのところは違います」とか、「じゃあこんな感じですか？」というやり取りをしながら、変更できるだけの柔軟性を備えたものを作り上げるのが理想です。

これらのモックアップは1時間程度で捨て去る場合もあります。こういったものはアイデアをやり取りするための小道具でしかないのです。

ただ、現実的に見た場合、我々が実施する「すべての作業」はある種のモックアップでしかありません。プロジェクトの終了時であっても、我々は相談者の要求しているものを解釈している途中なのです。実際のところ、その時点までにより多くの相談者、すなわち品質保証担当や運用担当、さらには顧客のテストグループといった相談者を抱えていることになるはずです。

このため、達人プログラマーは「あらゆるプロジェクト」を要求収集のための修行の場と捉えるのです。これが、相談者との直接フィードバックで完結する短い繰り返しを好む理由ともなっています。こうすることで、ペースを守れるとともに、誤った方向に向かいそうになった時に無駄になる時間を最小化できるのです。

相談者の靴を履いて歩く

あまり用いられているようではありませんが、相談者の頭の中を覗く簡単なテクニックがあります。それは相談者になりきるというものです。ヘルプデスク向けのシステムを開発するのでしょうか？　それでは経験豊富なサポート担当者の側について数日間、電話の内容を聞いてみてください。手作業での在庫管理システムを自動化しようとしているのでしょうか？　それでは、1週間ほど倉庫に勤務してみてください*1。

これによってシステムの「実際の用いられ方」に関する洞察が得られるとともに、「あなたの仕事を横で1週間見せていただいてよろしいでしょうか？」というひと言が、どれだけ相談者の信頼を獲得し、今後のコミュニケーションの基礎になるのかを実感できるはずです。ただ、仕事の邪魔をしないようにすることは忘れないように！

Tip 78　ユーザーとともに働き、ユーザーのように考える

---

*1　1週間は長いと感じたでしょうか？　実際のところ、マネジメントと作業員が異なる世界に属している場合などは特に、それほど長い期間とは言えません。マネジメントはものごとが運営される1つの側面を与えてくれますが、現場に出てみるとそこにはまったく違った現実が広がっており、それらを同化させるには時間がかかるのです。

相談者の元でフィードバックを得ることでラポールが形成されるようになるとともに、彼らの経験やこれから開発するシステムに対する願いを学ぶこともできます。詳細については「52 ユーザーを喜ばせる (360 ページ)」を参照してください。

要求 VS. ポリシー

では、人事システムに関する話をしている際に、相談者から「従業員の上司と人事部門だけがその従業員の記録を閲覧できる」と言われたと考えてください。これは本当に要求なのでしょうか？ おそらく今は要求かもしれませんが、この言葉のなかには業務のポリシーが含まれています。

業務のポリシーか、要求かというのは比較的些細な違いですが、開発者にとって大きな意味を持っています。要求が「上司と人事部門だけがその従業員の記録を閲覧できる」というものの場合、開発者は該当データにアクセスする際に毎回そういったチェックを明示的に実施するアプリケーションを作成するかもしれません。一方、「権限のあるユーザーだけが従業員記録にアクセスできる」という場合、開発者は何らかのアクセス制御機能を設計／実装することになるはずです。この場合、アクセスポリシーが変更されたとしても（変更されるのが常です)、システムのメタデータを更新するだけで済みます。実際のところ、このようなやり方で要求を収集していけば、メタデータをサポートするシステムへの道が自然に広がっていくことになります。

これには一般的なルールがあります。

Tip 79　ポリシーはメタデータである

一般的なケースを実装し、ポリシーについての情報はシステムがサポートしなければならないある種の例として考えるようにしてください。

要求 VS. 現実

「Wired」の 1999 年 1 月号[*2]で、ミュージシャンでありプロデューサーで

＊2　https://www.wired.com/1999/01/eno/

もある Brian Eno が、究極のミキシングボードという信じがたいほど素晴らしいテクノロジーについて説明しています。これはサウンドに関することならできないことはないというものでした。しかし、これはミュージシャンが素晴らしい音楽を作れるようにするのではなく、またレコーディングを迅速に、そして安価なものにする代わりに、いちいち邪魔をするようになっていました。つまり、創造的なプロセスを台無しにしてしまっていたのです。

その理由を知るには、レコーディング技術者がどのように仕事をするのかを見てみる必要があります。彼らは直感的に音のバランスをとります。何年もの間フェーダーを滑らせ、つまみを回して、耳と指先との間にフィードバックループを作っていくのです。しかし新しいミキサーのインターフェースはこういった能力と無関係なものとなっていました。それだけではなく、ユーザーにキーボード入力と、マウスのクリックを強要していたのです。ミキサーの提供する機能自体は包括的なものでしたが、馴染みのない風変わりな方法に包まれていたのです。レコーディング技術者が必要とする機能はしばしば分かりにくい名前になっていたり、直感的でない基本機能の組み合わせで実現するようになっていたわけです。

この例は、使う人の手に馴染むツールが正しいツールであるという我々の信念も表しています。要求の収集を正しく実践するには、そのことを考慮しておく必要があります。要するに、プロトタイプや曳光弾を用いた早めのフィードバックを活用することで、相談者が「そうです。私がやって欲しいと思いながら言えなかったこと、本当に必要としているものごとはそれなのです」と言ってもらうべき理由がここにあるのです。

要求を文書化する

我々は最良の要求文書、おそらく「唯一の要求文書」は実行可能なコードであると確信しています。

とは言うものの、このことは相談者が要求するものごとの理解を文書化しなくてもよいという意味ではありません。単にそのような文書は成果物ではない、つまり相談者に引き渡して署名してもらうものではないというだけです。これは実装のプロセスを手引きしてくれる単なる道しるべでしかないのです。

要求文書は相談者のためのものではない

Andy と Dave は昔、驚くほど詳細な要求文書を作成するプロジェクトに関わったことがあります。相談者との初めての打ち合わせで聞かされた 2 分ほどの要求に関する説明から、図や表を星の数ほど含む、1 インチにもなる分厚い資料ができあがりました。その後、実装時に曖昧さを生まないくらいまで細かく、具体的に内容が書き足されていきました。何らかの機能を有したパワフルなツールがあれば、この文書は最終的なプログラムになり得るものだったのです。

こういった文書を作成するのは 2 つの理由で誤っています。1 つ目の理由は、相談者自身が本当に必要としているものを把握していないという点です。このため、相談者が述べたことをきっちりとした文書にまとめたとしても、それは流砂の上に驚くほど複雑な城を築き上げようとするようなものなのです。

ここで「でも、文書を書き上げた後、相談者に渡し、検証してもらうことになっている。そこでフィードバックが得られる」と思われるかもしれません。しかし、ここで 2 つ目の理由が登場します。それは、こういった要求仕様が相談者によって読まれることはないというものです。

相談者がプログラマーを使おうと考える理由は、相談者が高水準かつ漠然とした問題を解きたいという動機を持っており、プログラマーはあらゆる詳細と些細な部分に取り組んでくれると考えているためです。要求文書は開発者向けに書かれており、相談者にとっては一部理解不能でしばしば退屈な情報や些細なものごとが含まれているのです。

200 ページにもなる要求文書を引き渡した場合、相談者は重さを量って重要性を評価し、最初の数段落を読み（最初の 2 段落ほどが「管理者向けサマリー」となっている理由がここにあります）、ページをざっとめくり、小ぎれいな図表がある部分で時折手を止める程度のことになります。

決して相談者を悪く言っているわけではありません。しかし、彼らに分厚い技術資料を渡すことは、平均的な開発者にホメロスが生きていた頃のギリシャ語で書かれたイーリアスのコピーを渡し、そこからビデオゲームを開発しろと言うようなものなのです。

要求文書は計画のためのもの

このため、我々は石でできた板のように重たく、牛をも倒せるような要求文書というものを認めていません。しかし、要求はチームの開発者らに何を実行すべきかを認識してもらう必要があるという理由においてのみ、作成する必要があると考えています。

ではどういった形式で記述するべきでしょうか？　お勧めは、現実の（あるいは仮想の）情報カードに収まるような形式です。こういったものに、該当機能のユーザーの観点から見て必要となることを簡潔に書き記すのです。

このようにすれば、ホワイトボードに貼り付け、状況や優先順位を示すために移動したりできるようになります。

アプリケーションのコンポーネントを実装する上で必要となる内容を情報カード１枚に書くことなんてできないと考えたかもしれません。確かにその通りでしょう。しかし、そこがポイントなのです。要求や記述を簡潔にすることで、開発者に対して疑問の明確化を奨励するのです。またこれは、各コードの開発前と開発中に相談者とプログラマーの間でのフィードバックプロセスを活性化することにもなります。

詳細に踏み込みすぎること

要求文書を作成する際に気を付けておくべきもう１つの大きな落とし穴は、詳細に踏み込みすぎることです。優れた要求は抽象的な記述からできあがっています。こと要求に関する限り、最も優れた記述というのは業務上のニーズを正確に反映した最も簡潔なものです。これは曖昧なものという意味ではありません。不変で基盤をなすセマンティックスを要求として捕捉するとともに、具体的なこと、すなわち現在の作業プラクティスをポリシーとして文書化しなければならないのです。

要求はアーキテクチャーではありません。要求は設計ではなく、ましてやユーザーインターフェースでもありません。要求とは「ニーズ」なのです。

最後にもうひとつだけ……

失敗プロジェクトの多くは、スコープの膨張が原因だとされています。これは機能の爆発や、機能主義の忍び寄り、要求の忍び寄りとも呼ばれており、「4 石のスープとゆでガエル (11 ページ)」で考察したカエルの煮物症候群の要求版とも言えます。こういった落とし穴にはまらないようにするには、どうすればよいのでしょうか？

ここでの答えは（またしても）フィードバックです。相談者とのフィードバックを常に欠かさないようにしていると、相談者は「もう 1 つ機能を追加してほしい」と言った時の影響度を感じてくれるようになります。彼らは新たな情報カードがホワイトボードに貼り付けられるのを見て、他の優先順位を落としてもよいと判断した情報カードを次以降のイテレーションに回し、工数を調整してくれるはずです。フィードバックが双方向になるわけです。

用語集を管理する

要求に関する議論を開始すると、ユーザーやその分野の専門家は特殊な意味を持ったある種の専門用語を使用するようになります。そういった用語では、例えば「クライアント」や「顧客」という語を使い分けている場合があるかもしれません。この場合、システム中で気軽にそういった単語を使用するのは適切ではありません。

このため「プロジェクトの用語集」、つまりプロジェクト内で使用するすべての特殊な用語と語彙を 1 箇所にまとめて定義したものを作ってそれを管理する必要があります。プロジェクトの参加者は、エンドユーザーからサポートスタッフに至るまですべて、整合性を保証するためにこの用語集を使うべきなのです。このことは用語集が容易にアクセスできなければならないということも意味しているため、オンラインのドキュメントを利用すべき論拠になるでしょう。

Tip 80　プロジェクトの用語集を作ること

関連セクション

- 5 十分によいソフトウェア（14 ページ）
- 7 伝達しよう！（26 ページ）
- 11 可逆性（60 ページ）
- 13 プロトタイプとポストイット（72 ページ）
- 23 契約による設計（DbC）（131 ページ）
- 43 実世界の外敵から身を守る（296 ページ）

- 44 ものの名前（305 ページ）
- 46 不可能なパズルを解決する（324 ページ）
- 52 ユーザーを喜ばせる（360 ページ）

演習問題

問題 33 以下のうち、正真正銘の要求を挙げてください。さらに、要求ではないものを（可能であれば）より有効な表現に言い換えてみてください。

1. 応答時間は 500 ミリ秒未満であること。
2. モーダルダイアログボックスの背景はグレイであること。
3. アプリケーションは多くのフロントエンドプロセスと、単一のバックエンドプロセスから構成される。
4. ユーザーが数値フィールドに非数値文字を入力した場合、システムは背景をフラッシュさせ、入力を受け付けないようにする。
5. アプリケーションコードとデータは 32 メガバイト以内に収める必要がある。

（回答例は 387 ページ）

チャレンジ

- あなたの記述しているソフトウェアを自らで使うことができるでしょうか？　自らで使えるソフトウェアなしに、優れた要求を記述できるでしょうか？
- あなたが今、解決したいと考えている、コンピューターと無関係な問題を選び出してください。その問題について、コンピューターを使わないかたちで解決するための要求を書いてみてください。

46 不可能なパズルを解決する

フリジアの王、ゴルディアスは誰もほどくことのできない結び目を結びました。そしてこのゴルディアスの結び目の謎を解いた者はアジアの覇者となることができると宣言しました。その後、アレキサンダーという人物が現れ、その結び目を自らの剣で一刀のもとに断ち切ったのです。彼は要求の解釈をほんの少し違えただけなのです。そして彼は、アレキサンダー大王としてアジアの大半を支配する王になったのです。

プロジェクトの半ばで、技術上の問題や、考えている以上に記述が難しいコードといった本当に難解なパズルに遭遇する場合が時々あるはずです。そしてそれは、まったく解決不可能なものに見えるかもしれません。しかし本当にそれほど難しいのでしょうか？

クリスマスプレゼントやガレージセールで見かけそうな、木製や鋳鉄製、プラスチック製の曲がりくねった知恵の輪のようなパズルを考えてみましょう。やるべきことは、輪を外したり、T 型のピースを箱に収めたりといった単純な作業です。

最初は輪を引っ張ったり、T 型のピースを無理矢理箱に押し込んでみたりして、ありきたりの解決策ではだめだということを再確認するのです。パズルはこんな方法では解けません。しかし、「何か方法があるはずだ」と何度も考えながら、皆やめられずに同じことをするのです。

もちろんこれでは解決しません。答えはどこか他のところにあるのです。パズルを解決する秘訣は、現実の（見かけではない）制約を認識し、その中から解決策を探し出すことなのです。つまり、ある制約は「絶対的なもの」であり、他のものは「単なる先入観」なのです。絶対的な制約は、それがどんなに面白くなくても、またばかげていたとしても尊重しなければなりません。

その一方で、アレキサンダー大王が見せたように、明らかな制約だと思えたものが、実際には制約でも何でもなかったという場合もあります。ソフトウェア関連の問題の多くは、このように狡猾なものなのです。

自由度

巷でよく言われている「枠にとらわれずに考える」というのは、適用されない制約を洗い出した上で、その枠を無視するということを意味しています。しかしこの格言は正確ではありません。「枠」が制約や条件の境界を指しているのであれば、あなたが思っているよりも大きな枠を見つけるということが答えなのです。

パズルを解決する鍵はあなたに課された制約を認識することと、あなたに与えられた自由度を認識することの2点です。そうすることで、答えが見つかるのです。解決につながる芽を不用意に捨て去ってしまうことが、パズルを難しくする理由なのです。

例えば、以下の点すべてを3本の一筆書き直線で結び、最初の地点に戻ってくるようなことができるでしょうか？ ペンを紙から離したり、同じ線を上書きしてはいけません（[Hol92]）。

ここでは先入観をなくし、制約が本当に存在する確固たるものかどうかを評価しなければなりません。

これは枠の内側とか外側で考えるという話ではありません。問題は枠——つまり本当の制約を見つけ出すところにあるのです。

Tip 81　枠にとらわれずに考えるのではなく、枠を見つけ出すこと

手に負えなさそうな問題に直面した場合、眼前にある「すべての手段」を列挙してください。使いものになりそうにないものや馬鹿げたことであっても、決して見落としてはいけません。そして、それを1つずつ吟味し、なぜその手段が採用できないかを考えるのです。本当に使えないのでしょうか？ 使えないことを証明できるでしょうか？

手に負えない問題を解決した奇抜な例として、トロイの木馬を考えてみてください。城塞都市のなかに、気付かれずに兵隊を送り込むにはどうすればよいのでしょうか？ 「表玄関から侵入する」という答えを自殺行為として初めか

ら却下してしまっていないでしょうか？

また、制約の分類と優先順位付けも大事です。木工職人がプロジェクトを開始する際、まず最も長い木を切り出し、次に残った木から残りの木を切り出していきます。これと同様に、最も大きな制約を最初に洗い出し、残りの制約を順次適合させていくのです。

なお、先ほどの 4 つの点を結ぶパズルの解答は本書の演習問題の回答（例）末尾にあります。

さらに簡単な方法があるはずだ！

問題が思っていたよりもずっと難解だと気付く場合もあるはずです。それは、より簡単な手があったにもかかわらず、誤った道に踏み込んでしまったからかもしれません。またスケジュールが押していたからかもしれませんし、特定の問題が「不可能」と分かってシステムの行く末を落胆してのことかもしれません。

その時は、しばらく他のことをやってみる理想的な時間となります。他の違ったことをやってみてください。犬の散歩でもいいですし、一晩寝て考えるというのもよいでしょう。

あなたの意識を司る脳は問題を認識しているものの、その脳は実際のところ極めて愚鈍なのです（悪口ではありません）。このため、意識を司る脳の裏側で働いている、驚くほどの能力を秘めた神経回路網に仕事を任せるというのはとてもよい考えと言えます。意図的に他のことを考えた時に、素晴らしい答えが頭に思い浮かんでくることを実感できるはずです。

これはちょっとした超常現象に思えるかもしれませんが、そうではありません。心理学の専門誌である「Psychology Today」[*3]では、以下のように解説されています。

> 単刀直入に述べると、複雑な問題を解決するという人間の能力は、意識的に努力している時よりも、他の作業に気を取られている時のほうが高まるという結果が示された。

しばらくの間、問題を忘れることすら許されないという場合、次善の策はお

＊3　https://www.psychologytoday.com/us/blog/your-brain-work/201209/stop-trying-solve-problems

そらく誰かに問題を説明することになります。単に問題について誰かに説明しようとするだけで、注意がそれ、何らかのひらめきに通じる場合もしばしばあるはずです。

以下のような質問を投げかけてみてください。

- なぜこの問題を解決しようとしているのか？
- 解決するとどのようなメリットが生まれるのか？
- その問題は境界条件に関連しているのか？
  そうであれば、その条件を除去できないか？
- 問題に関する、より簡単に解決できそうな問題があるか？

ここでもゴムのアヒルちゃんが活躍するはずです。

幸運は用意された心のみに宿る

フランスの細菌学者ルイ・パスツールは以下のように語りました。

> Dans les champs de l'observation le hasard ne favorise que les esprits préparés.
> （観察について述べると、幸運は用意された心のみに宿るのです。）

問題解決についてもこれは当てはまります。

「エウレカ！」というひらめきの瞬間に至るまでに、無意識の脳は答えを導き出す上で必要となりそうな以前の経験という、さまざまな判断材料を必要とするのです。

日々の仕事の中で機能すること／しないことに関するフィードバックを得ておくのは、あなたの脳に情報を送り込む素晴らしい方法です。そのための素晴らしい方法として、エンジニアリング日誌（「22 エンジニアリング日誌（128ページ）」を参照）の利用をお勧めします。

そして、『銀河ヒッチハイク・ガイド』の表紙に書かれている言葉「パニクるな」を常に忘れないようにしてください。

関連セクション

- 5 十分によいソフトウェア（14ページ）
- 37 爬虫類脳からの声に耳を傾ける（247ページ）

- 45 要求の落とし穴（313 ページ）
- Andy はこういった考え方に関する書籍も執筆しています：[Hun08].

チャレンジ

- 今日遭遇した難しそうな問題について真剣に考えてみてください。ゴルディアスの結び目を切ることができるでしょうか？ 今考えている手段で解決できるでしょうか？ そもそも解決する必要があるのでしょうか？
- 現在のプロジェクトに着手した際、制約一式を与えられたでしょうか？ それらはまだ有効であり、それらの解釈はいまだ有効でしょうか？

47 共に働く

17,000 ページものドキュメントを読みたいという人間になど出会ったことはないが、もしいたとしたら人類の遺伝子から消し去ってやるつもりだ。

Joseph Costello、Cadence のプレジデント

「それ」は刺激的であると同時に恐ろしい「不可能なプロジェクト」のひとつでした。そのプロジェクトの目的は、ハードウェア自体の退役によってその役目を終えようとしていた太古のシステムと瓜二つの振る舞いを見せる新システムを開発するというものでした。その予算は数億ドル規模のものでしたが、詳細はきっちり文書化されておらず、プロジェクトの開始からシステムの本番環境への配備までわずか数カ月という厳しいものでした。

Andy と Dave が最初に出会ったのはそんな環境でした。とんでもない締め切りが設定された不可能なプロジェクトです。そんなプロジェクトを成功に導けたのは、頼みの綱がひとつだけあったためでした。我々開発チームにあてがわれた掃除道具入れのような小部屋から、ホールを挟んだすぐ向かいのオフィスに、そのシステムを何年にもわたって管理してきた担当者が座っていたのです。このため、質問や明確化、意思決定、デモのためのやり取りを絶え間なく続けることができたのです。

本書を通じて、我々はユーザーと緊密に働くことを推奨しています。彼らはあなたと同じチームの一員なのです。我々は、この最初のプロジェクトで、現在は「ペアプログラミング」や「モブプログラミング」と呼ばれているプラク

ティスを実行したのです。これは、1人の開発者がコードを入力している間に、もう片方のチームメンバーがコメントや思索、問題解決を一緒に実行するというものです。これは延々と続くミーティングやメモ、分厚く長ったらしい法的文書を遥かに凌駕するメリットをもたらすパワフルな方法になりました。

「共に働く」というのは、こういった意味を持っています。つまり、単に質問を述べ、議論し、メモを取るのではなく、実際にコードを開発している最中に質問を述べ、議論するということなのです。

コンウェイの法則

1967年、Melvin Conwayはコンウェイの法則として知られるようになる考え方を「How do Committees Invent?」（委員会はどのようにして生み出されるのか？）[Con68]で発表しました。

システムを設計する組織は、その組織のコミュニケーション構造を模倣するような設計に縛られてしまう。

つまり、開発しているアプリケーションやウェブサイト、製品は、チームや組織の社会構造とコミュニケーション経路によって影響を受けるのです。この法則は、さまざまな調査によって裏付けられています。我々も、例えばチーム内で一切会話のないプロジェクトがサイロ化されたシステムを作り出すのを何度も目にしてきました。また、2つに分割されたチームでは、クライアント／サーバーや、フロントエンド／バックエンドといったシステムができあがります。

また、調査では逆の法則も裏付けられています。つまり、作り出したいコードに向けて、意図的にチームの組織を作り出すことができるのです。例えば、地理的に分散したチームによってよりモジュール化された分散ソフトウェアが作り出されるというわけです。

しかし、ユーザーを巻き込んだ開発チームは、ユーザーの意図を明確に反映したソフトウェアを生み出し、ユーザーを巻き込まない開発チームはそのことを反映するようになるという点が最も重要と言えるでしょう。

ペアプログラミング

「ペアプログラミング」はエクストリームプログラミング（XP）以外でもポピュラーになりましたが、元々はXPのプラクティスの1つでした。ペアプログラミングを実施する場合、一方の開発者のみがキーボードを操作します。そして双方が協力して問題に向けて取り組み、必要に応じて役割を交代するというかたちになります。

ペアプログラミングのメリットは数多くあります。さまざまな人々がそれぞれ固有のバックグラウンドと経験を持ち寄り、異なった問題解決テクニックとアプローチを用いて、さまざまな関心と着目点を持って特定の問題に取り組むのです。キーボード入力を担当する開発者はコーディングスタイルとシンタックスという低水準の詳細に集中し、もう一方の開発者はより高水準で広いスコープを自由に考えます。この違いは些細に見えるかもしれませんが、我々の脳の帯域幅は限られているのです。厳格で融通の利かないコンパイラーに受け入れられるよう、難解なキーワードやシンボルを入力していくのはそれなりに脳に負担がかかる作業なのです。フルパワーでものごとを考えられる 2 人目の開発者を作業中に用意することで、より創造的な作業が可能になるわけです。

さらに、2 人目の開発者から生み出されるプレッシャーによって、気を抜いてしまったり、foo といった変数名を付けてしまうという悪癖を抑えられるようになります。誰かが常に監視していると、まずい手抜きを避けるようになるため、ソフトウェアの品質も高まるわけです。

モブプログラミング

1 人の頭よりも 2 人の頭のほうがよいというのであれば、1 ダースくらいの人々すべてが同時に同じ問題に取り組み、1 人が代表して入力するとしたらどうなるのでしょうか？

「モブプログラミング」はモブ（暴徒）という名を冠してはいますが、鋤や鍬、たいまつを握りしめるわけではありません。これは 2 人よりも多い人数で開発を行うというペアプログラミングの延長です。提案者は、難しい問題を解決する上でモブは素晴らしい成果を収めると報告しています。モブは、ユーザーやプロジェクトのスポンサー、テスターといった、通常の場合には開発者チームの一員として扱われない人々を容易に含めることができます。実際のところ、上述した我々が最初に遭遇した「不可能なプロジェクト」では、我々のいずれかがキーボード入力を担当し、もう 1 人が業務のエキスパートと問題を議論するという光景がよく見られました。これは 3 人の小規模なモブプログラミングだったのです。

モブプログラミングは、「ライブでコーディングを実施する緊密なコラボレーション」だと考えることができるでしょう。

何をするべきか？

今は１人でプログラミングをしているというのであれば、ペアプログラミングを試してみるのがよいでしょう。最初は奇妙に感じるでしょうから、一度に数時間ずつ、少なくとも２週間は続けてみてください。新たなアイデアをブレインストーミングする時や、厄介な問題を診断する時にはモブプログラミングセッションを試してみるのもよいでしょう。

既にペアプログラミングやモブプログラミングを実施しているのであれば、誰を含めているのでしょうか？　単に開発者だけでしょうか、それともユーザーやテスター、スポンサーといった人々が参加しているのでしょうか？

こういった、コラボレーションすべてにおいて、技術的な側面とともに人間という側面を管理する必要があります。以下はそういった際に考慮しておくべきティップスのいくつかです。

- 作り出すのはエゴではなくコードである。誰が最も賢いかではなく、我々すべてがそれぞれの良い面と悪い面を有していることを認識する。
- 小さく始める。モブは4～5人のみにするか、いくつかのペアで始め、短いセッションにする。
- 批評対象は人ではなくコードである。「君は間違っている」ではなく、「このブロックを見てみましょう」と言ったほうがずっと円滑に進む。
- 他者の観点に耳を傾け、理解するよう努める。違いがあるのは悪いことではない。
- 次回の改善に向けて、頻繁に振り返りを実施する。

同じオフィスでの作業やリモートでの作業、１人でする作業、ペアプログラミング、モブプログラミングといったものすべては問題解決に向けた共同開発の効果的な手法です。あなたやチームが１つのやり方しか実施したことがないのであれば、いくつかのスタイルを試してみるのがよいでしょう。しかし無計画なアプローチは避けるようにしてください。これらの開発スタイルそれぞれには規則やサジェスチョン、ガイドラインがあります。例えば、モブプログラミングは5～10分ごとに入力担当を交代するといったことが挙げられます。

テキストと事例のレポートの双方に目を通して調査し、遭遇しそうな落とし穴と利点について感触をつかむようにしてください。また、いきなり難しい本番コードに取り組むのではなく、手始めに簡単な演習問題をコーディングするのもよいでしょう。

色々と書いてきましたが、最後にもう 1 つアドバイスを書かせてください。

> **Tip 82**　1 人ぼっちでコーディングに取り組んではいけない

48 アジリティーの本質

> 君はその言葉を使い続けているが、それは君が思っているような意味の言葉じゃないぞ。
>
> ▶イニゴ・モントイヤ、プリンセス・ブライド・ストーリー

「Agile」（俊敏な）という単語の品詞は、何らかのものごとを形容する形容詞です。あなたはアジャイルな開発者になれます。また、アジャイルなプラクティスを採用し、変化や妨害に対して迅速に対応できるチームに加入することができます。アジリティーというものは、あなたの採用するスタイルであってあなた自身ではありません。

> **Tip 83**　Agile という言葉は名詞ではなく、ものごとの進め方を形容する形容詞である

アジャイルソフトウェア開発宣言＊4が生み出されて 20 年が経過しようとしているなか（本書執筆時点）、我々は多くの開発者らがその価値を適切に具現化してきているのを目にしてきました。また、これらの価値を存分に引き出して、自らの行動の指針とし、自らのやるべきことを変えてきている素晴らしいチームも数多く目にしてきました。

＊4　https://agilemanifesto.org

しかし我々は、アジリティーの別な側面も目にしてきています。チームと企業が、カスタマイズ不要の「すぐに使えるアジャイル手法」に熱いまなざしを向けるようになったのです。そして多くのコンサルタント（個人や企業）は、ニーズに応える製品／サービスを用意するようになっていくとともに、企業はマネジメントの階層や、形式張ったレポートツール、特定分野に特化した開発者、華やかな肩書き（つまりクリップボードとストップウォッチを持った人々）を増やしていきました＊5。

我々は、多くの人々がアジリティーの本来の意味を見失っていると感じており、原点に立ち戻るべきだと考えています。

アジャイルソフトウェア開発宣言で明記されていた価値を思い出してほしいのです。

> 私たちは、ソフトウェア開発の実践あるいは実践を手助けをする活動を通じて、よりよい開発方法を見つけだそうとしている。この活動を通して、私たちは以下の価値に至った。
>
> - プロセスやツールよりも**個人と対話**を、
> - 包括的なドキュメントよりも**動くソフトウェア**を、
> - 契約交渉よりも**顧客との協調**を、
> - 計画に従うことよりも**変化への対応**を、
>
> 価値とする。すなわち、左記のことがらに価値があることを認めながらも、私たちは右記のことがらにより価値をおく。

右記のことがらよりも左記のことがらに重きを置くようなものを販売している人々の価値観は、我々やこの宣言を書き上げた人たちのそれとは明らかに異なっています。また、すぐに使える製品を販売しようとする人々は、冒頭の文すら読んでいません。ここでの価値は、よりよいソフトウェア開発方法を見つけ出すための継続的な活動を通じて生み出され、伝えられるものなのです。これは静的なドキュメントではなく、生成的なプロセスに向けた示唆なのです。

アジャイルなプロセスなどあり得ない

実際のところ、「これを実行すればアジャイルになることができる」なんて

＊5　こういったアプローチの問題点については、『*The Tyranny of Metrics*』[Mul18] を参照してください。

ことはないのです。それが定義なのです。

アジリティーというものは、現実の世界やソフトウェア開発の世界の双方において、変化に対応する、すなわち何らかの行動に出た後で遭遇した未知なるものごとに対処するということなのです。疾走するガゼルは一列に並んで走っているわけではありません。また、体操選手は環境の変化に即応して 1 秒間に数百に及ぶ細かい調整をした上で着地位置の修正を行っているのです。

詰まるところ、これはチームや個人の開発者についての話なのです。ソフトウェアを開発する際に従う単一のプランなどありません。4 つ挙げられているうちの 3 つの価値がそのことを述べています。これらはフィードバックを収集し、それに対処することについての話なのです。

これら価値は何をするべきかを教えてくれません。あなた自身が何かをすると決断する時に、何を探すのかを教えてくれているだけなのです。

そしてこういった決断は常にコンテキストに依存します。つまり、あなたが何者であるかや、チームの性質、アプリケーション、ツール、組織、顧客、現実の環境といった、大きなものから小さなものに至るまでの驚くほど多くの要因に依存するのです。このような不確実な状況に適応できる、お決まりの確実なプランなど存在していません。

ではどうすればよいのか？

「何をしたらよいか」というのは誰も教えてくれません。しかし我々は、どれをすべきかという精神について語ることができます。これは不確実性をどのように取り扱うかということに尽きるのです。アジャイルソフトウェア開発宣言は、フィードバックを収集し、それに基づいて行動するということを示唆しています。このため、アジャイルな方法で仕事をするためのレシピは以下のようなものになります。

1. 自らの現在地点を見つけ出す。
2. 目的地点に向けて、最も意味のある最小単位の 1 歩を踏み出す。
3. 現在地点を評価し、問題があれば修正する。

上記の手順を作業が完了するまで繰り返します。そしてこれを、あなたが取り組んでいるあらゆるレベルの作業に対して再帰的に適用します。

フィードバックを収集することで、最も些細だと思っていた意思決定が重要なものになることもあるのです。

「どうやらコードにアカウントの所有者が必要になったようだ」

```
let user = accountOwner(accountID);
```

「うーん、user は無意味な名前だから owner にしよう」

```
let owner = accountOwner(accountID);
```

「しかしこれだと少し冗長に感じられる。実際にやろうとしていることは何だろう？ シナリオに従うと、ここでは該当人物に電子メールを送ろうとしているのだから、その人物の電子メールアドレスが必要となるはずだ。おそらくは詰まるところ、アカウントの所有者という情報は不必要なんだろう」

```
let email = emailOfAccountOwner(accountID);
```

低レベル（変数の名前）でのフィードバックループを適用することで、システム全体の設計を改善し、このコードとアカウントをやり取りするコードとの結合度を引き下げられるようになるのです。

またフィードバックループは、プロジェクトで最も高いレベルにも適用できます。我々が最も成功を収めた仕事には、相談者の要求を手がかりに作業を始め、1歩ずつ進め、最終的に実行しようとしていたことが一切不必要だと判明したものもいくつかあります。つまり、ソフトウェアなど一切不要だったという最善のソリューションに至ったのです。

このループは単独プロジェクトのスコープを超えて適用できます。つまり、チームは自らのプロセスをレビューし、どれくらいうまく機能しているのかを確認するためにこのループを適用するべきなのです。自らのプロセスを継続的に見直し、修正しないチームはアジャイルチームとは言えないのです。

そして、これは設計を後押しする

「8 よい設計の本質 (35 ページ)」では、設計の評価尺度はいかに変更しやすいかというものだと述べました。優れた設計は、まずい設計よりも変更しやすくなっているのです。

そして、アジリティーの考察によって、「なぜ」そうなのかということを説明できます。

何かを変更し、それが気に入らなかったとしてください。先ほどの手順 3 では、問題があれば修正すると説明しました。ただ、フィードバックループを効率化するために、こういった修正はできるだけ痛みを伴わないものにする必要があります。そうでなければ、修正せずに放置しておきたいという衝動に駆られるはずです。こういった現象については「3 ソフトウェアのエントロピー (7 ページ)」で解説しています。結局のところ、これらすべてをアジャイルなかたちで機能させるには、優れた設計に向けたプラクティスを実践する必要があります。というのも、優れた設計によって変更が容易になるためです。そして変更が容易である場合、あらゆるレベルで躊躇なく調整が可能になるのです。

それこそがアジリティーというものなのです。

関連セクション

- 27 ヘッドライトを追い越そうとしない (159 ページ)
- 40 リファクタリング (268 ページ)
- 50 ココナツでは解決できない (346 ページ)

チャレンジ

シンプルなフィードバックループは、ソフトウェアだけのものではありません。あなたが最近行ったその他の意思決定について考えてみてください。それらのなかに、意思決定の結果が思うように進まなかった場合に、どのようにやり直すのかを考えておくことで、その意思決定自体を改善できたものはあるでしょうか？ 実行した内容のフィードバックを収集、対応することで改善できそうなものはあるでしょうか？

9 達人のプロジェクト

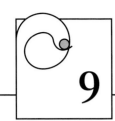

Pragmatic Projects

プロジェクトの進行中は、個人の哲学やコーディングに関する問題に立ち入らないようにしながら、より規模の大きな、プロジェクトレベルの問題について考える必要があります。この章ではプロジェクト管理に特化した問題について扱うつもりはありませんが、プロジェクトの成否を分けるいくつかの重要な領域について述べていきます。

プロジェクト内であなたと一緒に作業する人間が1人でもいる限り、何らかの基本原則と役割分担を決める必要があります。「**49 達人のチーム** (338ページ)」では、達人の哲学を守りながらこれを行う方法を解説しています。

ソフトウェア開発手法の目的は、人々が一致協力して作業できるよう支援するというものです。あなたとあなたのチームは、機能するプラクティスを採用しているのでしょうか、それとも表面を引っ掻くようなツール／プロセスに投資し、本来得られるメリットを得ていないのでしょうか？ ここで、なぜ「**50 ココナツでは解決できない** (346ページ)」のかということと、成功をもたらす真の秘訣を考察します。

また、ソフトウェアを着実かつ信頼性あるかたちで調達できなければ何の意味もないのは当然です。このための魔法を実現する三種の神器が、バージョン管理とテスト、自動化です。このことを「**51 達人のスターターキット** (351ページ)」で解説します。

とは言うものの、最終的な成功は特定の人、すなわちプロジェクトのスポンサーの観点から見たものになります。成功というものは何をどう解釈するのかであり、「**52 ユーザーを喜ばせる** (360ページ)」ではプロジェクトのスポンサーを喜ばせる方法について考察します。

本書最後のティップスは、残りすべてにおける直接的な帰結です。「**53 自負と偏見** (362ページ)」では、自らの成果に署名し、実行したことに誇りを持つことをお勧めしています。

49 達人のチーム

L. Stoffel のグループでは 6 人の第一級プログラマーを観察し、その管理は猫の群れを飼い慣らすことに匹敵すると結論付けた。

▶「ワシントンポストマガジン」、1985 年 6 月 9 日号

猫の群れを飼い慣らすというアナロジーは 1985 年時点で知れ渡っており、世紀の変わり目だった第 1 版の刊行時点では既に古典的なジョークともなっていました。しかし、そこには確かに真実が含まれているため、いまだにこのアナロジーは使われ続けています。プログラマーは猫とよく似ているのです。知的で、強い意志と意見を有しており、独立心が強く、しばしばネットで崇拝されてもいるのです。

本書のここまでで、個人がプログラマーとして一段高みに登れるように支援するための達人の技法を紹介してきました。これらの技法はチームに対しても、また強い意志を有し、独立心の強い人たちのチームに対してもうまく機能するのでしょうか？　答えが「イエス！」なのは間違いありません。個人が達人となるのも大きな利点ですが、その個人が達人チームとして作業する場合、利点は何倍にも増幅されるのです。

我々の観点から述べると、チームはそれ自体が小規模で安定したものです。50 人はチームとは言えず、群れと言っていいでしょう[*1]。メンバーが常に入れ替わり、メンバーのことをお互いによく知らないというのもチームではありません。これは雨が降ってきたために一時的にバス停にたむろしている他人の集まりでしかありません。

達人チームというのはおよそ 10〜12 人の小規模な構成となっています。メンバーの入れ替わりは滅多になく、全員がお互いのことをよく知っており、信頼し合い、助け合っています。

Tip 84　小規模で安定したチームを作ること

---

*1　チームの規模が大きくなると、コミュニケーション経路が $O(n^2)$ というペースで増えていきます（n はチームメンバーの数です）。このため大規模なチームではコミュニケーションが十分に行われず、効率が大きく低下するわけです。

このセクションでは、達人の技法が集団としてのチームにどのように適用できるのかを簡単に見ていきます。そしてこれは単なる序論でしかありません。達人開発者らのグループは、いったん環境に配置されれば、すぐさま自らのチーム力学に調整を加え、その環境に適合するようになるのです。

では今までのセクションをチームという観点から見直してみましょう。

割れた窓をなくす

品質はチーム全体の問題です。品質を気にかけないチームに配属されると、どんなに優秀な開発者でも面倒な問題を修正する情熱を維持しづらく感じるようになります。さらに、こういった修正に時間を割くことに対してチームが消極的であればあるほど、問題は悪化していきます。

集団としてのチームは割れた窓——つまり誰も修正しない小さな欠陥を大目に見てはいけないのです。チームは製品の品質に責任を持ち、「**3 ソフトウェアのエントロピー** (7ページ)」で解説している「割れた窓」の哲学を理解した開発者を支援することで、まだ発見されていない割れた窓を見つけるように奨励しなければならないのです。

チームによっては、チーム内における製品の品質を一手に引き受ける品質管理責任者を置く場合があります。これは明らかにばかげた話です。品質というものは、チームメンバー全員が個々に貢献することによってのみ達成できるものなのです。品質は組み入れられるものであり、後付けで追加できるものではありません。

蛙の煮物

「**4 石のスープとゆでガエル** (11ページ)」で解説した、鍋に入れられたかわいそうな蛙の話を憶えているでしょうか？　蛙は環境の緩やかな変化に気付くことなく料理されてしまったのでした。用心するのを忘れた人にも同じことが起こり得ます。プロジェクト開発における環境全体の温度に気を付けるというのは難しいことなのです。

ぼんやりしていると、気付くよりも早くチーム全体が煮物になってしまうのです。誰かが問題に対処してくれていると思ったり、ユーザーからの変更要求をチームリーダーが承認済みだろうと仮定してしまうわけです。意識付けの強いチームであっても、プロジェクト内の重要な変更を忘れてしまう場合もあるのです。

これと闘ってください。全員が環境の変化を積極的に監視しているかどうかを確認するのです。常に注意し、スコープの増大や、見積もり残時間の減少、追加機能、新たな環境といった元々の計画では理解されていなかったものごとがないか、気を配ってください。新たな要求を常に評価し続けるのです*2。手に負えない変化を拒絶する必要はありません。単に、そういったものが起こっていることに気付いておく必要があるだけです。さもなければ、煮物になるのはあなたです。

知識ポートフォリオの充実に向けて計画する

「6 あなたの知識ポートフォリオ(17 ページ)」では、あなた個人の知識ポートフォリオに投資する方法について解説しました。同様に、成功を目指すチームは自らの知識とスキルに向けた投資について考える必要があります。

あなたのチームが改善とイノベーションに真剣なまなざしを向けているのであれば、目標に向けた計画が必要です。「いつか時間ができた時」にやろうという考えでいても、「そんな時は絶対に訪れない」と断言できます。どのようなバックログや作業一覧、作業フローを抱えていたとしても、それを主の作業にしてはいけません。さらなる作業を実行するのです。例えば以下のような作業が考えられます。

旧システムのメンテナンス

新しいシステムの作業は楽しいかもしれませんが、旧システムに対してメンテナンス作業を実行する必要もあるはずです。人知れずこういった作業を続けているチームがあるはずです。こういった作業を実施しているチームを見かけたら、実際に作業を手伝ってみてください。

＊2　こういった目的では一般的なバーンダウンチャートよりも、バーンアップチャートの方が適しています。バーンアップチャートを用いることで、追加機能によって動かされたゴールポストを明確に把握できるようになります。

プロセスの振り返りと洗練

継続的な改善は、時間を取ってうまくいくこと／いかないことを見つけ出した後、手を加えることによってのみ実現できます（「48 アジリティーの本質（332 ページ）」を参照）。あまりにも多くのチームが沈没しかかっている船から水をくみ出すことに忙殺され、浸水部分を修理するための時間を割けないでいるのです。

新たなテクノロジーの実験

「みんなが飛びついている」とか、カンファレンスで見聞きしたりオンラインで見たというだけの理由で新たなテクノロジーやフレームワーク、ライブラリーに飛びついてはいけません。しっかりと候補テクノロジーを見極め、プロトタイピングを実行してください。新たなものごとをテストし、結果を分析するための作業をタスクとしてスケジュールするのです。

学習とスキルの向上

個人の学習とスキル向上は素晴らしい出発点ですが、多くのスキルはチーム全体に浸透するとより効率的なものになります。それが非公式なものであるか、より公式な訓練セッションであるかに関係なく、計画に取り入れてください。

Tip 85　事を成し遂げるにはまずスケジュールする

伝達しよう

チーム内の開発者間で、互いに情報交換を行わなければならないのは明白です。「7 伝達しよう！（26 ページ）」では、これを促進するための提案をいくつか行っています。しかし、チームというものも組織の一員であるという事実を得てして忘れてしまいがちになるのです。個としてのチームが外の世界と情報交換し合わないといけないのは明らかです。

外部から見た場合、最悪なのは陰湿で無口なプロジェクトチームです。彼らは、その場では誰も口を開こうとしないミーティングを考えなしに開催します。ドキュメントは乱雑で２つとして同じものがなく、それぞれは思い思いの用語を使っています。

一方、優れたプロジェクトチームには明確な個性があります。また外部の人たちは、チームメンバーとのミーティングで準備の行き届いた心地よい説明があると分かっているため、楽しみに待っています。チームが作り出すドキュメントは簡潔かつ正確で一貫性を持っており、チームの意見は 1 つにまとまっているのです*3。彼らにはユーモアのセンスさえあります。

ブランドを確立するという手法でチームの一体化を図ることもできます。プロジェクトの立ち上げ時に、皆でそのプロジェクトにコード名を付けるのです。突飛な名前が理想的であり、我々は過去のプロジェクトで「羊を襲うキラー鸚鵡」や「オプティカルイリュージョンズ」(幻影)、「ジャービルズ」(スナネズミ)、「カートゥーンキャラクターズ」(漫画のキャラクター)、「ミシカルシティーズ」(神話都市) といった名前を付けたことがあります。その後、ふざけたロゴを 30 分ほどかけて決定し、それをメモや報告書で使用するのです。また、人と話す時には、わざとそのコード名を使います。ばかげているように聞こえますが、これによってチームにアイデンティティーを与えるとともに、外の世界の人々にプロジェクトの作業をしっかりと憶えてもらえるようになるのです。

DRY 原則

「**9 DRY 原則 — 二重化の過ち** (38 ページ)」では、チームメンバー間で作業の二重化をなくすことの難しさについて述べています。こういった二重化は無駄な努力になり、メンテナンスも悪夢のようになります。こういったチームでは、共有されるものがほとんどなく、多くの機能が二重化され、「サイロ化」されたシステムが当たり前となります。

優れたコミュニケーションがこういった問題を避ける鍵となります。なお、ここでの「優れた」は「即時的」かつ「スムーズな」という意味を持っています。

チームメンバーに質問を投げかけると、程度の差こそあれすぐに答えが返ってくるようになっているべきです。チームが同じ場所で仕事をしているのであれば、これはパーティションの上からのぞき込んだり、廊下で捕まえるくらい

---

*3　外部に対してチームは 1 つの意見でまとまっています。しかし内部では、堅牢で生き生きとした、健全な議論が必要です。優れた開発者は自らの仕事に対して情熱を持っているのです。

容易なことかもしれません。遠隔地で仕事している場合、メッセージングアプリやその他の電子的手段を使うことができるはずです。

質問をしたり状況を報告するのに1週間先のミーティングまで待たないといけないというのは、あまりにもスムーズさに欠けます*4。スムーズというのは、容易かつ、ミーティングのような儀式を介することなく、質問を投げかけたり、自らの進捗状況や問題、洞察、教訓を共有できたり、チームメートのやっていることを追いかけられるということを意味しているのです。

DRY 原則を守るために、気付きを維持するようにしてください。

チームにおける曳光弾

プロジェクトチームは、さまざまな領域にまたがった多くの異なるタスクを、各種のテクノロジーを駆使しながら達成していく必要があります。これには要求を理解し、アーキテクチャーを設計し、フロントエンドとサーバーのコードを記述し、テストするといったことすべてを実行することになります。しかしこれは、すべてのタスクを独立して、個別に実行するというよくある誤解につながっていきます。これらのタスクはすべてが関連し合っているのです。

方法論によっては、チーム内にさまざまな役割や肩書きを割り当てたり、独立した専任チームを作り出したりすることを奨励しています。しかし、このアプローチの問題は、「ゲート」と「引き渡し」が発生する点にあります。チームから配備に至る流れがスムーズにならず、人工的なゲートによって作業が一時的に停止するのです。次の工程／担当者に引き渡すところで受け取り待ちが、そして承認待ちが、さらには事務手続きで待ちが発生します。効率を重視する人たちであればこれを「無駄」と呼び、積極的にこういった無駄を排除しようとするはずです。

これらの役割やアクティビティーすべては実際のところ、同じ問題を別の角度から見たものであり、人工的に分割してしまうことで数多くの問題が引き起こされるのです。例を挙げると、コードを実際に使用するユーザーの観点から離れてしまったプログラマーは、現場というコンテキストを見落としてしまいがちになります。このため、十分な情報を用いて意思決定を行うことができな

*4 Andy はスクラムの日々のスタンドアップミーティングを毎週金曜日にしか実施していないチームに遭遇したことがあります。

くなるのです。

お勧めは、「12 曳光弾 (65 ページ)」を用いて個々の機能（最初は小さく、制約はあります）をエンドツーエンドでつなぎ、まずはシステム全体を動かすという手法です。これはつまり、フロントエンドからユーザーインターフェース／ユーザーエクスペリエンス、サーバー、DBA、品質保証（QA）に至るまでの、チーム内で実行されるすべてのスキルに慣れ親しみ、自由に駆使できる必要があることを意味しています。曳光弾というアプローチを採用することで非常に小さな単位で機能を迅速に実装し、チームがどれだけ正確に要求を理解して調達できたのかというフィードバックを迅速に得られるようになります。さらに、これによりチームとプロセスを迅速かつ容易に変更／チューンアップできる環境を生み出すことができます。

Tip 86　完璧に機能するチームを編成すること

コードをエンドツーエンドで構築でき、インクリメンタルかつイテレーティブ（反復的）に開発できるチームを編成してください。

自動化

整合性と正確性を確実にする素晴らしい方法は、チームが実行するすべてのことを自動化することです。エディターや IDE が自動的にコードのフォーマットを整えてくれるにもかかわらず、手作業でそれを行う必要はありません。継続的なビルドによって自動的にテストを実行できるにもかかわらず、手作業でそれを行う必要はありません。毎回同じかたち、かつ信頼性の高いかたちで自動的にデプロイできるにもかかわらず、手作業でそれを行う必要はないのです。

自動化はあらゆるプロジェクトチームが用意しておくべき必須の要素です。チーム内でツールの構築スキルを醸成し、プロジェクト開発や、製品の配備を自動化するツールの作成／配備を実行できるようにしておいてください。

絵画制作のやめ時を知る

チームは個人の集まりであることを忘れないようにしてください。メンバー各人に対して、自分自身の方法で能力を発揮できるようにお膳立てしてあげるのです。彼らをサポートする十分な体制を敷き、プロジェクトが価値をもたらせるよう保証するのです。その際には、「5 十分によいソフトウェア（14 ページ）」の画家のように、もう一筆描き加えたいという誘惑をこらえるようにしてください。

関連セクション

- 2 猫がソースコードを食べちゃった（4 ページ）
- 7 伝達しよう！（26 ページ）
- 12 曳光弾（65 ページ）
- 19 バージョン管理（107 ページ）
- 50 ココナツでは解決できない（346 ページ）
- 51 達人のスターターキット（351 ページ）

チャレンジ

- ソフトウェア開発の分野以外で成功したチームを色々見てみましょう。成功の鍵は何だったのでしょうか？ 彼らはこのセクションで解説してきたプロセスを使っているのでしょうか？
- 次のプロジェクトを開始する際、プロジェクトのブランディングをメンバーに納得してもらってください。また会社に対しては、そのブランディングに慣れる時間を与えた上で、チームの内外にどういった違いが生み出されたのかを簡単に評価してもらってください。
- 学校では「4 人で穴を掘ると 6 時間かかる場合、8 人でやればどれだけかかるか？」という問題をやった記憶があると思います。この問題を「4 人のプログラマーがアプリケーションを開発すると 6 カ月かかる場合、8 人のプログラマーでやればどれだけかかるか？」に変えた場合、現実的にどのような要因が答えを左右するでしょうか。実際に期間が短縮できるシナリオはいくつあるでしょうか？
- 『*The Mythical Man-Month*』[Bro96] を読んでください。そして同書を 2 冊購入すれば 2 倍の速度で読めるかどうかを考察してください。

50 ココナツでは解決できない

その島の原住民たちは飛行機というものを見たことがなく、外界の人間にも遭遇したことがありませんでした。しかし、ある日を境に異国人たちがやって来るようになり、一日中「滑走路」と呼ぶ道を使って鉄の鳥を飛ばし、土地を使う代償として驚くほど素晴らしい品物を島民たちにもたらすようになりました。こうした異国人らは戦争や争いといった言葉を口にしていましたが、ある日を境にして立ち去っていき、素晴らしい品々も島にもたらされなくなってしまいました。

島の住民たちは、素晴らしい品々を取り戻そうとし、飛行場や管制塔といった機材と瓜二つのものを、植物のつるやココナツの殻、椰子の葉といった現地の材料を使って再構築しました。しかし、あらゆるものを作り上げたにもかかわらず、鉄の鳥はなぜか帰ってきませんでした。彼らは中身を伴わない、形を真似ただけだったのです。人類学者はこれを「カーゴカルト」と呼んでいます。

我々もしばしば、この島の島民と同じ行動をとろうとします。

このカーゴカルトの罠に誘い込まれ、はまってしまうのは簡単です。目に映りやすい特徴に投資し、それを作成することで、何らかの魔法のような結果を呼び込めると期待してしまうのです。しかし、メラネシアのカーゴカルト[*5]における、ココナツの殻で作った偽の飛行場と同様に、本物の代替とはならないのです。

例を挙げると、我々はスクラムを採用していると主張しているチームを見たことがあります。しかしよく見てみると、彼らは日々のスタンドアップミーティングを週 1 回しか実施しておらず、最長 4 週間とされているスプリントはしばしば、6〜8 週間になっていました。彼らは、普及している「アジャイル」なスケジューリングツールを使っていたため、それで問題ないと感じていたのです。つまり、表面的な特徴に投資するだけで、そしてさらに「スタンドアップ」や「イテレーション」という名前がある種の魔法を具現化するものと考えていたのです。彼らが本当の魔法を起こせなかったのも当然のことです。

＊5　https://en.wikipedia.org/wiki/Cargo_cult を参照してください。

コンテキストが重要となる

あなたやチームはこういった罠に落ちたことがあるでしょうか？ なぜ特定の開発手法を使っているのか、自問したことはあるでしょうか？ また、特定のフレームワーク、特定のテスト技法についても考えてみてください。それは手元の作業にとって本当に適切なものなのでしょうか？ 実際に機能しているでしょうか？ それともインターネットでサクセスストーリーを見かけたために採用しただけなのでしょうか？

現在のトレンドに、SpotifyやNetflix、Stripe、GitLabといった成功した企業のポリシーやプロセスを採用するというものがあります。それぞれには、ソフトウェア開発とマネジメントについての独自の考え方があります。しかし、ここでコンテキストを考える必要があります。あなたは同じ制約条件と同じ機会、類似の専門性と組織規模、類似の管理形態、類似の文化を共有しているのでしょうか？ ユーザーベースは、そして要求はどうでしょうか？

こういった落とし穴に落ちてはいけません。何らかの特徴に目を奪われたり、表面的なもの、ポリシー、プロセス、手法を一致させるだけでは不十分なのです。

Tip 87 流行を追いかけるのではなく、効き目があるものごとを実行すること

では、「効き目があるものごと」をどのようにして見極めればよいのでしょうか？ 最も基本となる実践テクニックは次のようなものです。

試してみる。

小規模なチームや、複数のチームでアイデアのパイロット実行をしてください。効き目があったものごとを残し、それ以外のものは無駄やオーバーヘッドとして切り捨てるのです。あなたの組織の運用形態はSpotifyやNetflixと違っているという点、また彼らが業績を伸ばしていた際にはまだ現在のプロセスに従っていなかったという点から、あなたの組織を卑下する人などいないはずです。また数年先を見た場合、そうした組織は成熟するとともに、進路を変え、成長を続けるなか、まったく別のことを実践しているはずです。

それこそが成功する本当の秘訣なのです。

どんな状況にも適用できる万能の方策など存在しない

ソフトウェア開発方法論が存在する目的は、人々が力を合わせて働けるよう支援するというものです。「48 アジリティーの本質（332 ページ）」で解説したように、ソフトウェアを開発する際に従うことのできる単一のプランなどありません。「他の企業」が考え出したプランの場合は特にそれが言えます。

多くの認定プログラムは実際のところ、そういったプランにも劣ります。こういったものは、講習生がルールを憶え、それに従えるかどうかをベースにしています。しかし、あなたが望んでいるのはそんなものではないはずです。あなたに必要なのは、既存のルールを超越したものを見据え、長所として活用できる能力なのです。これは「…ところがスクラム／リーン／カンバン／ XP ／アジャイルでは、このように実践します…」といった話とはまったく異なるマインドセットなのです。

そうではなく、あらゆる方法論の良いところを抜き出して、利用できるように適合させるのです。どんな状況にも適用できる万能の方策など存在しておらず、今世の中にある方法論はそもそも万能とは言い難いため、普及している手法を 1 つ導入するというだけでは済まないのです。

例えばスクラムは、プロジェクトマネジメントのための複数のプラクティスを定義していますが、スクラム自体はチームの技術的側面や、リーダーシップ向けのポートフォリオ／ガバナンスを提供してくれません。では、どこから手をつければいいのでしょうか？

××のように行動する！

ソフトウェア開発のリーダーが「我々は Netflix（あるいはその他の先進企業）のように行動するべきだ」とメンバーに檄を飛ばしているのを何度も聞いたことがあります。そういった行動に出ることは「もちろん可能」です。

それにはまず、用意するものがあります。つまり、必要なのは数十万台のサーバーと数千万人のユーザーと……（以下略）

真のゴール

ゴールは「スクラムを実行する」や「アジャイルを実行する」「リーンを実

行する」といった類のものではもちろんありません。ゴールは、ユーザーから要求された新機能を、ちゃんと機能するソフトウェアとしてただちに調達できるようにするというところにあります。それも週単位、月単位、年単位ではなく「今」です。多くのチームや組織にとって、継続的デリバリー（CD）は究極の、達成できない理想的目標だと感じています。月単位や週単位で成果物を調達するというプロセスを前提としている場合には、特にそう感じられるはずです。しかしどのような目標であっても、重要なのは正しい方向に向けて舵を切り続けるということなのです。

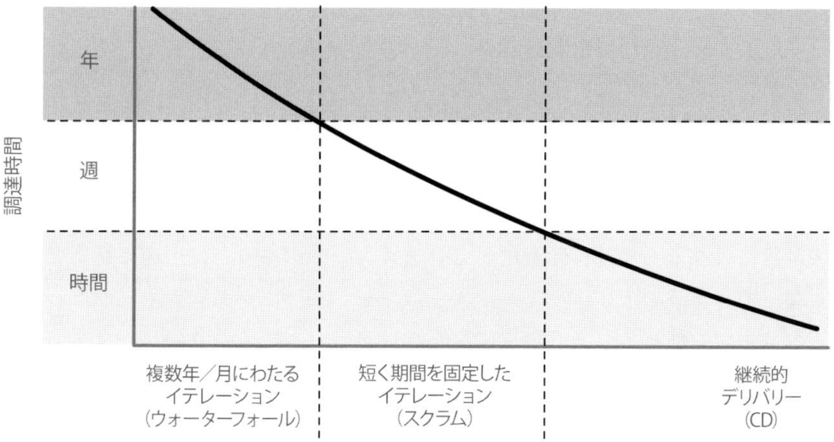

もしも年単位の調達を進めているのであれば、そのサイクルを月単位に縮めるようにしてください。月単位であれば週単位です。4週間のスプリントを実行しているのであれば、2週間にトライしてみてください。2週間であれば、1週間です。そして、1日単位にするのです。最後はオンデマンドです。オンデマンドで調達できるということは、毎日分単位で調達を強要されるという話ではありません。ユーザーが必要としたタイミングで調達する、あるいは業務上の必要性が出てきたタイミングで調達するということです。

Tip 88　ユーザーが必要としたタイミングで調達すること

継続的な開発スタイルに移行するには、次の「51 達人のスターターキット（351 ページ）」で解説しているような盤石のインフラが必要となります。バージョン管理システムのブランチ内ではなく、メイントランク内で開発を進め、「フィーチャートグル」といったテクニックを用いることで、ユーザーに対して選択的にテスト機能をロールアウトするのです。

いったんインフラが整ったのであれば、作業をどのように組織化するか決定する必要があります。初心者であれば、プロジェクト管理をスクラムで、技術的なプラクティスをエクストリームプログラミング（XP）で開始するのがよいかもしれません。より経験が豊富で規律だったチームであれば、チームやより規模の大きなガバナンスという問題に取り組んでいる、カンバンやリーンといったテクニックに目を向けるのもよいでしょう。

しかし、我々の言葉を真に受けないでください。まずは調査し、これらのアプローチが合っているかどうかを試してみるのです。注意深く実行するとともに、やり過ぎないようにもしてください。特定の方法論に対して過度に投資すると、代替策が見えなくなる可能性があります。慣れてしまうと、その他の手法が目に入り辛くなり、硬直化してしまえば、他のやり方に迅速に適応できなくなってしまうのです。

ココナツを使ってしまう結果にならないようにしてください。

関連セクション

- 12 曳光弾（65 ページ）
- 27 ヘッドライトを追い越そうとしない（159 ページ）
- 48 アジリティーの本質（332 ページ）
- 49 達人のチーム（338 ページ）
- 51 達人のスターターキット（351 ページ）

51 達人のスターターキット

文明は考えなしに実行できるいくつもの重要な活動によって拡張、進歩してきている。

▶アルフレッド・ノース・ホワイトヘッド

自動車時代の幕開けの頃、T 型フォードを始動する方法は手順書にして2ページ以上にわたるものでした。最近の車では単にボタンを押すだけで自動的に始動手順が実行されるため、間違いようもありません。また、昔は手順書に従って操作しても、点火プラグをかぶらせてしまうことがありましたが、自動化されたスターターだとそういう心配もありません。

ソフトウェア開発の世界は、依然としてT 型フォードの段階にあります。しかし、ある種の一般的な操作を実行するために2ページ以上にわたるマニュアルを何度も読むような余裕は、我々には残されていないのです。つまり、ビルドやリリース手続き、テスト、プロジェクトの事務作業といったプロジェクトで何度も発生する作業を自動化し、使用できるマシン上で繰り返せるようにしておく必要があります。

加えて、我々はプロジェクトの整合性と再現性を保証したいのです。手作業による手続きでは（特に担当者によって手続きの解釈が異なる場合）、整合性は運任せ、再現性も保証されないものとなってしまうのです。

我々は「達人プログラマー」の第1版でこのように書いた後、チームでのソフトウェア開発を支援するためにより多くの書籍を執筆したいと感じました。そして、方法論や言語、テクノロジーといったスタックに関係なく「すべてのチーム」が必要とする最も基本的で、最も重要なものからまず始めるべきだということを見出しました。その結果、「達人のスターターキット」というアイデアが生まれました。これは次の3つの重要かつ関連し合うトピックを網羅しています。

- バージョン管理
- 回帰テスト
- 完全な自動化

これらがあらゆるプロジェクトを支える3本柱です。では順に解説していきましょう。

バージョン管理を活用する

「19 バージョン管理 (107 ページ)」で述べたように、プロジェクトを進めていく上で必要となるすべてのものをバージョン管理の対象にしてください。この考え方はプロジェクト自体というコンテキストにおいてさらに重要なものとなります。

これによってまず、ハードウェア環境の構築が容易になります。オフィスの隅に転がっていて、誰も触ろうとしないようなマシン*6上に環境を構築するのではなく、クラウド内のスポットインスタンスとして、オンデマンドでビルドマシン（そして／またはクラスター）を構築するのです。また、デプロイ設定をバージョン管理下に置くことで、本番環境へのリリースは自動的に実行できるようになります。

そして、次が重要な部分です。プロジェクトレベルにおいて、バージョン管理によって、ビルド／リリースプロセスを駆動していくのです。

> **Tip 89**　バージョン管理によってビルド／テスト／リリースを駆動すること

つまり、バージョン管理に対するコミットやプッシュによってビルドやテスト、デプロイメントを実行し、クラウドのコンテナ上でビルドを実行するのです。ステージングや本番環境へのリリースはバージョン管理システムにおけるタグを使って指定します。これでリリースは儀式張ったものではなくなり、日々の生活に溶けこむようになるため、本番環境や開発者の作業環境の構築に縛られない真の継続的デリバリーが可能になるのです。

容赦ない継続的テスト

多くの開発者は、コードのどの部分が弱いかを知っており、無意識のうちにその部分を避けた「手ぬるいテスト」を行う傾向があります。達人プログラマーであれば、このような態度を避けなければいけません。「今」バグを見つ

*6　こういったマシンは思いの外、たくさんあるはずです。

けるためにテストをやっておけば、後でバグを見つけられて恥ずかしい思いをしなくても済むのです。

バグの洗い出しは網で魚を捕ることに似ています。小さな稚魚をつかまえるには細かく、小さい網（ユニットテスト）を使い、人喰い鮫をつかまえるには大きく目の粗い網（統合テスト）を使います。網にあいた穴から魚が逃げ出すことも時たまあります。その時は、プロジェクトの海を泳ぐつかみどころのない欠陥を、今後はより多くつかまえられるよう、その時見つかった穴をふさぐのです。

Tip 90 早めにテスト、何度もテスト、自動でテスト

コードができたらすぐにテストを始めます。小さな稚魚は大きな人喰い鮫へと急激に成長する意地悪い性質を持っており、人喰い鮫の捕獲はかなり難しいものとなります。このためユニットテストを記述するのです。それも大量のユニットテストをです。

実際のところ、優れたプロジェクトでは「成果物のコードよりも多くのテストコード」が存在します。こういったテストコードを作成する時間は、その努力に見合うだけの十分な価値をもたらします。長期的な観点に立った場合、テストコードの作成に時間をかけたとしても、最終的にコストは低く抑えられる上、欠陥がほとんどない製品を生み出せる機会も増すのです。

おまけにテストにパスしてきたという実績によって、「コードが完成している」という大きな自信につながっていくのです。

Tip 91 テストがすべて終わるまでコーディングは終わらない

自動化されたビルドは、用意しておいたすべてのテストを実行します。「リアルなテスト」を目指すことが重要です。つまり、テスト環境は本番環境にできる限り似たものにするということです。環境の隙間でバグが繁殖すると考えてください。

ビルドでは、ユニットテストや統合テスト、妥当性確認／検証テスティン

グ、パフォーマンステストといった複数のソフトウェアテスト分類を網羅する可能性があります。このリストは完全なものではなく、特殊なプロジェクトではさまざまなテスト分類が考えられますが、出発点として使えるはずです。

ユニットテスト

ユニットテストはモジュールの動作試験を行うコードです。この話題そのものは「**41 コードのためのテスト**（274 ページ）」で扱っています。ユニットテストは、このセクションで解説している他のテストすべての基礎となるものです。自分自身というパーツが動作しなければ、他のものと一緒にしても恐らく動作しないでしょう。このため、テストを前に進めていくためには、使用しているすべてのモジュールのユニットテストをすべて完了しておく必要があるのです。

すべての関連モジュールのユニットテストが完了した時点で、次の段階へと進む準備ができたことになります。そして、すべてのモジュールがどのように使用されているか、システム中でお互いがどのようにやり取りし合っているかをテストする段階に進めるわけです。

統合テスト

結合テストとは、プロジェクトを構成する主要なサブシステムそれぞれが互いにうまく動作しているかどうかを確認するものです。あるべきところに適切な契約があり、ちゃんとテストされていれば、統合テスト上の問題は簡単に検出できます。そうなっていない場合、統合まわりは、バグを生み出す肥沃な土地になります。実際、システムのバグを生み出す最大の源になる場合もしばしばあります。

本当のところ、統合テストは我々が解説してきたユニットテストの単なる延長線上にあるものです。ただ、サブシステム全体が契約をどのように守っているかというテストをしているだけなのです。

妥当性確認および検証

実行可能なユーザーインターフェースとプロトタイプができ上がった時点で、あなたは重要な問題すべてに答えなければなりません。あなたはユーザーが欲しているものを聞き出したはずですが、手元にあるものはユーザーが実際に欲しているものなのでしょうか？

それはシステムの機能的要求を満たしているのでしょうか？ その点についてもテストする必要があります。開発したシステムが見当違いの問題を解決するために作られていた場合、そのシステムからバグを排除したとしても使いものにはなりません。エンドユーザーのアクセスパターンと、開発者のテストデータがどう違っているのかについて意識してください（例えば115ページで取り上げた「ブラシでの描画」の話を参照してください）。

パフォーマンステスト

パフォーマンステスト、ストレステスト、負荷テストもプロジェクトの一面を見る重要なテストです。

ソフトウェアが実世界の条件下（想定されるユーザー数やコネクション数、1秒あたりのトランザクション数など）で要求通りのパフォーマンスを出せるかどうかを自問してください。また拡張性はどうでしょうか？

ある種のアプリケーションでは、特殊なテスト用ハードウェアや実際の負荷をシミュレートするためのソフトウェアを使用する必要もあるでしょう。

テストをテストする

「我々は完全なソフトウェアを作れない」という事実は、「完全なテストソフトウェアも作れない」ということを意味しています。このため、テスト自体もテストする必要があります。

我々のテスト手順一式を、バグを発見した際にアラームを鳴らす精巧なセキュリティシステムと考えてみてください。どのようにすれば、実際に侵入を試みずにこのセキュリティシステムをテストできるのでしょうか？

特定のバグを検出するためのテストを作ったのであれば、故意にバグを発生させてテストがそれを検出できるかどうかを確認してください。これによりバグが実際に発生した場合、それを捕捉できるかどうかを確認できます。

Tip 92　テストのテストをするには破壊工作を試みる

テストについて「真剣なまなざし」を向けているのであれば、ソースツリーから独立したブランチを作成し、意図的にバグを導入し、テストでそのバグを捕捉できるかどうかを確認してください。大きなレベルでは、サービスを混乱させて（つまり「kill」し）アプリケーションのレジリエンスをテストするために、Netflix の「Chaos Monkey」[*7]といったツールを使うことができます。

テストを記述する場合、アラーム音が鳴り響くようにしておいてください。

徹底的なテスト

ある程度テストが正しく動作している自信がつき、作り込んだバグも検出できるようになった場合、何をもってテスト対象コードが十分に正しいと判断できるのでしょうか？

「できない」というのが短い答えです。さらに言えばできるようには絶対になりません。しかしそれを手助けしてくれる製品はあります。カバレージ分析ツールはテスト中のコードを監視し、コード中のどの行が実行され、どの行が実行されていないかを追跡してくれます。こういったツールは、テストがどの程度包括的であったかという概観を与えてくれるものですが、カバレージを 100 %にすること自体を目的にしてはいけません[*8]。

コード中のすべての行が実行されたとしても、それですべてが網羅されたわけではありません。重要なのは、プログラム中に存在する「状態の数」なのです。そして状態の数とコードの行数は同じものではありません。例えば、以下のような関数があり、それぞれの引数は 0 から 999 の値を取り得ると考えてください。

```
int test(int a, int b) {
  return a / (a + b);
}
```

このたった 3 行の関数には、理論的に 1,000,000 個の論理的な状態が存在し、そのうちの 999,999 個の状態では正しく動作し、残るたった 1 つの状態（`a + b` が 0 の場合）では正しく動作しないのです。コード中に存在するこの行を実行したという事実だけを確認したとしても、それで終わりというわけに

*7　https://netflix.github.io/chaosmonkey

*8　テストのカバレージと欠陥の相関関係についての興味深い研究については、[ADSS18] を参照してください。

はいきません。つまり、プログラムが取り得るすべての状態を認識しなければならないのです。残念ながら、これは一般的にはとてつもなく難しい問題です。こういった問題を1つずつ解決していたら、テストが終わる前に太陽は氷の固まりに変わってしまっているはずです。

Tip 93 コードのカバレージではなく、状態のカバレージをテストすること

プロパティーベースのテスト

コードが、予期していない状態をどの程度うまく取り扱えているのかを調べるには、コンピューターにそういった状態を生成させるのがよいでしょう。

「プロパティーベースのテスト」テクニックを使って、テスト対象のコードの契約と不変性に関するテストデータを生成させるのです。この話題については「42 プロパティーベースのテスト (287ページ)」で解説しています。

網の目を細かくする

最後にテストで最も重要なコンセプトを明かしましょう。それは明確なもので、すべての教科書でこのようにすることを実質的に推奨しているものです。しかしどういった理由からか、大半のプロジェクトではそれが実行されていません。

バグが既存のテストの網の目をくぐり抜けたのであれば、次回にはそれを捕まえることのできる新たなテストを追加する必要があるのです。

Tip 94 同種のバグを一度に見つけること

テスト担当者がバグを見つけた場合、今後はもうそのバグ自体を人間が見つけることのないようにしなければなりません。バグ発見時以降、どのような場合であっても例外なく、どんなに些細なものであっても、どれだけ開発者が「いや、こんな事はもう二度と起こりません」と訴えたとしても、自動化されたテストのチェック内容を修正して、その特定のバグを検出できるようにする

べきなのです。

その理由は、同じことが再び起こるためです。しかも、我々には自動化されたテストで見つけられるようなバグを追いかけている暇などないのです。我々は新たなコードを（そして新たなバグを）作らないといけないのですから。

完全な自動化

このセクションでも述べているように、近代的な開発はスクリプトによる自動化された手続きに依存しています。シェルスクリプトに rsync や ssh を組み合わせたような簡単なものを使っているか、Ansible や Puppet、Chef、Salt といった多機能なソリューションを使っているかに関係なく、手作業での介入に頼らないようにしてください。

すべての開発者が同じ IDE を使用している顧客の現場で作業していた時の話です。このシステムの管理者は IDE にアドオンするパッケージのインストール手順書を開発者全員に配っていました。この手順書はかなり分厚いものであり、ここでクリック、そこでスクロール、これをドラッグ、あれをダブルクリック、それをもう一度といった表現で一杯でした。

開発担当者のコンピュータが少しずつ異なった環境設定になっているのは、そんなに珍しいことではありません。このため、同じコードであっても異なった開発担当者が実行すると、アプリケーションの振る舞いに些細な違いが発生するのです。あるコンピュータではバグが現れ、別のコンピュータではバグが再現できません。あるコンポーネントのバージョン調査を行うと驚くべき事実が発覚するのが通例なのです。

Tip 95　手作業を排除する

人間はコンピュータのような繰り返し作業が得意ではありません。それが得意だと期待することも間違っています。一方、シェルスクリプトやバッチファイルは、同じ命令を同じ順序で何度も実行できます。またそれをソースコード管理下に置くこともできるため、そういった手続きに対する変更履歴（「あの時は動いたはずなのに……」）を調べることもできるのです。

すべては自動化に依存します。ビルドを完全に自動化していない限り、無名のクラウドサーバー上でプロジェクトをビルドすることなどできません。手作業が介入する場合、自動的にデプロイすることもできません。そして、いったん手作業を導入すると（一部だけであっても……）、それは大きな窓を壊したことになるのです*9。

バージョン管理と容赦ないテスト、完全な自動化という3本柱を活用することで、あなたのプロジェクトは必要となる土台を手に入れることができるため、あなた自身はユーザーを喜ばせるという難しい仕事に注力できるようになるのです。

関連セクション

- 11　可逆性（60ページ）
- 12　曳光弾（65ページ）
- 17　貝殻（シェル）遊び（99ページ）
- 19　バージョン管理（107ページ）
- 41　コードのためのテスト（274ページ）
- 49　達人のチーム（338ページ）
- 50　ココナツでは解決できない（346ページ）

チャレンジ

- 夜間ビルドや継続的なビルドを自動化しているにもかかわらず、本番環境への配備を自動化していないのですか？ だとしたら、それはなぜでしょうか？ サーバー側で特殊な条件があるのでしょうか？
- 現在のプロジェクトのテストを完璧に自動化できるでしょうか？ 多くのチームは「ノー」と答えるはずです。それはなぜでしょうか？ 受け入れ可能な結果の定義があまりにも難しいのでしょうか？ そうであれば、プロジェクトの「完了」をスポンサーに納得してもらうのは難しいのではないでしょうか？
- GUIと独立したかたちでアプリケーションのロジックをテストすることは難しいのでしょうか？ その場合、GUIはどういった意味を持っているのでしょうか？ 結合についてはどうでしょうか？

---

*9　「3 ソフトウェアのエントロピー（7ページ）」のことは常に忘れてはいけません。常にです。

52 ユーザーを喜ばせる

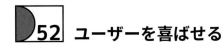

人を魅了しようという場合、あなたのゴールはお金を儲けでもなく、人を思い通りに動かすことでもない。彼らを大きな喜びで満たすことだ。
▶ガイ・カワサキ

開発者としての我々の目標は、「ユーザーを喜ばせる」ことです。それこそが我々の存在理由なのです。ユーザーのデータをマイニングできるようにしたり、ユーザー数を数えたり、ユーザーの財布の紐を緩めることではありません。邪悪な目標はさておいて、ちゃんと動作するソフトウェアを締め切りまでに納品するというだけでは十分とは言えません。それだけではユーザーは喜んでくれないのです。

ユーザーは、コード自体に動機を持っているわけではありません。彼らは自らの目的と予算というコンテキストのなかで、手元にある業務上の問題を解決したいと考えているのです。そして彼らは、あなたのチームと作業することで、それが実現できるという信念を持っているのです。

彼らの期待はソフトウェアとは何の関係もありません。それらはあなたに語られた仕様からも推測することはできません（というのも、仕様はあなたのチームが何度も磨き上げるまで不完全なものであるためです）。

では、彼らの期待はどのようにすれば発掘できるのでしょうか？　このための簡単な質問があります。

> プロジェクト完了後の 1 カ月（あるいは 1 年でも）が心安らかなものであったことを、どのようにすれば判断できるでしょうか？

その答えは驚くべきものかもしれません。関連製品のお勧め機能を改善するプロジェクトが、実際には顧客維持という観点で評価されたり、2 つのデータベースを統合するプロジェクトが、実際にはデータの品質やコスト削減度合いで評価されるかもしれません。しかし、こういった業務価値の期待はソフトウェアプロジェクト自体のみに向けられているわけではありません。ソフトウェアは目標を達成するための手段でしかないのです。

今ここで、プロジェクトの背後にある期待を洗い出したのであれば、その期待に応える方法について考え始めることができるはずです。

- チームの全員がこういった期待について完全に認識しているかどうかを確認する。
- 意思決定の際、どの選択肢が期待に最も沿うのかを考える。
- 期待という観点からユーザーの要求に批判的な目を向ける。我々の過去のプロジェクト経験を振り返ってみると、多くのユーザーが提示した「要求」は、実際のところ単にテクノロジーによって実現できると類推されたものごとでしかありませんでした。つまり、要求文書として体裁を整えたアマチュアの実装計画でしかなかったのです。このため、プロジェクトを本来の目的に近づけられると示せるのであれば、躊躇することなく要求を変えるような示唆をするようにしてください。
- プロジェクトの進展とともにこういった期待について考え続ける。

我々の経験では、業務領域の知識が増えるとともに、根本となる業務上の問題に取り組めるような示唆ができるようになっていきます。組織内のさまざまな部門の観点に接してきた開発者であれば、個々の部門だけでは明らかにできなかった業務上のものごとを紡ぎ合わせる方法が見えてくる場合もしばしばあるのです。

Tip 96 単にコードを調達するのではなく、ユーザーを喜ばせる

クライアントを喜ばせたいのであれば、問題解決を積極的に支援できるように彼らとの関係を培ってください。あなたの肩書きは「ソフトウェア開発者」や「ソフトウェアエンジニア」といったものかもしれませんが、実際は「問題の解決者」であるべきなのです。それが我々のやることであり、達人プログラマーの本質というわけです。

我々は問題を解決するのです。

関連セクション

- 12 曳光弾 (65 ページ)
- 13 プロトタイプとポストイット (72 ページ)
- 45 要求の落とし穴 (313 ページ)

53 自負と偏見

あなたは長い間私を喜ばせてきてくれました。
▶ジェーン・オースティン、高慢と偏見

達人プログラマーは責任逃れを潔しとしません。代わりにチャレンジを受け入れること、技術を発揮することに喜びを感じます。我々が設計やコードに対して責任を持てるのであれば、我々自身の仕事に誇りを持てるはずです。

Tip 97　あなたの作品に署名すること

昔の職人たちは、自分たちの作品に誇りを持って署名していました。あなたもそうするべきです。

とは言うものの、プロジェクトチームというのは複数の人々で構成されているため、このルールは問題を引き起こす可能性があります。プロジェクトによっては、「コードの所有権」という考え方は皆が一致協力する上での障害になるのです。また、自らの責任範囲に固執したり、共通の基盤上での作業に難色を示す場合もあります。さらに、プロジェクト自体が島国根性のちっぽけな縄張り意識を持ってしまうような場合もあります。そして、あなたは自らのコードに対して傲慢になり、同僚と対立するかもしれません。

これは我々の進むべき道ではありません。他人に嫉妬して自らのコードを守ろうとしたりせず、また逆に他人のコードに対して敬意を払うようにしてください。黄金律（他人にやってもらいたいことを、まず他人に施せ）と開発者間で相互に尊重し合うことがこのティップスを機能させる上で必要不可欠なものなのです。

匿名性は、特にプロジェクトが大規模になると、だらしなさ、誤り、無精、まずいコードの温床となり得ます。そうなってしまうと、あなた自身は単なる歯車のひとつとなり、優れたコードとはまったく縁のない見えすいた言い訳と終わりのない進捗報告が続いていくことになるのです。

コードは所有される必要がありますが、個人が所有する必要はありません。

実際、Kent Beck の『エクストリームプログラミング』[*10]という方法論では、コードの共同所有を推奨しています（ただし匿名性の危険を回避するため、ペアプログラミングといったプラクティスの実践も同時に要求しています）。

我々は所有することによって誇りを持つべきなのです。「私はこれを記述した。そして、この仕事についてのすべての責任は私にある」と。成果物には、品質の証明としてあなたの署名が入っているべきなのです。あなたの名前をコード中に見出すことによって、みんな、それがきっちりと記述／テスト／ドキュメント化されたものであることを確認できるのです。それが本当のプロの仕事であり、プロによる成果物の証となるわけです。

それを生み出すプロフェッショナルが達人プログラマーなのです。

ここまで読んでいただき、ありがとうございました。

*10　http://www.extremeprogramming.org

あとがき

Postface

長い時間をかけて我々は自らの生活と自身を形作っていきます。このプロセスは死ぬまで終わりません。そして、そこでなされる選択が、詰まるところ我々の責任なのです。

▶エレノア・ルーズベルト

本書の第 1 版が出版されるまでの 20 年間で、我々はコンピューターが付加的な興味の対象からビジネスに必須のツールへと進化する過程を支えてきました。そして、その後の 20 年間でソフトウェアは、単なるビジネスのツールだけでなく、世界を動かす存在にまで成長しました。しかし、そのことは我々にとってどのような意味を持っているのでしょうか？

『*The Mythical Man-Month*』[Bro96] において、著者の Fred Brooks は「プログラマーは詩人と同様に、純粋な思考からほんの少ししか離れていないところで仕事をする。そして何も無い空中に想像力を駆使して城を築き上げる」と記しています。我々は真っ白なページから始め、創造できるものは何でも生み出すことができるのです。そして、我々が作り上げたものは、世界を変える力を持っているのです。

革命の準備を整える上で力を発揮する Twitter に始まり、自動車に搭載されたスリップ防止用車載コンピューターや、日々の予定を一々記憶しておかなくても済むようにしてくれるスマートフォンに至るまで、プログラムは至るところに存在しています。我々の想像力はどのようなところにも発揮できるのです。

我々開発者は、驚くほど恵まれた立場にあります。未来をこの手で作り出すことができるのです。これは桁外れの力です。そして、この力には非常に大きな責任がついてきます。

こういったことをどれだけの頻度で立ち止まって考えるのでしょうか？　我々自身の間で、そしてより多くの人々の間で、その意味についてどれだけ頻繁に議論するのでしょうか？

組み込みデバイスは、ノートPCやデスクトップPC、データセンターで用いられているコンピューターとは比べものにならないくらい多くのコンピューターを使用しています。このようなかたちで組み込まれているコンピューターは、発電所から自動車、医療機器に至るまでの、人の命を預かるシステムでもしばしば用いられています。さらに、単純なセントラルヒーティング制御システムや家庭用電気機器でも設計や実装が貧弱である場合、人の命を奪いかねません。こういったデバイスを開発する場合、大きな責任がのしかかってくるのです。

非組み込みシステムの多くは大きなメリットとともに大きなデメリットをもたらし得ます。ソーシャルメディアは平和的な革命とともに、醜いヘイトを促し得ます。ビッグデータはショッピングを手軽なものにしてくれますが、これだけは誰も知らないと思っていた自らのプライバシーを丸裸にする可能性があります。銀行システムは人生を左右するローンの決定を可能にします。しかし、あらゆる他のシステムと同様に、そのユーザーのことを盗み見るためにも使用できるのです。

我々はユートピアのような未来の可能性と、意図しない結果によって導き出される悪夢のようなディストピアの例を見てきています。これら2つの違いは、思っているよりも些細なのかもしれません。そして、その違いはすべて、あなたの手に握られているのです。

教訓の羅針盤

意図しない結果を招かないようにするには、注意を払うことです。我々の行動は直接、人に影響を与えます。もはや、ガレージで組み立てられた8ビットCPU上で動作するホビープログラムではなく、データセンター内のメインフレーム上や、デスクトップPC上で他の環境から独立して実行されるビジネスプロセスでもありません。我々のソフトウェアは、現代生活を支える骨組みを生み出しているのです。

我々は開発するコードごとに、次の2つの質問に答える義務があります。

1. 私はユーザーを守っているか？
2. 自分でもこれを使用する気になるだろうか？

最初に「このコードがユーザーに害を為さないよう、自分はベストを尽くしただろうか？」と自問してください。ベビーモニターにセキュリティパッチを適用しただろうか？ セントラルヒーターの自動サーモスタットが故障しても、マニュアルでの制御が可能になるようにしただろうか？ 必要なデータだけを格納し、個人情報はすべて暗号化しただろうか？

完璧な人などいません。誰もが時々失敗をしでかします。しかし、あらゆる結末すべてを挙げ、そういった結末からユーザーを確実に守ろうとしたと心の底から言い切れないのであれば、何かが起こった場合に責任を追求されることになります。

Tip 98 とにかく、害をなさないようにすること

次に、黄金律に関する判断のための質問があります。自らがこのソフトウェアのユーザーになった場合、ハッピーだろうか？ 私は個人情報を提供したいと感じるだろうか？ 私は自らの行動を小売店に提供したいと思うだろうか？ この自動運転車に乗りたいと思うだろうか？ 私はこれを使って快適なのだろうか？

ある種の斬新なアイデアは、倫理的な境界を越えるようになりますが、そのプロジェクトに参加しているのであれば、スポンサーと同等の責任が課されるようになるのです。どれだけスポンサーから距離を置いていたとしても、たったひとつのルールだけは残り続けます。それは次のルールです。

Tip 99 極悪なことを実行できるようにしない

自らの未来をイメージする

これはあなた次第です。次の 20 年、そしてそれ以降を創造するための純粋な思考を生み出すのは、あなたのイマジネーションであり、あなたの希望であ

り、あなたの関心なのです。

あなたはあなた自身の、そしてあなたの弟子たちの未来を作り出すのです。あなたの職務は、我々すべてがそこで過ごしたいと思うような未来を作ることです。この考え方に反することを実行している場合に、それに気付き、「ノー！」と叫ぶ勇気を持ってください。我々が作り上げることのできる未来を夢見て、それを生み出す勇気を持つのです。日々、何も無い空中に城を築き上げていくのです。

これで我々すべては、素晴らしい人生を送ることになるのです。

Tip 100	これはあなたの人生だ。皆と共有し、祝福し、生み出していくこと。そして思いっきり楽しむこと！

参考文献

Bibliography

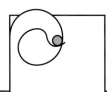

[ADSS18] Vard Antinyan, Jesper Derehag, Anna Sandberg, and Miroslaw Staron. Mythical Unit Test Coverage. *IEEE Software*. 35:73-79, 2018.

[And10] Jackie Andrade. What does doodling do? *Applied Cognitive Psychology*. 24(1):100-106, 2010, January.

[Arm07] Joe Armstrong. *Programming Erlang: Software for a Concurrent World*. The Pragmatic Bookshelf, Raleigh, NC, 2007. [榊原一矢 訳, プログラミング Erlang, オーム社, 2008]

[BR89] Albert J. Bernstein and Sydney Craft Rozen. *Dinosaur Brains: Dealing with All Those Impossible People at Work*. John Wiley & Sons, New York, NY, 1989. [今泉佐枝子 訳, ディノザウルス脳考現学 — エクセレントビジネスマンへの手ほどき, オーム社, 1991]

[Bro96] Frederick P. Brooks, Jr. *The Mythical Man-Month: Essays on Software Engineering*. Addison-Wesley, Reading, MA, Anniversary, 1996. [滝沢徹・牧野祐子・富澤昇 訳, 人月の神話, 丸善出版, 2014]

[CN91] Brad J. Cox and Andrew J. Novobilski. *Object-Oriented Programming: An Evolutionary Approach*. Addison-Wesley, Reading, MA, Second, 1991. [松本正雄 訳, オブジェクト指向のプログラミング — ソフトウエア再利用の新しい方法, トッパン, 1992]

[Con68] Melvin E. Conway. How do Committees Invent? Datamation. 14(5):28-31, 1968, April.

[de 98] Gavin de Becker. *The Gift of Fear: And Other Survival Signals That Protect Us from Violence*. Dell Publishing, New York City, 1998.

[DL13] Tom DeMacro and Tim Lister. *Peopleware: Productive Projects and Teams*. Addison-Wesley, Boston, MA, Third, 2013. [松原友夫・山浦恒央・長尾高弘 訳, ピープルウエア — ヤル気こそプロジェクト成功の鍵, 第 3 版, 日経 BP 社, 2013]

[Fow00] Martin Fowler. UML Distilled: *A Brief Guide to the Standard Object Modeling Language*. Addison-Wesley, Boston, MA, Second, 2000. [羽生田栄一 監訳, UML モデリングのエッセンス — 標準オブジェクトモデリング言語入門, 第 2 版, 翔泳社, 2000]

[Fow04] Martin Fowler. UML Distilled: *A Brief Guide to the Standard Object Modeling Language*. Addison-Wesley, Boston, MA, Third, 2004. [羽生

田栄一 監訳, UML モデリングのエッセンス — 標準オブジェクトモデリング言語入門, 第 3 版, 翔泳社, 2005]

[Fow19] Martin Fowler. *Refactoring: Improving the Design of Existing Code.* Addison-Wesley, Boston, MA, Second, 2019. [児玉公信・友野晶夫・平澤章・梅澤真史 訳, リファクタリング — 既存のコードを安全に改善する, 第 2 版, オーム社, 2019]

[GHJV95] Erich Gamma, Richard Helm, Ralph Johnson, and John Vlissides. *Design Patterns: Elements of Reusable Object-Oriented Software.* Addison-Wesley, Reading, MA, 1995. [本位田真一・吉田和樹 訳, オブジェクト指向における再利用のためのデザインパターン, ソフトバンククリエイティブ, 1999]

[Hol92] Michael Holt. *Math Puzzles & Games.* Dorset House, New York, NY, 1992.

[Hun08] Andy Hunt. *Pragmatic Thinking and Learning: Refactor Your Wetware.* The Pragmatic Bookshelf, Raleigh, NC, 2008. [武舎広幸・武舎るみ 訳, リファクタリング・ウェットウェア — 達人プログラマーの思考法と学習法, オライリー・ジャパン, 2009]

[Joi94] T.E. Joiner. Contagious depression: Existence, specificity to depressed symptoms, and the role of reassurance seeking. *Journal of Personality and Social Psychology.* 67(2):287–296, 1994, August.

[Knu11] Donald E. Knuth. *The Art of Computer Programming, Volume 4A: Combinatorial Algorithms, Part 1.* Addison-Wesley, Boston, MA, 2011. [有澤誠・和田英一 監訳, 筧一彦・小出洋 訳, The Art of Computer Programming Volume 4A: Combinatorial Algorithms Part 1 日本語版, アスキードワンゴ, 2017]

[Knu98] Donald E. Knuth. *The Art of Computer Programming, Volume 1: Fundamental Algorithms.* Addison-Wesley, Reading, MA, Third, 1998. [有澤誠・和田英一 監訳, 青木孝・筧一彦・鈴木健一・長尾高弘 訳, The Art of Computer Programming Volume 1: Fundamental Algorithms, Third Edition 日本語版, アスキードワンゴ, 2015]

[Knu98a] Donald E. Knuth. *The Art of Computer Programming, Volume 2: Seminumerical Algorithms.* Addison-Wesley, Reading, MA, Third, 1998. [有澤誠・和田英一 監訳, 斎藤博昭・長尾高弘・松井祥悟・松井孝雄・山内斉 訳, The Art of Computer Programming Volume 2: Seminumerical Algorithms Third Edition 日本語版, アスキードワンゴ, 2015]

[Knu98b] Donald E. Knuth. *The Art of Computer Programming, Volume 3: Sorting and Searching.* Addison-Wesley, Reading, MA, Second, 1998. [有澤誠・和田英一 監訳, 石井裕一郎・伊知地宏・小出洋・高岡詠子・田中久美子・長尾高弘 訳, The Art of Computer Programming Volume 3: Sorting and Searching Second Edition 日本語版, アスキードワンゴ, 2015]

[KP99] Brian W. Kernighan and Rob Pike. *The Practice of Programming.* Addison-Wesley, Reading, MA, 1999. [福崎俊博 訳, プログラミング作法, アスキー, 2000]

[Mey97] Bertrand Meyer. *Object-Oriented Software Construction.* Prentice Hall, Upper Saddle River, NJ, Second, 1997. [酒匂寛 訳, オブジェクト指向入門 第 2 版 — 原則・コンセプト, 翔泳社, 2007] [酒匂寛 訳, オブジェクト指向入門 第 2 版 — 原則・コンセプト, 翔泳社, 2008]

[Mul18] Jerry Z. Muller. *The Tyranny of Metrics.* Princeton University Press, Princeton NJ, 2018.

[SF13] Robert Sedgewick and Phillipe Flajolet. *An Introduction to the Analysis of Algorithms.* Addison-Wesley, Boston, MA, Second, 2013.

[Str35] James Ridley Stroop. *Studies of Interference in Serial Verbal Reactions.* Journal of Experimental Psychology. 18:643–662, 1935.

[SW11] Robert Sedgewick and Kevin Wayne. *Algorithms.* Addison-Wesley, Boston, MA, Fourth, 2011.

[Tal10] Nassim Nicholas Taleb. *The Black Swan: Second Edition: The Impact of the Highly Improbable.* Random House, New York, NY, Second, 2010. [望月衛 訳, ブラック・スワン [上][下] — 不確実性とリスクの本質, ダイヤモンド社, 2009]

[WH82] James Q. Wilson and George Helling. The police and neighborhood safety. *The Atlantic Monthly.* 249[3]:29–38, 1982, March.

[YC79] Edward Yourdon and Larry L. Constantine. *Structured Design: Fundamentals of a Discipline of Computer Program and Systems Design.* Prentice Hall, Englewood Cliffs, NJ, 1979.

[You95] Edward Yourdon. When good-enough software is best. *IEEE Software.* 1995, May.

演習問題の回答（例）

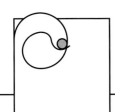

Possible Answers to the Exercises

私は、疑問を持てない答えよりも、答えられない疑問を選ぶ。
▶リチャード・ファインマン

問題 1 （問題は 59 ページ）

直交性という観点では Split2 に軍配が上がります。このクラス定義は行の分割という自らの作業に専念しており、その行の出自といった詳細を無視しています。これによってコードの開発が容易になるとともに、柔軟性が向上します。Split2 は他のルーチンで作成されたファイルや、環境から引き渡されたファイルから読み込んだ行にも対応できるのです。

問題 2 （問題は 60 ページ）

まず、大事なことを述べておきます。どのような言語を使っても直交性に優れたコードは記述できます。それと同時に、すべての言語に存在する魅力的な機能は、結合度を高めたり、直交性を低下させるような使い方もできるようになっています。

オブジェクト指向言語では、多重継承や例外、演算子のオーバーロード、親メソッドのオーバーライド（サブクラス化による）といった機能によって、分かりにくいかたちで結合度を高める可能性が生み出されます。また、クラスはコードとデータを結合している点で、ある種の結合度を高めています。これは通常の場合、よいことと言えます（よい結合のことを凝集と呼びます）。しかし、クラス設計時に熟慮が足りない場合、極めて醜いインターフェースが生み出されてしまいます。

関数型言語の場合、小さな、結合度の低い関数を大量に記述し、さまざまな方法で組み合わせて問題を解決する方法が奨励されています。この考え方は、理論的上は優れており、現実的にもしばしば有益です。しかし、ここでもある種の結合が生み出されるのです。こういった関数は通常の場合、データに対して何らかの操作を加えます。これは、ある関数の戻り値が他の関数の入力となることを意味しています。つまり、ある関数が作り出すデータの形式に変更を加える場合、十分な検討をしなければ、その関数に依存しているどこかの機能で破綻を来すわけです。ただこういった問題は、型システムに優れた言語であれば緩和できるはずです。

問題 3 （問題は 77 ページ）

ハイテクならぬローテクが助けになるでしょう！ホワイトボードにマーカーを使っていくつかの（自動車や電話、家の）イラストを書いてください。芸術性は必要ありません。輪郭を書くだけで十分です。そして、リンク先ページの内容を記述したポストイットノートをクリッカブルエリアに貼り付けてください。会議の進行に従って、イラストとポストイットノートの位置を修正していけばいいのです。

問題 4 （問題は 83 ページ）

拡張可能な言語にするために、パーサーをテーブル駆動にしてみましょう。テーブル上の各エントリーにはコマンド文字と、引数があるかどうかというフラグ、その特定コマンドを処理するためのルーチンの名前を格納します。

code/lang/turtle.c

```
typedef struct {
  char  cmd;                /* the command letter */
  int hasArg;               /* does it take an argument */
  void (*func)(int, int); /* routine to call */
} Command;

static Command cmds[] = {
  { 'P',  ARG,     doSelectPen },
  { 'U',  NO_ARG,  doPenUp },
  { 'D',  NO_ARG,  doPenDown },
  { 'N',  ARG,     doPenDir },
  { 'E',  ARG,     doPenDir },
  { 'S',  ARG,     doPenDir },
  { 'W',  ARG,     doPenDir }
};
```

メインプログラムは、行を読み込み、コマンドを検索し、必要であれば引数を読み込んで、関数を呼び出すという極めてシンプルなものになります。

code/lang/turtle.c

```
  while (fgets(buff, sizeof(buff), stdin)) {

    Command *cmd = findCommand(*buff);

    if (cmd) {
      int   arg = 0;

      if (cmd->hasArg && !getArg(buff+1, &arg)) {
        fprintf(stderr, "'%c' needs an argument\n", *buff);
        continue;
      }

      cmd->func(*buff, arg);
    }
  }
```

コマンドを検索する関数は、マッチしたエントリーが見つけるか、NULL に遭遇するまでテーブル内を順次検索することで実現できます。

code/lang/turtle.c

```
Command *findCommand(int cmd) {
  int i;

  for (i = 0; i < ARRAY_SIZE(cmds); i++) {
    if (cmds[i].cmd == cmd)
      return cmds + i;
  }

  fprintf(stderr, "Unknown command '%c'\n", cmd);
  return 0;
}
```

最後に、引数の入力は「sscanf」を用いれば簡単に実現できます。

code/lang/turtle.c

```
int getArg(const char *buff, int *result) {
  return sscanf(buff, "%d", result) == 1;
```

```
}
```

問題 5 （問題は 84 ページ）

実際のところ、この問題の答えは既に前述の演習問題で解決されています。外部ドメイン言語として記述したインタープリターには内部インタープリターが含まれているのです。サンプルコードにある「doXxx」関数がそれに当たります。

問題 6 （問題は 84 ページ）

BNF を使用した時間表記の定義は次のようになります。

$$
\begin{aligned}
time &::= hour\ \ ampm \mid hour : minute\ \ ampm \mid hour : minute \\
ampm &::= \texttt{am} \mid \texttt{pm} \\
hour &::= digit \mid digit\ \ digit \\
minute &::= digit\ \ digit \\
digit &::= \texttt{0} \mid \texttt{1} \mid \texttt{2} \mid \texttt{3} \mid \texttt{4} \mid \texttt{5} \mid \texttt{6} \mid \texttt{7} \mid \texttt{8} \mid \texttt{9}
\end{aligned}
$$

hour（時間）は 00〜23、*minute*（分）は 00〜59 に限定されているため、次のような定義も可能です。

$$
\begin{aligned}
hour &::= h\text{-}tens\ \ digit \mid digit \\
minute &::= m\text{-}tens\ \ digit \\
h\text{-}tens &::= \texttt{0} \mid \texttt{1} \\
m\text{-}tens &::= \texttt{0} \mid \texttt{1} \mid \texttt{2} \mid \texttt{3} \mid \texttt{4} \mid \texttt{5} \\
digit &::= \texttt{0} \mid \texttt{1} \mid \texttt{2} \mid \texttt{3} \mid \texttt{4} \mid \texttt{5} \mid \texttt{6} \mid \texttt{7} \mid \texttt{8} \mid \texttt{9}
\end{aligned}
$$

問題 7 （問題は 84 ページ）

以下は、JavaScript ライブラリーの「Pegjs」を使用して記述したパーサーです。

code/lang/peg_parser/time_parser.pegjs

```
time
  = h:hour offset:ampm              { return h + offset }
  / h:hour ":" m:minute offset:ampm { return h + m + offset }
  / h:hour ":" m:minute             { return h + m }

ampm
  = "am" { return 0 }
  / "pm" { return 12*60 }

hour
  = h:two_hour_digits { return h*60 }
  / h:digit           { return h*60 }

minute
  = d1:[0-5] d2:[0-9] { return parseInt(d1+d2, 10); }

digit
  = digit:[0-9] { return parseInt(digit, 10); }

two_hour_digits
  = d1:[01] d2:[0-9 ] { return parseInt(d1+d2, 10); }
  / d1:[2]  d2:[0-3]  { return parseInt(d1+d2, 10); }
```

テストは以下のようになります。

code/lang/peg_parser/test_time_parser.js

```
let test = require('tape');
let time_parser = require('./time_parser.js');

// time    ::= hour ampm           |
//             hour : minute ampm  |
//             hour : minute
//
//  ampm   ::= am | pm
//
//  hour   ::= digit | digit digit
//
//  minute ::= digit digit
//
//  digit  ::= 0 |1 | 2 | 3 | 4 | 5 | 6 | 7 | 8 | 9


const h  = (val) => val*60;
const m  = (val) => val;
const am = (val) => val;
```

```
const pm = (val) => val + h(12);

let tests = {

  "1am": h(1),
  "1pm": pm(h(1)),

  "2:30": h(2) + m(30),
  "14:30": pm(h(2)) + m(30),
  "2:30pm": pm(h(2)) + m(30),

}

test('time parsing', function (t) {
    for (const string in tests) {
      let result = time_parser.parse(string)
      t.equal(result, tests[string], string);
    }
    t.end()
});
```

問題 8（問題は 84 ページ）

Ruby による回答例は以下のようになります。

code/lang/re_parser/time_parser.rb

```
TIME_RE = %r{
(?<digit>[0-9]){0}
(?<h_ten>[0-1]){0}
(?<m_ten>[0-6]){0}
(?<ampm> am | pm){0}
(?<hour>   (\g<h_ten> \g<digit>) | \g<digit>){0}
(?<minute> \g<m_ten>  \g<digit>){0}

\A(
    ( \g<hour> \g<ampm> )
  | ( \g<hour> : \g<minute> \g<ampm> )
  | ( \g<hour> : \g<minute> )
)\Z

}x

def parse_time(string)
  result = TIME_RE.match(string)
  if result
```

```
    result[:hour].to_i * 60 +
    (result[:minute] || "0").to_i +
    (result[:ampm] == "pm" ? 12*60 : 0)
  end
end
```

このコードは正規表現の定義部分で名前付きキャプチャーという小技を使い、実際のマッチ部分で部分パターンを参照しています。

問題 9 （問題は 91 ページ）

さまざまな仮定を表明しておく必要があります。

- 外部ストレージには転送する必要のある情報が書き込まれていること。
- 持っていく人の歩く速度が分かっていること。
- コンピュータ間の距離が分かっていること。
- 外部ストレージからの転送時間と転送速度は考慮しないものとする。
- データを格納する際のオーバーヘッドは、通信回線を経由してデータを送信する際のオーバーヘッドと概ね同じとする。

問題 10 （問題は 92 ページ）

上記の前提に従って計算してみます。1 テラバイトの外部ストレージのビット数は、 8×2^{40}、すなわち 2^{43} ビットであるため、1 Gbps の回線で同量の情報を送信するとなるとおよそ 9,000 秒、すなわち約 2 時間半になります。人が歩く速度を時速 4 km とした場合、2 台のコンピューターの間を歩いた場合の情報伝達速度と通信速度の違いが出る距離は、約 10 km となります。

問題 14 （問題は 141 ページ）

ここでは、事前条件と事後条件をコメントで記した、Java の関数シグネチャーとして記述しています。

最初はクラスの不変表明です。

```
/**
 * @invariant getSpeed() > 0
 *        implies isFull()             // Don't run empty
 *
 * @invariant getSpeed() >= 0 &&
 *        getSpeed() < 10              // Range check
 */
```

次に事前条件と事後条件です。

```
/**
  * @pre Math.abs(getSpeed() - x) <= 1 // Only change by one
  * @pre x >= 0 && x < 10              // Range check
  * @post getSpeed() == x              // Honor requested speed
  */
public void setSpeed(final int x)
```

問題 15　（問題は 142 ページ）

並び中には 21 個の数値があります。もし 20 だと思ったのであれば、あなたは境界条件の誤りを犯したことになります。

問題 16　（問題は 149 ページ）

- 1752 年 9 月は 19 日しかありませんでした。これは、グレゴリオ暦への改暦時に以前の暦体系で発生していたずれを補正するための措置でした。
- ディレクトリが他のプロセスによって削除された、読み込み権限がない、ドライブがマウントされていない——こんな事が起こり得ます。
- 実はわざと a と b の型を記述していませんでした。また、+ や=、!=演算子がオーバーロードされていた場合、予期できない振る舞いを見せるかもしれません。さらに a や b が同じ変数のエイリアスとなっていた場合、2 つ目の代入によって最初に格納していた値が上書きされてしまいます。そして、このプログラムが並列処理を前提としているものの、実装がそのことを考慮していなければ、a の値が加算時にアップデートされているかもしれません。

- 非ユークリッド平面における三角形の内角の和は 180 度にはなりません。球面上に描かれた三角形を考えてみてください。
- うるう秒の調整が行われた場合、1 分は 60 秒よりも長くなります。
- 言語によっては、数値がオーバーフローした場合、a+1 の結果が負の数になります。

問題 17 （問題は 159 ページ）

C や C++ のほとんどの実装では、ポインターが実際に有効なメモリーを参照しているかどうかを知る術がありません。よくある間違いとして、プログラム中でメモリーブロックを解放してしまった後で、その領域を参照してしまうというものがあります。その参照時点では、該当メモリーブロックが他の目的で再割り当てされているかもしれません。ポインターの値に NULL を設定しておくことで、そのプログラマーは「はぐれ参照」の発生を抑止しようとしているのです（ほとんどの場合、NULL への参照は実行時エラーを引き起こすのです）。

問題 18 （問題は 159 ページ）

参照を NULL にすれば、そのオブジェクトの参照カウントを 1 つ減らすことができます。このカウントがゼロになった時点で、該当オブジェクトはガーベッジコレクションの対象となります。つまり、参照を NULL にしておくことで、長い目で見た場合のメモリー利用量の増加が抑えられるため、長時間動作するプログラムでは大きな違いが生み出されるのです。

問題 19 （問題は 186 ページ）

簡単な実装は次のようになります。

code/event/strings_ex_1.rb

```
class FSM
  def initialize(transitions, initial_state)
```

```
    @transitions = transitions
    @state       = initial_state
  end
  def accept(event)
    @state, action = TRANSITIONS[@state][event] ||
                     TRANSITIONS[@state][:default]
  end
end
```

（この新しいFSMクラスを使用する更新コードを取得するには、このファイルをダウンロードしてください。）

問題 20 （問題は186ページ）

5分間で「ネットワークインターフェースの停止」が3回発生した場合…：この例では有限状態機械を用いた実装が「可能」に感じられますが、実際のところは少し難しいところがあります。イベントが1分目、4分目、7分目、8分目に到来した場合、4つ目のイベントで警告を発する必要があります。つまり有限状態機械は自らをリセットする仕掛けを備えていなければならないのです。こういった理由により、イベントストリームが優れた選択肢となります。bufferという名前のリアクティブ関数はsizeとoffsetというパラメーターによって、到来した3つのイベントをグループ化して制御を返せるようになります。このため、グループ内の最初と最後のイベントのタイムスタンプを見て、警告を発するかどうかを判断できるようになります。

日没後に、階段下の人感センサーが反応した後、階段上の人感センサーが反応した場合…：これはpubsubと有限状態機械の組み合わせを用いて実装することができるはずです。pubsubを用いて任意の有限状態機械にイベントを送り込み、その後有限状態機械によって何を実行するのかを決めることになります。

注文が完了した際に、各種レポートシステムに通知する。：これはpubsubを用いるのが最適となるはずです。ストリームが使えるのではないかと考えるかもしれませんが、その場合には該当システムもストリームベースで通知される必要があります。

…3つのバックエンドサービスに照会し、結果を…：これはストリームを使ってユーザーデータを取得する例とよく似たものとなるはずです。

問題 21 （問題は 200 ページ）

1. 注文に送料と税金を追加する。

```
ベースとなる注文 → 最終的な注文
```

通常のコードでは、送料を計算する関数と、税金を計算する関数を用意することになります。しかし、変換を用いて考えた場合、品物の情報のみを保持した注文を、送料や税金を保持した注文に変換することになります。

2. 特定の名前のファイルからアプリケーションの設定情報をロードする。

```
ファイル名 → 設定構造
```

3. ユーザーが Web アプリケーションにログインする。

```
ユーザー認証 → セッション
```

問題 22 （問題は 201 ページ）

高レベルの変換は次のようなものです。

```
文字列のフィールドコンテンツ
    → [検証 & 変換]
      → {:ok, 値} | {:error, 理由}
```

これは以下のように細分化できます。

```
文字列のフィールドコンテンツ
    → [文字列から整数への変換]
    → [値が18以上かどうかのチェック]
    → [値が150以下かどうかのチェック]
        → {:ok, value} | {:error, reason}
```

これは、エラーを取り扱うパイプラインがあることを前提にしています。

問題 23 （問題は 201 ページ）

まず 2 つ目の設問に答えます。我々は最初のコードのほうが優れていると考えています。

2 つ目のコードでは、各手順で次に呼び出す関数を実装したオブジェクトが返されます。content_of が返すオブジェクトは、find_matching_lines を実装していなければならず……というかたちです。

これは、content_of によって返されるオブジェクトがコードに結合しているということです。要求が変更され、#という文字で始まる行を無視しなければならなくなったと考えてください。以下の変換スタイルでは、簡単に対応できます。

```
const content     = File.read(file_name);
const no_comments = remove_comments(content)
const lines       = find_matching_lines(no_comments, pattern)
const result      = truncate_lines(lines)
```

これは remove_comments と find_matching_lines の順序を入れ替えたとしても動作します。

しかしチェーン化している場合、対応は非常に難しくなるはずです。remove_comments メソッドは、content_of が返すオブジェクト内に置くべきなのでしょうか、それとも find_matching_lines が返すオブジェクト内に置くべきなのでしょうか？　また、そのオブジェクトを変更した場合、どのコードが壊れることになるでしょうか？　このようなメソッドのチェーン化スタイルが「列車衝突事故」と呼ばれることもあるのは、こういった結合が生み出されるためです。

問題 24 （問題は 244 ページ）

イメージ処理：並列プロセスの負荷をシンプルなかたちでスケジューリングするのであれば、共通の作業用待ち行列を持つだけで十分でしょう。しかし、イメージ認識や複雑な 3D イメージ変換のように、結果がその他の部分に影響を与えるようなフィードバックを伴う場合、ホワイトボードシステムを考慮するとうまくいく場合があります。

グループのスケジュール管理：これには、ホワイトボードシステムがうまく適合するでしょう。これにより、会議のスケジュールと予約状況をホワイトボードに書き込めるようになります。そうするだけで重要決定事項のフィードバックが行え、関係者が自由に参加できる、自発的な機能を手に入れたことになるのです。

こういったホワイトボードシステムを、使用者層によって分類（つまり、若年スタッフは身近なオフィスのみ、人事は英語を使用している世界各地の事務所、社長はすべてを見通したいといった具合に）することもできます。

またデータ形式についても柔軟性を持たせることができます。理解できない言語やフォーマットの情報を無視することができるのです。異なった形式を理解するというのは、そういった形式を使うオフィスと会議の場を持つ時だけであって、すべての形式を完全に包含した形で参加者全員に公開する必要はありません。これにより何ら束縛を受けることなく、必要に応じて結合度を下げることができます。

ネットワーク監視ツール：これは住宅ローン/借金アプリケーションのプログラム（241 ページ）と非常によく似ています。ユーザーからのトラブル報告や自動的に生成された統計報告は、すべてホワイトボードから入手できます。ネットワーク障害を診断するには、人手やソフトウェアエージェントを使ってホワイトボードを分析します。回線上で数件だけ障害が発生した場合は宇宙線の影響かもしれませんが、20,000 件の障害が発生した場合はハードウェアに起因する可能性があります。殺人事件を捜査する刑事のように、ネットワーク障害の解決に向けて複数の証拠を分析し、さまざまな推理を行うことができるようになるのです。

問題 25　（問題は 259 ページ）

キーバリューペアのリストは一般的に、キーがユニークであるという前提を置いており、ハッシュライブラリーは通常の場合、ハッシュ自体の振る舞いや、キーが重複した際に明示的にエラーメッセージを返すことで、その前提を保証しています。しかし、一般的なアレイはそのような制約を有していないため、コードで何らかの処理をしていない限り、重複したキーを格納できてしまいます。その結果、検索時に最初にマッチした DepositAccount の結果が返ってくることになり、他のエントリーは無視されてしまうのです。エントリーの順序は保証されていないため、うまくいく場合といかない場合が出てくるのです。

では、開発時のマシンと本番時のマシンでの挙動の違いはどうして出てきたのでしょうか？　これは単なる偶然です。

問題 26　（問題は 260 ページ）

米国とカナダ、カリブ海沿岸地域を対象とする場合、電話番号は数値のみですが、それは偶然でしかありません。ITU の仕様によると、国際電話の呼び出しフォーマットは先頭に「+」記号を付加するものと定められています。また一部の地域では「*」の使用も認められており、さらに電話番号にはゼロを先行させることもできます。つまり、電話番号を数値フィールドに格納してはいけないのです。

問題 27　（問題は 260 ページ）

どの地域で使用するコードを記述しているのかによって答えは変わってきます。米国では容積の単位はガロンであり、これは直径 7 インチで高さ 6 インチの円柱の容積を立方インチの単位で四捨五入した値となります。

一方カナダでは、レシピの「1 カップ」は以下のいずれかとなります。

- 1/5 英クォート、すなわち 227 mL
- 1/4 米クォート、すなわち 236 mL
- 大さじ 16 杯、すなわち 240 mL
- 1/4 リットル、すなわち 250 mL

また、炊飯器の話をしている場合、「1 カップ」は 180 mL となります。これは 1 年間に 1 人の人間が必要とする乾燥米のおよその量である「石」（1 石は約 180 リットル）という単位から導き出されたものです。炊飯器のカップは「1 合」、つまり 1/1000 石となっています。このため、1 カップは 1 人の人間が 1 回の食事で食べる米の量に相当するわけです*1。

問題 28 （問題は 267 ページ）

この練習問題について、我々から完全な答えを提示することは明らかに不可能です。そこでいくつかのポイントを挙げておきます。

結果がスムーズなカーブを描かない場合、プロセッサーが何か他の作業に使われていないかどうかを調べる必要があります。バックグラウンドで何らかのプロセスが定期的に実行されている場合、綺麗なカーブにはならないはずです。また、メモリーもチェックする必要があります。アプリケーションがスワップスペースを使用し始めた場合、パフォーマンスは急降下します。

我々の使用しているコンピューターの 1 つでこのコードを実行した結果を以下に示しておきます。

*1 このトリビアを教えてくれた Avi Bryant ([@avibryant]) 氏に感謝します。

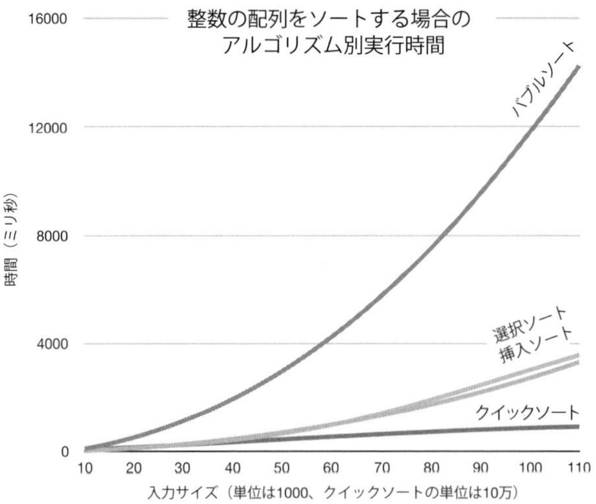

問題 29　（問題は 268 ページ）

これにはいくつかの方法があります。ここでは、この問題を頭の中だけで解いてみます。配列の要素が 1 つしかなければ、ループを使って繰り返しを行う必要はありません。繰り返しを 1 回追加するたびに、検索可能な配列のサイズは 2 倍になっていきます。したがって配列のサイズは、繰り返しの回数を m とすると $n = 2^m$ という式で一般化できます。この式の両辺を 2 を底にした対数で表現すると $\lg n = \lg 2^m$ となり、対数の定義により $\lg n = m$ となるわけです。

問題 30　（問題は 268 ページ）

高校数学を思い出してほしいのですが、対数の底 a を b に変換する式は以下の通りでした。

$$\log_b x = \frac{\log_a x}{\log_a b}$$

$\log_a b$ は定数であるため、O 記法においてその項は無視できるのです。

問題 31　（問題は 295 ページ）

例えば、倉庫に十分な在庫がある場合に注文が成功したかどうかというプロパティーをテストすることが可能です。数量をランダムで決定して商品の注文を生成し、倉庫に在庫があった場合に"OK"タプルが返ってくるかどうかを検証するわけです。

問題 32

（問題は 295 ページ）

この問題は、プロパティーベースのテストにもってこいのものです。ユニットテストでは他の手段で導き出した結果を使って個々のケースを確認できる一方、プロパティーベースのテストは以下のものごとを確認できます。

- 2 つの木箱が重なり合っていないか？
- 木枠の幅や長さがトラックの荷台からはみ出していないか？
- 積載時の密度（木箱の底面積を荷台の面積で割った値）が 1 を超えていないか？
- 最小積載密度が規定されている場合、積載時の密度がその値を下回っていないか？

問題 33

（問題は 323 ページ）

1. この記述は実際の要求となり得ます。動作環境によってアプリケーションに制約が課される可能性があるためです。
2. これ自体は要求ではありません。しかし、「何故でしょうか？」という魔法の質問によって「本当の要求」を見つけ出す必要があります。

   これが顧客企業の標準であるかもしれません。その場合、実際の要求は「すべてのユーザーインターフェース要素は『MegaCorp ユーザーインターフェース規約 Ver. 12.76』に従う必要がある」といったものが真の要求となります。

   またこれが、デザインチームの好んでいる色なのかもしれません。その場合、デザインチームが心を変える可能性についても考える必要が出てきます。つまり、「すべてのモーダルダイアログボックスの背景色は設定可能となっている必要があり、出荷時点ではグレイとする」という要求になるかもしれません。より優れた要求として、「アプリケーションにおけるすべての可視要素（色やフォント、言語）は設定可能にしておく必要がある」といった汎用性のある記述が考えられます。

あるいは、ダイアログボックスのモーダルと非モーダルを区別したいだけの理由なのかもしれません。その場合、より詳細な議論が必要となるはずです。

3. この記述は要求ではなく、アーキテクチャーです。こういったものに遭遇した際には、ユーザーの真意を掘り下げて考えてください。これはスケーラビリティーの問題なのでしょうか？　あるいはパフォーマンス？ 価格？ セキュリティ？　この答えによって設計に向けた洞察が得られるはずです。
4. 元となる要求はおそらく、「システムは、ユーザーによるフィールドへの不正な入力を防ぐためのものであり、そういった入力がなされた場合にユーザーに対して警告する」といったもののはずです。
5. この記述は、ハードウェアの制約に基づくれっきとした要求です。

以下は4つの点を3本の一筆書きで結ぶ問題の解答です。

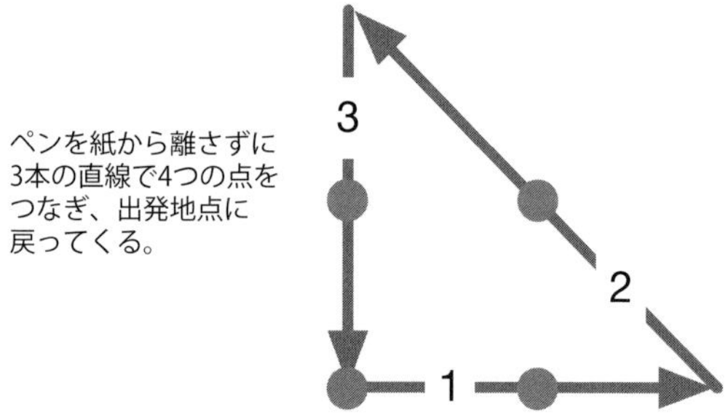
ペンを紙から離さずに
3本の直線で4つの点を
つなぎ、出発地点に
戻ってくる。
3
2
1

訳者あとがき

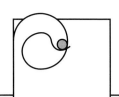

本書の第 1 版が訳書として出版されたのは 2000 年 11 月（原書は 1999 年 10 月）のことでした。そして今回、20 年後の 2020 年にめでたく第 2 版が出版される運びとなりました。

IT 分野は、インターネットの普及が始まった 1990 年代あたりから技術革新ペースが飛躍的に高まり、その目まぐるしい速さを形容するために「ドッグイヤー」（犬にとっての 1 年）という言葉が使われるようになりました。この言葉の由来は、犬が 1 年で人間の 7 年分に相当する成長を見せるところからきています。このような進歩の速い分野において、20 年もの長きに渡って第 1 版が読み継がれてきたという事実だけを見ても、本書に記されている概念や指針が時の流れを超越した普遍性あるものという証明になるでしょう。

そんな中、米国で原書の出版 20 周年を記念した第 2 版が出版されました。第 2 版でも第 1 版と同様に、「達人プログラマー」たる心構えから始まり、アプローチやツール、開発時のさまざまな局面といったカテゴリーに分類された話題が有機的に関連付けられるとともに、「Tip」が随所に散りばめられているという本書独自の構成は変わっていません。しかし、その「まえがき—第 2 版に向けて」でも語られているように、内容にはさまざまな改訂が加えられ、パワーアップが図られています。今では陳腐化してしまったテクノロジーの記述をそぎ落とし、20 年間にわたるフィードバックを盛り込むとともに、その構成も新たな観点を加えたかたちで見直されているのです。その結果、Tip の数も 70 から 100 に増え、第 2 版はまさに「達人プログラマー 2.0 養成書籍」とでも呼べるものになっています。本書を活用すれば、IT 技術者として一段も二段も上のステージに到達することは間違いありません。

本書はどこからでも読み進めることができます。つまり、目次で目に付いたセクションや、各セクションの末尾にある「関連セクション」、巻末の Tip 一覧など、気になった場所から自由に読めるようになっています。このため、ちょっとした空き時間を有効に活用しながら読むことができるはずです。是非とも座右の書として傍らに置き、日々の開発作業に役立ててください。

第 2 版の出版にあたり、角征典氏に査読をお願いいたしました。お忙しい中、時間を割いて頂き、貴重なフィードバックを頂いたことをこの場を借りて感謝いたします。また、第 2 版のベースとなった新装版を発行する際に査読をお願いした角征典氏、高木正広氏、安井力氏にもこの場を借りて感謝いたします。第 2 版の出版にあたりご尽力頂きましたオーム社の橋本享祐氏、並びにさまざまな作業を支えていただいた方々にも感謝いたします。最後に家のほとんどの仕事をやりくりしてくれた妻の裕子にも感謝いたします。

2020 年 10 月

ニュージーランド・オークランド市

村上　雅章

索引

Index

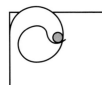

そ

た

ち

つ

て

と

な

ひ

ふ

よ

ら

り

Tip一覧

Tips from

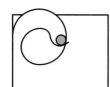

ポリシーをシステム内にハードコーディングしてはいけない。ポリシーはシステムによって使用されるメタデータとして表現すること。

80. プロジェクトの用語集を作ること ……… 322 ページ
プロジェクトが使用する特定の専門用語や語彙をまとめた用語集を作成、維持する。

81. 枠にとらわれずに考えるのではなく、枠を見つけ出すこと ……… 325 ページ
不可能と思える問題に遭遇した場合、「本当の制約」を見抜く。「この手段でやり遂げなければならないのか？」「そもそもやらなければならないのか？」を自問する。

82. 1 人ぼっちでコーディングに取り組んではいけない ……… 332 ページ
プログラミングは要求水準の高い難しい作業である。このため仲間を連れて行くように。

83. Agile という言葉は名詞ではなく、ものごとの進め方を形容する形容詞である ……… 332 ページ
「Agile」は何かを実行するあなたのスタイルを指す形容詞である。

84. 小規模で安定したチームを作ること ……… 338 ページ
チームはメンバー全員がお互いのことをよく知っており、信頼し合い、助け合う、小規模で安定したものとなっているべきである。

85. 事を成し遂げるにはまずスケジュールする ……… 341 ページ
スケジュールしなければ何ごとも起こらない。振り返りや実験、学習、スキルの向上をスケジュールする。

86. 完璧に機能するチームを編成すること ……… 344 ページ
チームの編成は、職務権限ではなく機能に基づいて実施すること。ユーザーインターフェースとユーザーエクスペリエンスのデザイナーとコーダーを、フロントエンドとバックエンドを、テスターとデータモデラーを、設計と配備を分離してはいけない。コードをエンドツーエンドで構築でき、インクリメンタルかつイテレーティブに開発できるチームを編成すること。

87. 流行を追いかけるのではなく、効き目があるものごとを実行すること 347 ページ
他社が実践しているというだけの理由で開発手法や開発テクニックを採用してはいけない。あなたのコンテキストで、あなたのチームに有効なものを採用すること。

88. ユーザーが必要としたタイミングで調達すること ……… 349 ページ
採用しているプロセスを理由にして、何週間も、あるいは何カ月も調達を遅らせてはいけない。

89. バージョン管理によってビルド／テスト／リリースを駆動すること 352 ページ

コミットやプッシュを使用してビルドやテスト、リリースを起動する。本番環境への配備を実行するためにバージョン管理タグを使用する。

90. 早めにテスト、何度もテスト、自動でテスト ...... 353 ページ
毎回ビルドを行うたびに実行されるテストは、棚にしまわれているテスト計画書よりもずっと有効なものとなる。

91. テストがすべて終わるまでコーディングは終わらない ...... 353 ページ
これ以上の説明は要らないはず。

92. テストのテストをするには破壊工作を試みる ...... 355 ページ
テストがうまく機能するかどうかを確認するには、目的に応じたバグをソースのコピーに混入してみる。

93. コードのカバレージではなく、状態のカバレージをテストすること 357 ページ
テストは、重要なプログラムの状態を識別して行う。すべての行をテストしただけでは十分ではない。

94. 同種のバグを一度に見つけること ...... 357 ページ
テスト担当者がバグを見つけた場合、今後はもうそのバグ自体を人間が見つけることのないようにする。以降は自動化されたテストにチェックさせる。

95. 手作業を排除する ...... 358 ページ
コンピューターであれば同じ命令を同じ順序で何度も実行できる。

96. 単にコードを調達するのではなく、ユーザーを喜ばせる ...... 361 ページ
業務価値を生み出すソリューションをユーザーのために生み出し、彼らを日々喜ばせる。

97. あなたの作品に署名すること ...... 362 ページ
先人たちが自らの成果物に誇りを持って署名したように、ソフトウェアに署名する。

98. とにかく、害をなさないようにすること ...... 366 ページ
問題の発生は避けられない。誰も問題によって苦しまないようにすること。

99. 極悪なことを実行できるようにしない ...... 366 ページ
さもなければ自らも極悪な人間になるリスクを負うことになる。

100. これはあなたの人生だ。皆と共有し、祝福し、生み出していくこと。そして思いっきり楽しむこと！ ...... 367 ページ
素晴らしい人生を楽しみ、偉大な成果を成し遂げよう。

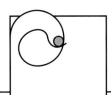

著者について

David Thomas and Andrew Hunt

Dave Thomas と Andy Hunt の両名は、ソフトウェア開発コミュニティーの指導者として世界的に認められている人物であり、コンサルティングや講演で世界中を飛び回っています。また両氏は、ソフトウェア技術者向けに最新技術を解説する書籍シリーズ「Pragmatic Bookshelf」を生み出し、ブックアワードを受賞するような良書を世に送り出してもいます。さらに両氏は「アジャイルソフトウェア開発宣言」の起草者にも名を連ねています。

Dave は現在、大学で教鞭を振るい、ろくろ細工にいそしみながら、新たなテクノロジーやパラダイムに触れる日々を送っています。一方 Andy は、SF 小説を執筆しており、ミュージシャンとしても精力的に活動するかたわら、テクノロジーに触れることを何よりも楽しみにしています。両氏はとりもなおさず、学ぶことを生きがいにしています。

pragdave.me

toolshed.com

〈訳者略歴〉
村 上 雅 章 （むらかみ　まさあき）

1982年、京都産業大学外国語学部言語学科卒業。1982～1999年、国内情報処理企業にてSEとして勤務。1999年から現在に至るまでニュージーランドにて翻訳およびシステム開発に従事。
訳書に次のようなものがある。『Java 言語仕様』『Java API アプリケーション・プログラミングインタフェース』（アジソン・ウェスレイ・パブリッシャーズ・ジャパン）、『Hacking：美しき策謀 第2版』『PDF構造解説』『Tomcat ハンドブック 第2版』『アート・オブ・プロジェクトマネジメント』『イノベーションの神話』（オライリー・ジャパン）、『プログラミング言語 SCHEME』『オブジェクト指向のこころ』『ソフトウェア職人気質』（ピアソン・エデュケーション）など多数。

●本文デザイン：田中幸穂（画房 雪）

達人プログラマー（第2版）
—熟達に向けたあなたの旅—

2016年10月25日　第1版第1刷発行
2020年11月20日　第2版第1刷発行
2023年1月30日　第2版第5刷発行

著　者　David Thomas・Andrew Hunt
訳　者　村 上 雅 章
発行者　村 上 和 夫
発行所　株式会社 オーム社
郵便番号　101-8460
東京都千代田区神田錦町 3-1
電話　03(3233)0641(代表)
URL https://www.ohmsha.co.jp/

組版　Green Cherry　　印刷・製本　壮光舎印刷
ISBN978-4-274-22629-8　Printed in Japan

好評関連書籍

アジャイルサムライ
達人開発者への道

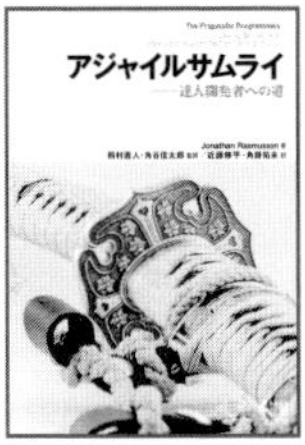

Jonathan Rasmusson 著
西村 直人・角谷 信太郎 監訳
近藤 修平・角掛 拓未 訳
A5判 336頁
定価(本体2600円【税別】)
ISBN 978-4-274-06856-0

テスト駆動開発

Kent Beck 著
和田 卓人 訳
A5判 344頁
定価(本体2800円【税別】)
ISBN 978-4-274-21788-3

リファクタリング (第2版)
既存のコードを安全に改善する

Martin Fowler 著
児玉 公信・友野 晶夫・
平澤 章・梅澤 真史 共訳
B5変判 456頁
定価(本体4400円【税別】)
ISBN 978-4-274-22454-6

例解UNIX/Linuxプログラミング教室
システムコールを使いこなすための12講

冨永 和人・権藤 克彦 共著
B5変判 512頁
定価(本体3700円【税別】)
ISBN 978-4-274-22210-8

情熱プログラマー
ソフトウェア開発者の幸せな生き方

Chad Fowler 著
でびあんぐる 監訳
A5判 200頁
定価(本体2400円【税別】)
ISBN 978-4-274-06793-8

ハッカーと画家
コンピュータ時代の創造者たち

Paul Graham 著
川合 史朗 監訳
A5判 280頁
定価(本体2400円【税別】)
ISBN 978-4-274-06597-2

◎定価の変更、品切れが生じる場合もございますので、ご了承ください。
◎書店に商品がない場合または直接ご注文の場合は下記宛にご連絡ください。
TEL.03-3233-0643 FAX.03-3233-3440 http://www.ohmsha.co.jp/